亞／美環境人文
農業‧物種‧全球環境變遷

Asian / American Environmental Humanities:
Agriculture, Species, and Global Environmental Changes　陳淑卿 主編

國家圖書館出版品預行編目資料

亞／美環境人文：農業、物種、全球環境變遷 = Asian/American Environmental Humanities: Agriculture, Species, and Global Environmental Changes / 單德興, 馮品佳, 莎拉・華德, 周序樺, 陳淑卿, 常丹楓, 張瓊惠, 張嘉如, 蔡晏霖, 高嘉勵作；陳淑卿主編. -- 一版. -- 臺北市：書林出版有限公司, 2024.10
面；　公分. -- （文學觀點；46）

ISBN 978-626-7193-78-5（平裝）

1.CST: 農業 2.CST: 環境 3.CST: 種族問題 4.CST: 文集

430.07　　　　　　　　　　　　　　113011192

文學觀點 ㊻
亞／美環境人文：農業、物種、全球環境變遷
Asian/American Environmental Humanities:
Agriculture, Species, and Global Environmental Changes
國立中興大學人社中心研究專書

作　　　者	單德興、馮品佳、莎拉・華德、周序樺、陳淑卿、常丹楓、張瓊惠、張嘉如、蔡晏霖、高嘉勵（按文章順序）
主　　　編	陳淑卿
編　　　輯	張雅雯
校　　　對	王建文
出　版　者	書林出版有限公司
	100臺北市羅斯福路四段60號3樓
	Tel (02) 2368-4938．2365-8617　Fax (02) 2368-8929．2363-6630
臺北書林書店	106臺北市新生南路三段88號2樓之5　Tel (02) 2365-8617
學校業務部	Tel (02) 2368-7226．(04) 2376-3799．(07) 229-0300
經銷業務部	Tel (02) 2368-4938
發　行　人	蘇正隆
郵　　　撥	15743873．書林出版有限公司
網　　　址	http://www.bookman.com.tw
經銷代理	紅螞蟻圖書有限公司
	臺北市內湖區舊宗路二段121巷19號
	Tel (02) 2795-3656（代表號）　Fax (02) 2795-4100
登　記　證	局版台業字第一八三一號
出版日期	2024年10月一版初刷
定　　　價	360元
I S B N	978-626-7193-78-5

欲利用本書全部或部分內容者，須徵得書林出版有限公司同意或書面授權。
請洽書林出版部，Tel (02) 2368-4938。

目次

致謝辭			v
序一	單德興	亞／美環境人文與人文環境	vii
序二	馮品佳	有機的訊息	xiii
導論	陳淑卿	展望亞／美環境人文	1
1	莎拉・華德	作為基進農業改革者的山本久惠	21
2	周序樺	大衛・增本、食物情色與美國食物運動	45
3	陳淑卿	戰爭新娘、纏捲、共生：露絲・尾關《天生萬物》的亞美農業書寫	63
4	常丹楓	從跨族裔談起：《野草花》之日美遷徙營敘事與生態批評	105
5	張瓊惠	從神人到牲人：論李昌來《滿潮》的生命政治	131
6	張嘉如	「霧霾人生」：穹頂之下的生命反思	161
7	蔡晏霖	培育怪親緣：拼接人類世中的宜蘭友善農耕	189
8	高嘉勵	吳音寧臺灣農業報導文學的影音美學	223
作者介紹			260
索引			264

致謝辭

　　本書是中興大學人文與社會科學研究中心，與中興大學永續農業創新發展中心的農業人文研究團隊的研究成果，此研究團隊於2020及2021年舉辦了兩次「展望亞／美環境人文工作坊」，聚集了國內外相關領域的學者，就亞美、東亞及台灣文學和文化文本進行環境和農業相關議題的討論，而催生了這本專書。在此特別感謝兩個研究單位的協助、鼓勵與經費補助，以及參加兩次工作坊的學者馮品佳、張瓊惠、張嘉如、梁一萍、周序樺、蔡晏霖、陳宥廷、莎拉・華德、常丹楓、高嘉勵等，或者提供批評，或者提供論文，而得以為亞美環境人文打開論述空間，形成這本專書，在此致上最高的敬意與最深的謝意。單德興及馮品佳兩位亞美文學研究領域的頂尖前輩學者，在百忙中撥冗執筆為本書寫序，使本書增色不少，兩位對台灣亞美文學研究的推動與提升令人敬佩，無限感激。特別感謝人社中心莊惠君助理的庶務協助，陳宥廷博士籌備工作坊，廖翊如助理協助本書的編輯與出版，書林出版的張雅雯編輯細心的反覆校對，也一併致謝。

序一
亞／美環境人文與人文環境[*]

單德興

中央研究院歐美研究所特聘研究員

　　本書為我國亞／美研究最晚近的論文集。主編陳淑卿教授的緒論對全書的緣起、理論的來龍去脈以及各篇論文的要義已有相當仔細的闡釋，因此本序旨在將此書置於臺灣的亞美文學與文化研究的建制史與出版史，並以「亞／美」的既亞又美、既合又離、既交融又分界的視角，提供歷史化的定位與脈絡化的詮解，以呈現本書的特色與意義。

　　一如緒論所指出，亞美文學研究在臺灣的發展，中央研究院歐美研究所多年來投注許多資源，引領學術風氣，「對亞美文學的跨太平洋傳播與在地化貢獻良多」。質言之，1980 年代臺灣雖有關於華美文學（亞美研究重要一支）的介紹、翻譯與論述，然而率屬個別學者的努力，並未蔚為風潮。若謂亞美文學與文化研究在臺灣的建制化，則出現於 1990 年代中研院歐美所擘劃的一連串研討會與出

---

[*] 本文初稿承蒙張錦忠教授與王智明教授過目並提供意見，謹此致謝。若有任何值得商榷之處，概由筆者負責。

vii

版品,如始於 1993 年「文化屬性與華裔美國文學」的一系列國內與國際學術研討會,以及開華文世界風氣之先的《文化屬性與華裔美國文學》(1994)與《再現政治與華裔美國文學》(1996)兩本論文集。之後逐漸從國人熟悉的華美文學研究擴及亞美文學與文化研究、甚至亞裔英美研究,轉眼已逾三十年。

在這三十年間,我們見證了學術世代的傳承與研究範疇的拓展。世代之分很難一刀兩斷涇渭分明。大抵而言,生理世代以二、三十年為譜,學術世代則以師承關係或理論的典範轉移來判斷,後者由於學術進展快速,理論紛至沓來,甚至同行並進,更難劃分。若以師承關係而言,從 1945 年至今,臺灣的外文學界已發展至六、七代左右,而晚近三十年間也已出現三個世代。

在這三個世代中,筆者這代已屆六、七十歲,在學術養成過程中讀的幾乎都是英美經典文學,早期接受新批評的洗禮,接踵而來的則是神話批評、結構主義、後結構主義、解構批評、女性主義、後現代主義等。至於美國族裔文學與弱勢論述、後殖民論述,當時雖未發揮明顯影響,但已蓄勢待發,後來的發展更是勁道十足。因此,這代學者開始從事亞美文學研究時,一方面是順應美國學界對文學典律遞嬗的關切以及對族裔文學的重視,另一方面則是將以往文學與理論的經驗與心得延伸並應用於此一新興領域。這是臺灣的英美文學研究中一個重要的趨勢轉移。這個世代的學者雖然「邊學邊做」、「現買現賣」,但在探索新領域或跨領域時,態度上則是熱切中帶著敬謹,期盼透過自己的努力讓學術轉向順遂,開出繁花異果。

現今四、五十歲的青壯學者求學期間,亞美文學研究已進入美國與我國的學術建制,得以接受正規訓練,不少人以此作為學位論文,是為該領域的第二代。這批青壯學者以他們的專業訓練與批判

視野所教出的學生,有些已在國內外取得博士學位,成為學界的新血,是為第三代。

這些不同的時代環境與學術背景,使得異世代學者得以接軌以往的學術典範,親身見證其發展與遞嬗,進而以亞洲為方法,以跨太平洋的視角,尤其是善用臺灣學者雙語文與雙文化的利基與發言位置,開拓出有別於美國主流學界與亞洲其他國家的論述空間,形塑特定的主動性與主體性。

上述特色體現於我國相關的學術論述以及其中若隱若現的獨特歷史意識。謹將與本書研究領域相近的論文集臚列如下:

年份	書名	主編	出版者
1994	《文化屬性與華裔美國文學》	單德興 何文敬	中央研究院 歐美研究所
1996	《再現政治與華裔美國文學》	何文敬 單德興	中央研究院 歐美研究所
2013	《亞／美之間:亞美文學在臺灣》	梁一萍	書林
2015	《他者與亞美文學》	單德興	中央研究院 歐美研究所
2017	《北美鐵路華工:歷史、文學與視覺再現》	黃心雅	書林
2018	《華美的饗宴:臺灣的華美文學研究》	單德興	書林
2020	《回望彼岸:亞美劇場研究在台灣》	謝筱玫	書林

1994年至今整整三十年。上列論文集透露出各自關懷的主題,固然有交集之處,但主要是回應當時社會環境與學術社群所關注的議題,由早期的華美文學逐漸擴及亞美文學與文化研究,主題也由華裔的文化屬性(cultural identity)與再現政治(politics of representation)擴及其他議題,具現了此一領域的多元化。

對照上列論文集,本書的創新便昭然若揭:由原先以文學為焦點,擴及環境人文(environmental humanities),著重全球環境變遷

下的農業與物種。質言之,由於人類的無知、短視與貪婪,視大自然為掠奪的對象,予取予求,以致生態失衡、氣候異常、環境變遷,造成生物多重危機、甚或瀕臨滅種,不僅與人類生存息息相關,也與全球物種命運休戚與共。農業自古以來便是亞洲社會與經濟的基礎,主宰著民生與國運(甚至有「以農立國」之說),對未來的永續發展也扮演著關鍵角色。

　　此處便帶入了本書的另一特色,亦即書名中「亞」與「美」之間的那條斜槓。主編引用劉大偉(David Palumbo-Liu)的說法,強調兩者之間若即若離、既相關又相異、既對話又對峙的關係。這種關係不只具有跨地域與跨領域的特色,並且「突出了當前環境問題本身的全球性,穿透了亞美之間的分界線,或者說,值得我們對其分界和交融的意義做更進一步的思考」(王智明)。本書八篇論文中有五篇涉及亞美文學,莎拉・華德(Sarah D. Wald)、周序樺、陳淑卿、常丹楓、張瓊惠分別針對特定作家、文本與議題進行深入探討:作家包括山本久惠(Hisaye Yamamoto)、大衛・增本(David Mas Masumoto)、露絲・尾關(Ruth Ozeki)、李昌來(Chang-rae Lee)等;議題更是廣泛,如農業改革、食物情色、美國食物運動、戰爭新娘、亞美農業書寫、跨族裔、日美遷徙營敘事、新墾民身分建構、生命政治⋯⋯對這些日裔與韓裔美國作家的討論,有別於以往我國學者以華裔作家為主的論述範疇,而議題的繁複多樣也印證了亞美研究與環境人文的對話協商、交流激盪可能產生的豐碩成果。

　　其他三篇涉及「亞」的論文作者張嘉如、蔡晏霖、高嘉勵,則跨越了文學,涉及更寬廣的生命、美學與人類學等面向,包括中國媒體人柴靜調查紀錄片《穹頂之下》所揭示的「霧霾人生」、公民責任與生命反思,宜蘭友善農耕在拼接人類世(patchy Anthropocene)下的處境、因應與特色,以及吳音寧的臺灣農業報導

文學所呈現的影音美學，思索人與土地的共存關係。其中人類學家蔡晏霖更是結合學理與實踐，以觀察者／參與者的身分分享在宜蘭友善農耕生活的親身體驗與觀察所得。

　　因此，本書至少具有雙重意義：一方面將「環境人文」中涉及農業、物種與環境變遷的面向帶入臺灣的亞美文學研究，進而從「亞／美」的視角，拓展既有的關懷與議題，針對目前生態環境及其負面影響進行多方位的反思，體現學術研究與現實世界的相關性。另一方面，在全球人文學科逐漸邊緣化的今天，藉由探討人類及其他物種休戚相關的「環境人文」，以期發揮積極介入的作用，珍惜環境生態，提升自我認知，重視人文傳承，致力思想啟蒙，展現批判效能，提供創新思維，彰顯人文學科的現世性，為改善當前的「人文環境」盡一份心力。

台北南港

2024 年 2 月 21 日

# 序二
有機的訊息

馮品佳
陽明交通大學外文系終身講座教授

　　華裔美國批評家 Jennifer Ann Ho 在討論韓裔作家 Don Lee 的小說《破敗與廢墟》(*Wrack and Ruin*)時指出,這本諷刺小說的核心是要傳達一則「有機的訊息」("organic message"),強調各個物種與經驗相互連結的本質,提醒讀者要尊重土地,尊重人類、動物以及我們生產與消費的食物之間的關聯(303)。而陳淑卿教授主編的《亞/美環境人文:農業、物種、全球環境變遷》也同樣在傳達「有機的訊息」,在亞洲/亞裔美國文學/文化研究的多重脈絡下,提醒我們正視飲食、農業、環境與物種存亡之間相互依存的關係。
　　飲食研究在亞裔美國文學中一直扮演著相當重要的角色。早在黃秀玲(Sau-ling Cynthia Wong)於 1993 年出版的經典之作《閱讀亞美文學》(*Reading Asian American Literature*)中,飲食即名列研究亞美文學的四大主題之一。專書中不僅羅列亞裔美國文學中與飲食相關的各種意象(alimentary images),還分析相關文本,為亞裔美國飲食文學研究奠定根基。二十年後《亞美飲食:飲食研究讀本》

(*Eating Asian America: A Food Studies Reader*)則從不同學科角度探討亞裔美國飲食文化之養成與散播，分別就飲食業勞動生產力、飲食與帝國主義、飲食混搭以及飲食文學分析等四大區塊加以闡述。編者群認為亞裔美國飲食習慣不僅是不同飲食傳統的交會，也與種族、性別、性取向與階級等因素息息相關。

以研究取向而言，《亞／美環境人文》更接近《亞美飲食》的多元範疇。誠如陳教授在緒論中所言，編纂本書的目的在於推動人文學的跨領域研究，突顯全球生態研究中人文學科的重要。她也認為面對當前的環境危機，必須經由多重視野爬梳其因，方能有效對治其果。

因此，《亞／美環境人文》也力求呈現食農生態研究的多重視野。論文集涵蓋了農業、物種及全球環境變遷三大主題，包括臺灣學者所撰寫的七篇論文，以及一篇美國生態學者華德（Sarah D. Wald）的論文翻譯，兼顧本土與國際觀點。在亞裔美國食農研究方面，除了討論日裔美國作家山本久惠（Hisaye Yamamoto）、大衛·增本（David Mas Masumoto）、露絲·尾關（Ruth Ozeki）以及辛西亞·角畑（Cynthia Kadohata）等人對農業改革行動及文本研究之外，另有論文分析韓裔美國作家李昌來（Chang-Rae Lee）的「敵托邦」小說文本中的生命政治。在華語世界與本土研究方面，則從綜合生態論述與文化研究分析中國空污現象所促生的「霧霾藝術運動」，從性別政治的觀點探討臺灣土地制度變革與宜蘭友善農耕的演變與操作，並從視覺研究的角度探究臺灣作家吳音寧的農業報導文學創作。

對於筆者而言，閱讀本書的不同篇章可以說是一次「大開眼界」的經驗。八篇論文提供的不僅是生態論述的展演、亞裔美國生態轉向的探討、在地農業實作與書寫的研究，更讓筆者意識到坐而言的

研究學術之外，起而行的運動實踐更加重要，這也許正是本書「有機的訊息」所要傳達的意義。筆者也衷心期待有更多跨領域研究成果的出現，豐富人文學科的內涵。

引用書目

Ho, Jennifer. "Acting Asian American, Eating Asian American: The Politics of Race and Food in Don Lee's *Wrack and Ruin*." Ku, Manalansan, and Mannur, 303-22.

Ku, Robert Ji-Song, Martin F. Manalansan IV, and Anita Mannur, eds. *Eating Asian America: A Food Studies Reader*. New York: New York UP, 2013.

Wong, Sau-Ling Cynthia（黃秀玲）. *Reading Asian American Literature: From Necessity to Extravagance*. Princeton, NJ: Princeton UP, 1993.

導論
展望亞／美環境人文

陳淑卿

　　亞當森（Joni Adamson）在 2015 年出版的《亞美文學與環境》（*Asian American Literature and the Environment*）一書前言中，以法國哲學家德勒茲與瓜達里著名的根莖（rhizome）意象來隱喻當前亞美文學研究與其他領域研究交纏糾葛、多元發展、欣欣向榮的趨勢。根莖潛伏地下，提供養分給其他大樹，也滋養一種無主幹、多維度、多入口的再現與詮釋方式（xiii-xiv）。一向以歷史、文化、記憶、認同、空間、地方等地緣政治議題為尚的亞美文學研究，如何在新世紀的第二個十年與環境生態研究匯流，冒現出各種不同樣態的論述叢聚（assemblage）方式，是一個值得探究的議題。亞美文學延續自新世紀以來蓬勃發展的跨國與跨太平洋研究動勢，進而與環境想像連結，並非一朝一夕之事，就像地下根莖的緩慢生長與互相勾連糾纏，需要長期的生根、發芽、茁長、累積、相遇、交織，亞美文學的環境論述也是在各項論述語境因緣匯合與滋養之下，在不同的批評地景上冒現，初期看似互不關聯，但卻逐漸匯流而成一股新的評論趨勢。

與美國原住民文學在生態批評領域蓬勃發展相比，亞美文學的環境轉向可說是姍姍來遲，不僅生態批評領域鮮見立基於亞美時空經驗的批評觀點，亞美文學批評也罕有清晰地以亞美族裔觀點出發的環境批評論述。這當然是受到亞美社群空間經驗的影響，比如早期亞美的地方連結大都侷限於城市一角的隔離式空間，如唐人街、中國城、日本城等族裔居住空間，而第二代移民則多數成為中產階級，向郊區遷移，與自然環境的連結薄弱。但這也顯示十九世紀亞裔移民作為開闢大西部的農業勞工、開拓跨洲鐵路的鐵路華工、甚至二戰期間日籍遷徙營的墾荒經驗等書寫，並未能得到充分關注，特別是這些經驗所牽涉到的亞裔移民與環境和自然的關係，以及亞美書寫對生態批評論述的貢獻都還有待進一步挖掘探討。1992年林姆瑞珂（Patricia Limerick）在她的論文〈迷途與重設方向〉（"Disorientation and Reorientation"）就曾倡議學界需要關注亞美文學與生態的交織問題。彷彿是在回應林姆瑞珂的呼籲，2007年羅伯·林（Robert Hayashi）出版了第一本關注亞美社群與環境關係的專書：《水的纏祟》（*Haunted by Waters*），林在他後續的論文〈超越華爾騰湖：亞美文學和生態批評的侷限〉（"Beyond Walden Pond: Asian American Literature and the Limits of Ecocriticism"）批評美國早期的白人中產階級自然寫作作家，如梅爾維爾的《白鯨記》、梭羅的《湖濱散記》、約翰·繆爾的《我在內華達山的第一個夏天》（*My First Summer in the Sierra*）等作品，對自然環境的崇偉體驗其實是建立在自身種族階級的優越性之上，他們不需在土地上為求生存活而辛勤工作，可以以超越的觀點來崇仰自然。對早期的亞美移民而言，美國的山川大地並非帶來崇偉體驗，召喚「孤獨、超越與保育」的對象，而是勞動的場所，體驗監禁與限制的地方（"Beyond Walden Pond" 62, 64），他們不僅不是被動體驗宏偉自然的旁觀者，身為礦

工、鐵路工人、農場工人與漁夫,他們常常是發動自然環境變革的引擎("Beyond Walden Pond" 65)。亞裔移民的美國環境經驗深受美國的體制以及種族勞力剝削的影響,他們在美國大地上的移動充滿障礙,與環境的關係也更為複雜。因此亞美環境轉向的第一步是挑戰早期自然書寫對自然的單一想像,以立基在族裔土地經驗的觀點,對美國的地景進行多層次、多面向的描繪。

在生態批評論述演進的歷史裡,上世紀九零年代第一波生態批評以自然寫作為尚,以荒野或鄉村做為自然的代稱的作法很快就受到後來者的批評與挑戰,[1] 布爾(Lawrence Buell)在 2005 年出版的《環境批評的未來》(*The Future of Environmental Criticism*)將生態批評(ecocriticism)重新命名為環境批評(environmental criticism),以打破生態(eco-)所暗指的非人自然的指涉,倡議更寬闊的批評視野。布爾回顧當時生態批評的發展,畫出了兩個階段的生態批評途徑,第一波是以自然為主要環境想像的生態批評,第二波將環境想像擴大到社會環境,關切環境正義與生態女性主義。第一波和第二波對自然的定義也有根本的不同,第一波奠基人文主義,將自然與文化二分,第二波則強調自然與文化密不可分,所謂的自然已是立基於話語的人為論述,而對環境的關切不僅止於保育自然,還包含與社會正義息息相關的環境正義。環境批評不僅關照自然書寫,也重讀傳統經典,以抽絲剝繭找出隱而未顯的環境次文本,包含毒物論述、田園文類、末日文類以及環境種族主義(Buell 21-22, 130)。

隨著美國第一波生態研究以所謂的崇高「自然」作為生態環境

---

[1] 第一波生態批評以自然寫作為主要研究對象,並將自然與文明對立,由於視野過分狹隘,廣受後起生態批評家的抨擊與挑戰,相關的專書如 Steven Rosendale, *The Greening of Literary Scholarship,* 2002 與 Karla Kathleen R. Wallace, *Beyond Nature Writing: Expanding the Boundaries of Ecocriticism,* 2001。這個批評歷史的演進可以參看 Simal-González 的導論,4-5。

的做法受到後來者的挑戰，以及第二波環境正義研究的興起，亞美環境轉向也有了新的研究對象與方法。十九世紀亞裔移民以鐵路勞工（特別是華裔勞工）、或農業移工（包含華裔、日裔和菲律賓裔）的形式參與西部開發的過程以及相關的再現與書寫晚近得到相當的注目，莎拉・華德（Sarah D. Wald）認為農業是亞美文學的重要主題，但卻沒有得到應有的重視，華德勾勒亞美文學裡的農業議題，將種族形式（racial formation）帶進農業環境的探討，她的研究與布爾所倡議的環境正義與生態女性主義不謀而合，隱然匯流成另一股挑戰第一波生態批評的勢力。從十九世紀末到二十世紀初，華裔農工在加州農業的發展過程扮演重要的角色，在〈排華法案〉（1882）之前，加州三分之一的農工是華裔，他們可說是加州農業開發的脊梁骨（Wald 2019, 2）。夏威夷的開發主力原本也受惠於華裔農工的篳路藍縷，但在〈排華法案〉通過後，華裔農工缺乏新血輸入，日裔農工的數目與日俱增，到了二十世紀初期，日裔農工成為夏威夷農業的主力。在加州，日裔農工不僅取代華裔農工，成為加州農業的主要勞動力來源，透過契約勞工制度，還獲取更高的工資，以及較佳的工作環境，有些還成了擁有自己農場的小農。到了 1925 年，加州半數的日裔移民已經成了小型農場的主人，這個現象當然激起白人社群的反亞裔情緒。在加州農業發展的歷史過程中，亞裔農民的形象備受種族意識形態操弄，一方面亞裔身體被認為比白人身體更適合承擔農活，政客和農業代表藉此合理化對亞裔農工的剝削；另一方面，反亞裔狂熱分子則抨擊亞裔農工對白人農工的生計造成威脅。亞美族裔的土地所有權也在亞裔被視為「永遠的外國人」的話語操作之下，備受質疑。但真正終結日裔美籍小型農場的歷史潮流卻是二戰日裔遷徙營的設立，在那場歷史浩劫裡，在美國出生的日裔移民的家產悉數被沒收或變賣，他們的農場擁有權也隨之一夕

破滅。這對曾經引用傑佛遜的農本主義理想以聲援自身土地所有權的日裔社群無異是當頭棒喝。

　　華德指出,美國文化裡的田園傳統和農本主義思想背後隱藏著不利少數族裔的種族意識形態,田園文類雖可批判都會生活與工業化的弊病,但也常自然化社會階層,為宰制政治勢力撐腰,而田園傳統視自然為庇護所而非勞力的場域,更不利亞美土地經驗的表達。傑佛遜式的農本主義認為農民是「天選之人」,比別種行業的人更具道德優越性,而他們擁有田產,得以經濟獨立,也成為政治獨立的條件,因此他們被傑佛遜視為美國民主的基石。華德指出傑佛遜的農本主義其實問題不少,首先他以財產所有權來定義公民權,將被視為財產的黑奴與白人主人對立起來,衍生種族主義的弊病。其次,這套講法背後也有定居者殖民主義的嫌疑,後來者的白人農民擁地自重成為在地居民,而原住民對地方與土地的歸屬卻被抹除,從國家光譜消失。這套擁有土地就擁有公民權的論述在面對日裔小農時徹底崩解,因為雖然在二十世紀初期時不少日裔移民成為小型農場的主人,但他們卻未曾獲得公民權。其後在二戰時期日裔移民經歷的集中營浩劫更連他們的農場一起剝奪。讀者可以在山本久惠（Hisaye Yamamoto）、卡洛斯・布洛桑（Carlos Bulosan）、大衛・增本（David Mas Masumoto）等亞裔作家的作品裡看到這些亞美族裔與環境或農業發展的歷史經驗以及相關的種族歷史。

　　2015 年羅德里奇（Routledge）出版社出版了第一本亞美環境文學選集《亞美文學與環境》,這本書由三位學者 Lorna Fitzsimmons、Youngsuk Chae、Bella Adams 共同編輯,收錄十位學者的研究論文,主要的構想由族裔環境經驗出發,分成三個部分「環境與勞力」、「環境與暴力」、「環境與哲學」,由這本書的論文分類可以看出該書對環境的基本認知,自然與地景並非由純粹的自

然如植物、動物、地理環境等構成，而是滲透了亞裔移民的血淚，由艱辛的勞動、人為的暴力或美學沉思所形塑，因此，正如奧圖卡（Paul Outka）所言，這本書的主要生態關切仍偏重「社會生態學、批判性的種族環境主義、環境正義」（Fitzsimmons et al. xx），而不是非人自然的生態，換言之，該書的生態論述以差異政治出發，強調特定歷史下，亞裔移民與自然環境的互動，以生態彰顯環境塑造人與人、族群與族群之間的社會正義問題。

2020年西班牙學者希茉－岡娜雷茲（Begoňa Simal-González）透過麥克米倫出版社（Palgrave Macmillan），出版了個人專書《生態批評與亞美文學》（*Ecocriticism and Asian American Literature: Gold Mountains, Weedflowers and Murky Globes*），這本專書以幾個重要的亞美作家為對象，包括水仙花（Edith Eaton, aka. Sui Sin Far）、湯婷婷（Maxine Hong Kingston）、徐忠雄（Shawn Wong）、山下凱倫（Karen Tei Yamashita）、露絲・尾關（Ruth Ozeki），探討這幾位作家作品中的環境與生態議題，以「金山」、「野草花」「混濁的地球」來標誌亞美文學環境議題的三個歷史性階段。金山隱喻早期亞美作家如水仙花和湯婷婷筆下，亞美移民初遇異國山林的經驗，野草花則指涉日裔移民的集中營墾荒與園林造景經驗和相關的書寫，而混濁的地球則特指當代兩位從全球視野思考族群與環境生態危機議題的作家，山下和尾關。希茉－岡娜雷茲的書寫理念大致勾勒亞美環境書寫的歷史發展軌跡與主要研究議題，為後來的學者奠定亞美環境研究的基本藍圖。2023年在波特蘭舉辦的美國「文學與環境研究學會」（ASLE）年會，亞美文學與環境的場次中四位研究相關主題的學者則大抵以亞美自然敘事、邊疆敘事或亞美男性與戶外活動為主題，探討相關的文本、敘事模式與攝影作品。這也可以看出美國西岸的亞美文學環境研究致力於發掘新的文本與歷史文

獻,持續探究亞裔在美西荒野的冒險與活動經驗的族裔特殊性。

迄今為止,亞美的環境論述主要聚焦於從社會正義與族裔經驗差異的角度來檢視環境資源的不平均分配,以及環境再現的落差問題,如社會生態學(social ecology)致力於探討人與環境互動的方式,並理解此互動方式如何影響社會和自然環境,強調人對大自然的支配來自於人類社會內部的支配關係。以環境正義(environmental justice)為本的論述,則揭露環境資源的不平均分配與性別、階級、種族的不平等關係,挑戰國族以及資本主義的環境利用與剝削對弱勢族群的壓迫,晚近興起的跨族裔定居者殖民主義批評也屬於這個策略。還有批判式的環境種族主義(critical race environmentalism),質疑主流環境論述被種族主義羅織或挪移,不自覺地行種族壓迫之實,如生態批評或另類食物運動的東方主義修辭。

在種族權力關係當中進行環境資源不平均分配的批評固然是一個重要的課題,但誠如後殖民歷史學家恰克拉巴提(Dipesh Chakrabarty)的倡議,在地球生態環境日益惡化的今天,吾人有必要擴大我們的眼界與想像,他以人類世的高度,呼籲吾人須具備雙重視角來看待人,也就是說,人既是身為人的人類(the human-humans)——亦即人為歷史、經濟、文化主體,有權利追求生存權與公民權,也同時是非人的人類(the nonhuman-humans),亦即人做為物種,是一個集體勢力的一份子,必須負起對地球環境與氣候變遷的責任。[2] 恰克拉巴提所提出的雙重視野敦促以人類歷史為主要主體情境的後殖民研究將自然環境納入考量,尋求與物種共生的方式,這個訴求對有相似情境的亞美研究也帶來相同的啟發。那麼我們如何從人類世的高度探問亞美環境論述的可能切入點與研究途徑?當

---

[2] Dipesh Chakrabarty, "Postcolonial Studies and the Challenge of Climate Change," *New Literary History* 43.1 (Winter 2012): 1-18. 引文出自頁 11。

我們放大尺度，從全球環境變遷或跨物種的觀點出發時，會對以差異政治為本的亞美研究或亞洲的地緣政治探討產生怎樣的衝擊？在探討族裔環境正義與批判白人對環境再現的壟斷之餘，本書的作者也試圖回應這些問題。

農業、物種、全球環境變遷

　　從以上的回顧可以看出亞美環境研究在西方仍在起步階段，相對於原住民研究與後殖民研究在生態論述和環境人文的投入已有蓬勃的開展與成果斐然的產出，並與生態批評前沿研究遙相呼應，互相對話，亞美環境論述還有開拓空間。台灣外文學界長期耕耘亞美文學研究，中研院歐美所引領國內相關領域學者，不僅歷年多次舉辦亞美文學國際研討會，也出版眾多亞美或華美文學研究的專書或選集，對亞美文學的跨太平洋傳播與在地化貢獻良多。而近十幾年來在台灣蓬勃發展的生態批評，也匯聚了眾多優秀學者轉向，投入此新興研究領域，成立中華民國文學與環境學會。本書的出版一方面受惠於這兩個領域學者的長期耕耘，累積深厚的思想土壤，而後催生出這個兼跨兩個領域的研究結晶；另一方面，本書也不局限於亞美文學或環境文學的疆界，本書的標題「亞／美環境人文：農業、物種、全球環境變遷」所暗示的地理空間與學科範圍都試圖超越亞美文學與環境文學。劉大偉在他的專書 *Asian/American: Historical Crossings of a Racial Frontier*（1999）以斜槓劃開亞與美，一方面暗示亞洲在全球化時代崛起，對已定居美國的亞裔移民不再只是一個形容詞，一個早已被拋擲在時光之外的回憶地點，而是一個具體的勢力與空間，足以對亞美社群產生影響。但斜槓也可是一個連接線，暗示亞洲與美國兩邊的社會文化經濟與思想的連結、連動和滲透。本書作者的研究文本或對象大多聚焦於亞美文本，試圖以在地學者

的觀點評析亞美環境文本,以回應西方的觀點,但也不限於美國或亞美,部分學者以台灣的農業或中國的霾霾為對象,一方面彰顯環境議題的地方殊性,以亞洲的環境議題回應西方環境論述,一方面關照更大尺度的全球環境議題,跨越亞美的間隔,提出具有東方特色的環境論述。

此外,在環境批評的近期發展過程中,越來越多學者選擇「環境人文」一詞取代原來的「生態批評」或「環境批評」以文學研究為尚的取向。這個趨勢其來有自,在全球氣候變遷與生態危機日趨嚴重的當下,解決環境問題不僅是科學領域的迫切課題,也成為人文學科不同領域的共同關切,各個學門也各自衍生不同的理論或論述框架而彼此互相借用。著名的美國環境人文學者海瑟(Ursula K. Heise)在《羅德里奇環境人文指南》一書(*The Routledge Companion to the Environmental Humanities*, 2017)指出幾個歷史、人類學與哲學經典文本所提出的環境論述,後來成為跨學門引用的論述框架,對後來的環境人文發展影響深遠。她舉出的學者和著作包括人類學家奧特娜(Sherry Ortner)的〈女性之於男性正如自然之於文化嗎〉("Is Female to Male as Nature is to Culture?" 1972)、拉圖爾(Bruno Latour)的《我們從未現代過》(*We Have Never Been Modern*, 1991, trans. 1993)提出「自然文化」(natureculture)一詞以打破自然與文化的對立、歷史學家克羅斯比(Alfred Crosby)的 *The Columbia Exchange: Biological and Cultural Consequences of 1492*(1972)對歐洲殖民主義如何改變了全世界的生態系統的看法對後殖民研究和生態研究都具有高度的啟發;地理學家哈維(David Harvey)的《正義、自然和差異的地理》(*Justice, Nature, and the Geography of Difference,* 1996)從馬派觀點連結社會正義與環境議題、布爾的幾本專書《環境想像》(*The Environmental*

Imagination, 1995)、《書寫瀕危世界》(*Writing for an Endangered World,* 2001)為生態文學研究奠定論述基礎、哲學家哈洛威(Donna Haraway)結合科學史、哲學史與女性主義、動物研究,並為後來的多物種論述奠定基礎(Heise et al. 2)。以上諸家皆是環境人文論述的典範學者,其著作廣受跨領域學者採用、互相發明,而這些來自不同學科領域的批評家的洞見也對本書作者群有相當的啟示。

以「人文」為研究領域綱領,不僅擴大研究視野,強調人文學內部的跨領域對話,也彰顯人文在全球生態研究整體圖誌的重要性。環境人文並非為科學的環境研究擦脂塗粉的陪襯,而有其獨特的重要性,因為環境危機的起因和解決之道並非是外在的物質問題,而是與文化、觀念、制度、生活、再現息息相關。科學固然可以對治現象與結果,但探究文化、思想、觀念、敘事、再現與環境生態的關係,才能對環境危機的根源進行治本的思考。

本書沿襲上述的多重視野,試圖為台灣的環境論述開啟立基於創新性的族裔、差異政治或地緣政治的論述模式,也為族裔文學打開想像與再現環境的批評途徑,理解環境批評對亞美文學研究帶來的新思維,並以此為本,跨入不同的人文學門,建立跨學科的交響與對話。本書的作者來自不同學門領域,包含英美文學、比較文學、人類學、台灣文學,各自的學科殊性和地緣政治形塑了各自的環境批評實踐,在援用西方的環境論述之餘,也發展出獨特的台灣、中國、亞洲或亞美環境議題的論述方式。

在亞/美環境人文的前提之下,本書的論文主題大略涵蓋農業、物種與全球環境變遷三個主面向:在探討立基於族裔離散或地緣政治的環境議題時,部分作者透過亞裔移民在美國的墾荒或農業生產活動追溯有機農業的發展,以及種族主義與性別暴力對亞裔農業生產的介入;部分作者納入第三波生態論述的觀點,試圖超越人文主

義或人類中心的思維方式,以宏觀的人類世觀點來觀照農業所開啟的人類與非人物種的連結,同時也透過差異政治來思考人與自然的關係,強調跨族裔的土地和自然想像,甚至超越族裔的全球環境想像;某些論文企圖反思西方生態論述的問題性,並從後殖民的角度提出具有東方特色的生態論述。在環境人文與亞／美差異政治及地緣政治交錯的光譜上,選集中某些論文偏向以地緣政治或差異政治為基準,透過族裔歷史的探討向環境論述延伸;某些論文產出於作者長期一貫的環境或農業批評的脈絡,投射在亞美或亞洲的歷史地緣,對亞／美環境批評帶來具啟發性的洞見,但大部分的作者則交疊並寫這兩個面向,而產出深具創見的論文。以下大略介紹各章主旨。

　　本書得到莎拉・華德（Sarah D. Wald）教授的授權,翻譯並收錄了她在亞美農業研究的開拓性研究成果〈作為基進農業改革者的山本久惠〉（"Hisaye Yamamoto as Radical Agrarian"）,作為本書的開卷文章。該文勾勒日裔作家山本久惠（Hisaye Yamamoto, 1921-2011）投入美國天主教工會基進農業改革的生命史,凸顯她所擁抱的結合素樸農耕以及心智生活的理想,一方面藉著閱讀她的短篇小說〈十七音節〉和〈米子的地震〉,點出山本對農業生活裡種族化和性別化暴力的抨擊。華德認為山本在小說與個人生涯理念的實踐之間存在的鴻溝,顯示理想與現實之間的差距,並反向從山本小說所提出的種族化與性別化暴力,詰問彼得・莫林（Peter Maurin）的天主教集體農場、美國農本主義,以及當代美國永續食物運動未曾關照農業生產過程中某些結構性的性別與種族暴力,而天真的以農業生活作為解決資本主義和工業化遺毒之道的缺失與不足。華德進一步提出珍妮特・費斯基奧（Janet Fiskio）的「邊陲的農本主義」,主張將農務移工的立場納入農本主義,強調種族化生產的歷史情境塑造了當

代土地所有權與食物系統的模式，藉以開展出更具歷史深度、文化批判性與包容性的農本主義。

周序樺的〈大衛・增本、食物情色與美國食物運動〉將日裔美籍農夫作家增本（David Masumoto）的農業書寫放在美國有機食物運動的脈絡進行探討，周以「食物情色」或「水蜜桃情色」來凸顯增本的寫作策略，所謂食物情色指的是書寫者直接站到讀者面前，將有機水蜜桃的種植與食用透過挑動感官的食物照片與文字說明來呈現，也透過白人菁英式的健康與永續概念重新定義食物的滋味。周認為增本這種展演方式的目的是為了縮短資本主義農糧工業所形成的消費者與食物之間的距離，這種距離是地理的，也是道德的，更是身體的。增本重新定義自己的農夫身分，不只是農糧供應者，也是具有創意的農匠，介入糧食消費的想像過程，主動定義糧食市場與市民社會。增本將耕種納入飲食經驗的一部分，將農夫、農場工人以及都會消費者聚集在一起，與土地產生真實連結。周並表示增本的有機水蜜桃已經從黃秀玲所謂的「必要性」飲食提升為超越基本生存需求的奢華享受。雖然增本似乎無法處理日裔美國社群的創傷歷史，與美國食物生產和消費網絡裡的種族政治，但他的食物情色將禪宗「空無」概念帶至農耕體感經驗，將食物感性與族裔經驗進行連結，展現他自我反思的能力。周文強調增本在美國有機食物發展過程中做出的獨特貢獻，做為第三代日裔農夫，他的日裔傳承雖然並沒有直接以批判性的方式展現，但透過與主流美食的健康永續概念的協商與重組，增本間接發揚了族裔食物感性的特質。

相對於華德的論文意在透過亞美文本批判美國農本主義內涵的種族化和性別化結構暴力，陳淑卿的〈戰爭新娘、纏捲、共生：露絲・尾關《天生萬物》的亞美農業書寫〉則透過日裔作家尾關（Ruth Ozeki）的小說思考一個擴大農本主義想像的未來，以及全球化時代

跨物種共生的可能模式。該文將《天生萬物》（*All Over Creation*）的閱讀放入美國農本敘事的沿革當中，彰顯尾關對基改農糧的思考，剖析該書連結自然與文化的方式，以及敘事創新。陳文以多物種論述為據，探問農業在人類與自然交手過程當中所扮演的角色，並思考以農業作為人與自然共生的接觸區之可能。陳認為尾關的小說有兩個互相交錯的敘事結構，一個顯性，一個隱性。顯性敘事以毒物論述檢視馬鈴薯農民在單一作物農耕文化下的處境，剖析基改和反基改的爭議，並透過流浪草根環團所帶動的根莖狀敘述，連結諸多角色的聲音與觀點，形成一個根系龐雜的敘事網絡，探討在生物科技以及全球網路連結情境下，農業社群的變遷，以及人與人、人與物種共生之可能方式。隱性敘事環繞日籍戰爭新娘桃子的生平故事，闡釋戰爭新娘的歷史脈絡及其危脆情境，由這個隱性的角色開展出的農園文化不僅超越了美國農園文化的人文主義傳統，更進一步顛覆馬鈴薯農作的單一農耕文化。日籍戰爭新娘啟動的敘事蔓生鏈結將主要角色與種子纏繞捲進一個互相生成的遭逢，將小說的敘述格局擴張到一個跨物種繼承的想像。陳藉此勾勒一個危脆弱勢聯盟的論述框架，將亞美農業書寫放在一個人類世語境之下，強調一個大於人類的亞美傳承。藉以凸顯尾關農業書寫背後深層的跨物種共生理念，以及她對亞美世代傳承的重新想像。[3]

常丹楓的〈從跨族裔談起：《野草花》之日美遷徙營敘事和「新墾民」身分建構與生態批評〉從日裔遷徙營的「拓荒者」身分建構反思美國立國的農本主義所暗示的白人農民的建國論述，除了拆解日美遷徙營的官方論述建構，也揭露遷徙營不為人知的跨族裔遭逢的歷史。被移置到荒野的日裔移民成了新墾民，與原住民比鄰而居，

---

[3] 本段說明參考原文摘要。

他們與原住民有著相似的政治歷史處境，卻又在經濟生活面向成為敵對的競爭對象。日裔移民被剝奪家園與財產，漂泊荒野，就如同原住民失去土地所有權，遷徙營與保留區的監禁意味也若合符節。但是日裔居民成功的墾荒行動卻導致原住民失去土地所有權，這種似友若敵的複雜關係在白人與有色人種之間二元對立的殖民關係中加入變數。常文透過對角畑（Cynthia Kadohata）小說《野草花》（*Weedflower*）的閱讀，探討日美遷徙營墾荒居民與原住民之間複雜的歷史糾葛，作為少數族群，日裔遷徙居民是白人眼中的他者，卻在與原住民爭奪土地的局面下成為殖民者。另一方面，白人的侵略使印第安人成了被剝削的一方，而日本人的到來則使他們的土地再次被佔領，造成了原住民被雙重迫害的處境。常文從生態地方批評的架構出發，透過遷徙營和保護區重合的故事倡導一種橫向的跨族裔研究，為日美遷徙營論述開拓一個新的研究取向。

除了農業以外，本書的作者更以宏觀的全球環境觀點來思考亞／美文本。張瓊惠的論文〈從神人到牲人：論李昌來《滿潮》的生命政治〉聚焦環境變遷與全球瘟疫對種族差異與生命治理的影響。張文從傅柯生命政治的觀點討論韓裔美籍作家李昌來的小說《滿潮》（*On Such a Full Sea*），這本敵托邦小說將華裔移民的離散故事設在一個瘟疫蔓延的末日世界，強調環境變遷對社會政治的巨大影響，當人們面對的首要敵人是瘟疫時，膚色的差異已經不再是霸權歧視的主要對象。在這個新種族主義時代，移民的治理上升為生命政治的治理，人民因其資源與經濟條件的有無而被區分隔離在三個不同的區域：「特區」、「勞工區」、「開放區」，超級富豪住在特區，享受勞工的服務，勞工區分配給華裔移民、而開放區則充斥著作奸犯科、四處流竄、不受管訓的亡命之徒。張以「神人」、「智人」、「牲人」來討論這三區居民的不同生命樣態，在瘟疫肆虐的時代，

醫療資源成為首要的財富，特區富豪享受最先進的醫療設備與介入式治療，但面對沒有解藥的 C 瘟疫，他們同樣是束手無策。勞工區居住的是華裔移民，他們依規律的工作表按表操課，為特區人們服務，有基本的生活保障與乾淨的環境，但是生活單調枯燥一成不變；而開放區的居民則是被法律拋棄的化外之民，他們居住的環境險惡髒亂，毫無保障與醫療資源，居民過的是居無定所、類似昆蟲、嚙齒動物、鳥類、或微生物一般的生活，是被殭化的牲人。張特別指出，別名 B 摩（B-More）的勞工區前身是巴爾的摩（Baltimore），這個曾經被視為宜居城市的地方因為環境惡化而被居民拋棄，卻被華人移民視為安身之處，因為他們離開的家鄉中國的環境惡化更嚴重。張認為這本書的主要創新在突破亞美文學對族群歷史與福祉的傳統關切，在環境惡化、氣候變遷、瘟疫肆虐的前提之下，國與國的差別、種族的差異都是暫時與相對性的，因為今天的中國可能就是明日的美國，在瘟疫與病毒面前，膚色毫無意義，而離散也不再是跨國移民的專利，而是普世共通的經驗，因此張認為本書要批評的並非中國或美國霸權，而是應運環境變遷而起的新型生命政治治理模式，一個超越種族、族裔、國族疆界的權力結構。而張也以巴特勒的「互通互聯」來提點人類與環境同體共生的事實，再探文化差異及移民經驗，超越亞美文學的固有疆界。

張嘉如的〈「霧霾人生」：穹頂之下的生命反思〉從在北京流行的「霧霾人生」現象談起，藉著民眾具爭議性的擁抱霧霾、視之為日常生活常態的態度，反思霧霾潛意識所暗含的文化批判潛能。張指出在當前中國由菁英主導的以科學為本的「空氣話語」語境裡，民眾這種不科學不理性的擁抱霧霾行為雖然遭到嘲諷與批評，卻有諸多值得深思探究之處，並試圖避開將西方物質生態論述直接套用在北京的「霧霾人生」的文化批判，而嘗試採取一個根植於中國文

化的、後殖民的生態視角，建構一個超越西方主流科學式的生態批評論述。張文以「霧霾現代性」來表徵當代中國現代化過程中霧霾含混所指涉的雙重意識與時間性：霾是科學話語下的毒物意識，霧意識是被科學話語邊緣化、同時也是中國現代化進程裡被壓抑的無意識，是被人類世逼進歷史的遊魂。因此張建議將當今在中國流行的「霧霾人生」現象放在傳統中國文化如何在帝國文化殖民和科技現代化過程中不斷被邊緣化的語境下，藉以超越科學論述的方式去進行解讀，探索其他認識空氣（即前現代的霧）的可能。張進一步提出「霧霾人生」的非理性美學思維不僅是對科學話語下的毒物意識衍生的焦慮與麻木的反動，也帶出華人文化中「親生」（biophilic）的生活態度與「意應物象」（objective correlative）的美感，進而對科技現代性的理性秩序進行顛覆與反思。張文以東方學者的觀點反思強勢西方生態科學話語的弊病，並試圖召喚在科學知識建構下被壓抑的傳統知識，以期為全球環境人文做出帶有在地觀點的貢獻。

　　本書的亞／美環境探索起於亞美、穿過中國、終於台灣，與台灣環境論述相關的論文再度回到農業議題，蔡晏霖的〈培育怪親緣：拼接人類世中的宜蘭友善農耕〉從多物種角度省思宜蘭友善小農在豪宅農舍林立的宜蘭平原上興起的意義，她認為「豪宅農舍」與「友善耕作」比鄰並存，顯示不同人地關係的嵌塊（patches），乃是所謂拼接人類世（patchy Anthropocene）的特殊地貌。蔡文申論豪宅農舍現象是農村異性戀正典核心家庭為求自我延續而賣地離農的物質化效應；友善耕作農場則是友善耕作小農透過「多於人」的非正典親屬連結、在老農離農與農地市場化的洪流中夾縫求生的狀態。後者的特殊之處，不在於他們之於資本主義的外部性，而在於他們擅長創造性地組裝「多於人」的生態與經濟以增益自己的農村抓地力。經由照料水田生物與崇敬「田頭主老大公」，新農加入老農共同守

護一個除了人以外還有許多其他「關鍵他者」（動物、植物、鬼神）的鄉庄「多於人」世界（more-than-human world），也藉此動員具健康、環境或者文化政治意識的城市消費者。蔡文對台灣農村的觀察創新，在於她超越批判資本主義的觀點，從「多於人」的角度將異質地景視為不同自然文化（natureculture）實踐的摩擦場景，藉以評估和思忖與各種異質他者的共生求存之道。[4]

高嘉勵的〈吳音寧臺灣農業報導文學的影音美學〉以吳音寧《江湖在哪裡？——臺灣農業觀察》（2007）為焦點，探討此部報導文學作品如何以文字的影音美學，刻畫出全球化下臺灣農業的結構性問題。第一部分以吳音寧報導方式的繼承與開展為中心，討論作者的創作背景、左翼文學的創作理念與影音創作手法的開展。第二部分討論作品如何藉由影像拍攝及剪接的文字美學，呈現人、事、物多層次的交叉對話，藉此提煉從土地出發的感性要素，並突顯「糧食即生命」的主題。第三部分探討以文字模擬聲音來再現歷史現場的影音美學，透過撰寫證詞、旁白、配音、音效等手法，辯證出「農地為農業根本」的核心概念，揭露全球化口號下臺灣農業政策的荒謬性。高文的結論提示這部反思全球化下農業問題的報導文學作品，如何以文字的影音美學激發情感和行動的力量，試圖引發讀者思考一種符合人和土地共生共存模式的可能。[5]

總結本書各章的幾個批評角度，有的秉持種族與權力結構的觀點來探問環境正義或者批判美國農業內在的種族化和性別化暴力；有的檢視亞裔農夫對美國有機食物運動的貢獻；有的視農業為跨物種遭逢的接觸區，試圖超越農本主義的侷限，觸及後人文知識的範疇；有的從生態地域主義的角度探討不同的少數族裔之間被迫競爭

---

[4] 本段說明感謝作者提供。
[5] 本段說明參考原文摘要，感謝作者提供。

土地與環境的問題；有的以大尺度的環境變遷，如全球瘟疫，反身關照種族問題，探討一個超越種族、族裔、國族疆界的權力結構，挑戰亞美文學的固有研究疆界；有的從東亞的觀點批判西方有關霧霾生態論述的科學話語之不足，並試圖發展紮根於東方文化的霧霾批評語彙和觀點；有的關切全球化對台灣農業的衝擊，並思考人與土地共生的問題；有的則試圖超越人類中心觀點，在多物種民族誌裡描繪人與物種偕同共生的可能，彰顯台灣友善耕作小農的進步思維。這些多元的探索方式，為學界指出族裔文學研究與環境人文研究交會之處的可能思考與批判模式，除了持續在環境正義的架構下為少數族裔的環境資源的不平均分配發聲，並凸顯其中的權力架構，或描繪獨特的族裔環境經驗，或將族裔研究強調的多元文化的思維邏輯帶入生態論述對生物多樣性的訴求，也從超越人類特例主義的觀點，如人類世下跨物種的共生關係，或大尺度的全球生態破壞、病毒與瘟疫，來探索立基於族裔殊性或東亞文化特色的生態批評等。這些努力成果雖然只是一個開端，但也奠定展望未來發展的論述基礎，讓我們期待一個百花齊放、眾聲交響的未來。

引用書目

Adamson, Joni. "Foreword." *Asian American Literature and the Environment.* Ed. Lorna Fitzsimmons, et al. New York: Routledge, 2015. xiii-xvii.

Buell, Lawrence. *The Future of Environmental Criticism: Environmental Crisis and Literary Imagination.* Malden, MA: Blackwell, 2005.

Hayashi, Robert. "Beyond Walden Pond: Asian American Literature and the Limits of Ecocriticism." *Coming into Contact: Explorations in Ecocritical Theory and Practice.* Ed. Annie Merrill Ingram, et al. Athens, GA: U of Georgia P, 2007. 58-75.

——. *Haunted by Waters: A Journey through Race and Place in the American West.* Iowa City: U of Iowa P, 2007.

Heise, Ursula K. "Introduction: Planet, Species, Justice—and the Stories We Tell about Them." *The Routledge Companion to the Environmental Humanities.* Ed. Ursula K. Heise, et al. New York: Routledge, 2017. 1-10.

Outka, Paul. "Preface." *Asian American Literature and the Environment.* Ed. Lorna Fitzsimmons, et al. New York: Routledge, 2015. xix-xxi.

Simal-Gonáléz, Begoňa. *Ecocriticism and Asian American Literature: Gold Mountains, Weedflowers and Murky Globes.* Cham, Switzerland: Palgrave Macmillan, 2020.

Wald, Sarah D. "Agriculture and Asian American Literature." *The Oxford Encyclopedia, Literature.* Oct. 5. 2019 Web. Aug. 20. 2021.

1
作為基進農業改革者的山本久惠*

莎拉・華德（Sarah D. Wald）原著
岳宜欣 翻譯**

　　當代的永續食物運動常把美國的農業傳統浪漫化了。如溫德爾・貝里（Wendell Berry）與麥可・波倫（Michael Pollan）等作家都提出了以回歸小型家庭農場（the small family farm）為農業工業化的解決方案。在這些作品中，小型家庭農場恢復土地的生態完整性、以人道方式善待動物，促進異性戀常規的核心家庭，並減少勞力剝削。這些觀點卻並未掌握美國的土地所有權和種族化的關係，在以白人男性農民為主體的同時，此論點忽略了非白人的農民農工等群體的主體地位。本章藉著將山本久惠（Hisaye Yamamoto）視為基進農業改革者，提出當代食物運動給予白人土地所有權之特權的結果。山本對於勞力和財產關係的種族化與性別化所提出的細膩反思，不僅揭露了當代田園幻想無法提供公平的食物解決之道，也彰顯出檢視永續食物運動中的美國種族歷史時，採取「交織取向」觀點（intersectional approach）之必要性。

　　將山本視為基進農業改革者，不只把一般大眾理解的，奠基在

---

* 本文原以英文發表，原題為 "Hisaye Yamamoto as Radical Agrarian"，原刊於 *Asian American Literature and the Environment*. Ed. Lorna Fitzsimmons, et al. (New York: Routledge, 2015). 149-166.
** 譯者岳宜欣現任中國醫藥大學通識教育中心專任助理教授。

傑佛遜式理念上的美國農本主義複雜化，也有助於我們將山本的文章放在亞美文學研究的脈絡下來進行討論。山本曾參加《天主教工人報》（*The Catholic Worker*）的「回歸土地運動」（back-to-the-land movement）。在寫了著名短篇故事〈十七音節〉（*"Seventeen Syllables,"* 1949）和〈米子的地震〉（"Yoneko's Earthquake," 1951）的那幾年，她藉由《天主教工人報》定時得知當時的運動。在發表〈米子的地震〉後兩年，山本就為了與桃樂絲・戴（Dorothy Day）比鄰而居，搬到紐約的天主教工會田地，而拒絕了史丹佛大學提供的高額的寫作獎助殊榮。雖說《天主教工人報》在山本的短篇小說書寫最集中的年間帶來影響，論者至今尚未深入探討天主教工人運動的哲學與山本短篇故事之間的關係。因此檢視山本與《天主教工人報》的關係可顯示農本主義是她更大的政治哲學的核心，包括宣稱自己是基督教無政府主義者的身份認同（Cheung, "Interview" 85）。

本章提供一個理解天主教工會農耕計畫與山本以小說探究農耕生活之間關係的方式。我認為山本的小說間接地指出天主教工人運動的理想，如集體土地所有權，以及學術生活與體力勞動的結合可作為解決她筆下描繪的心理與身體暴力的方法，在在表明天主教工人運動對耕作的號召吸引她的原因。但若將山本的短篇故事與其他天主教工人運動的文本進行比較，就不難看出天主教工人運動農本主義的某些未曾被覺察的特權，並且看出這些天主教工人運動者，包括山本在內，其實都多少面臨了將理念付諸實行的困難。首先我將討論天主教工人運動對農業的興趣，並檢視山本對於天主教工人運動的哲學日增的興趣，包括她自身在天主教工會集體農場的經歷。本討論將提供我分析山本短篇故事的背景，在本章最後一部份，我將提出山本對當代美國農本主義與永續食物運動的批判。

一、《天主教工人報》的宗旨

《天主教工人報》由桃樂絲·戴以及彼得·莫林（Peter Maurin）共同創辦。戴在1933年五朔節（May Day）創刊的《天主教工人報》這麼寫著：「《天主教工人報》的發刊，是為了宣傳教宗對社會正義的通諭，並推廣教會提出的『重建社會秩序』」（Day, "To Our Readers" 3）。此份報紙結合了反資本主義的基進主義與天主教和平主義。天主教工人運動者認為他們自身出於良心，拒服任何戰爭的兵役，也有人以不繳聯邦所得稅作為反戰與反政府的抗議。接著，就如同今日，遍及全國各地的天主教工人中心的志工們提供食物、庇護所與衣物給有需要的贊助人。

1940年代晚期，也就是山本開始閱讀《天主教工人報》的那段期間，此份報紙曾有超過六萬六千名訂閱者，也重新喚回二戰時因為戴秉持和平主義所流失的支持者。《天主教工人報》刊登的文章提倡種族融合，報導天主教工人運動者與美國全國有色人種協進會（the National Association for the Advancement of Colored People, NAACP）共同罷工因而被逮捕的事件。此報紙將私刑與工人抗爭一併放在其頭版。它追蹤報導麥卡錫主義的興起，並經常反對徵兵。它納入美國佔領日本的報導，也為戰後遍及歐亞的孩童遭受的飢餓貧困之苦發出悲嘆。它也因藉由提倡有機農耕、批評蘇聯倚賴科技來增加農產量，參與了環境論述。根據《天主教工人報》的報導，資源的匱乏與其藉由科技和工業來解決，不如回到自然的農耕生活，安貧樂道，謹守基督教誨。

天主教工人運動的許多核心宗旨都可追溯至莫林。他雖不如戴有名，但戴常常讚揚莫林是啟發她的人。莫林提供了一種可能性，使她可以在剛投入的天主教信仰、個人社會良知、與她的政治參與

歷史之間找到平衡（Piehl 23; Day & Sicius xiii, xxvii）。莫林也是最初提議她創辦一份聚焦於天主教與社會正義報紙的人。莫林時常以無韻詩表達這些吸引他的想法。他常在《天主教工人報》刊登的〈隨筆〉（"Easy Essays"）就因其透過重複文字遊戲所傳達的想法複雜性而著名。山本尤其受這些散文影響，故在訪談中被問到她對天主教工人運動的興趣時，她也直接提到了莫林（Cheung, "Interview" 85）。

《天主教工人報》中，莫林是第一個、也是最具影響力的回歸土地運動計畫的支持者。他來自南法村莊，當地居民都在公共牧場工作，這段經驗塑造了他對農耕的政治投入。莫林了解到農耕不只是個懷舊行為，也能解決資本主義與工業化導致的諸多社會之惡，包括個人與土地的異化、勞動之工藝技藝的失落，與城市興起後在地鄉村群體的破壞（Collinge 386）。他視農耕為將生產的憑藉（亦即土地）歸還給集合社會體的途徑，也是還給工作尊嚴的方式。莫林將此一農耕願景稱為「綠色革命」（Green Revolution），這與《天主教工人報》宣揚的體力勞動與自願貧窮配合無間。[1]

莫林的農本主義或許根植於一種他懷舊地描述為「前資本主義的」、記憶中法國農夫的生活，但其實這不只是對過往方式的回歸（Day & Sicius 105）。相反的，他將農耕視為一種重新想像與再次發明社會的方式（Collinge 386）。農耕公社提供一個契機，讓他將許多激發他對天主教社會基進主義產生興趣的理念付諸實行。莫林相信農場不僅是就業率不足與惡劣勞動環境的解答，而且是他所稱的農學大學，「學者們必須成為工人，工人才可能成為學者」（Maurin 27）。莫林相信，為了讓真正的教育發生，知識分子與勞工都要向

---

[1] 莫林的綠色革命並非日後以合成肥料、工業殺蟲劑與雜交種子廣泛流通的綠色革命，兩者切不可混淆。

彼此學習。他想像心智生活融入體力勞動生活，將每一天均分為學習與勞動。那麼，勞工與學者的分界就無從產生，彼此也不會成為分立的階級。

莫林的哲學家－農夫願景與《天主教工人報》提倡勞動會帶來精神效益的信念不謀而合。歷史學家梅爾・皮耶（Mel Piehl）就描述天主教工人運動的哲學核心是「致力於讓人滿足，且對社會有用的勞動」，並且藉由自願清貧與和平主義所組成。（Piehl 97）。在一本莫林未發表的傳記中，戴這麼描述：「彼得總是吹捧土地的另一理由是，農耕公社有很多工作讓大家去做。人們不能不工作而活著，工作就如麵包一樣必要。但我們所需要的是勞動的哲學。工作是禮贈，是天職」（Day & Sicius 81）。沒有勞動，人就無法過著充實的生活，而農田勞動提供了特別鼓舞人心的勞動形式，確保農田居民可以致力於他們自身的安康，不會藉由剝削他人而活。

1930和40年代，許多受莫林啟發的天主教工會的農耕計畫如雨後春筍出現（Piehl 129; Marlett 408）。就在山本前往紐約前的那幾年，《天主教工人報》每期收錄的文章幾乎都在討論回到土地經驗的益處。那些文章強調農耕嘗試的困難，諸如實踐者欠缺農業知識，以及農耕失敗的挫折。但幾乎所有文章都聲稱這些經驗很值得，並鼓勵其他人加入。[2] 農業新手湯瑪士・坎伯（Thomas Campbell）和其妻的文章就極具代表性。對於自身的農耕經驗，他們是這麼描述的：

---

[2] 參見湯瑪士・坎伯（Thomas Campbell），〈在土地上的新開始〉（"New Beginnings on the Land"），《天主教工人報》19.19（1953），頁5；威廉・高查特（William Guachat），〈對綠色革命的反思：前二十年是最困難的〉（"Reflections on the Green Revolution: The First Twenty Years Are the Hardest"），《天主教工人報》29.19（1953），頁5；傑克・桑頓（Jack Thorton），〈在土地上的五年〉（"Five Years on the Land"），《天主教工人報》18.13（1953），頁1,5。

我倆都是新手，終生住在大城市，因此，我們針對那些嘗試著要做出決定「我，或我們，該不該試著以土地為生呢？」的人而發聲。一開始要真正踏上離開城市前往鄉村的那一步，大都是可以帶來深度滿足的行動⋯任何有意義的經驗都不嫌多，特別是那些與土地有關的經歷。所以，如果你還卡在第一步，鼓起你的勇氣去做吧。（Campbell 5）

山本在決定「回歸土地」之前的歲月讀了很多文章，這些文章通常包含了無論未來如何困難，也要跟隨本心，勇於嘗試農耕生活的籲求。

二、山本朝向基進農業主義之路

山本與農務勞動既有個人的關係，也有哲學層次的連結。早年農耕勞動的家庭經歷讓她理解財產關係的種族化本質，也很可能引發她對天主教工會集體農耕計畫的興趣。山本出生於 1921 年，在南加州的日裔農耕社區長大。她的父親以農耕為生（Crow, "A MELUS Interview" 75）。當她很多朋友固定幫忙家中收成時，她卻沒有。她這麼解釋「我被豁免，可能因為我是家裡唯一的女孩，或者可能因為我總是埋首於書中」（Cheung "Interview" 76）。當朋友在田裡工作，她則為當地的日文報紙《加州日報》（*Kashu Mainici; California Daily News*）英語版擔任青少年專欄作者。但第 9066 號行政命令，也就是二戰時授權軍方發布隔離集中管理日裔美國人的命令，打亂了山本的家庭生活，也包括她在《加州日報》的專欄。當時，山本一家人正在她父親通過日本農耕合作社擁有的土地上種著草莓，此制度很可能是為了因應加州的〈外僑土地法案〉（Alien Land Laws）而生，也就是不讓亞洲移民擁有自己的土地。等待遷徙的命令下來的期間，合作社賣了這土地。雖然她的父親收到合作社給他的那一份款項，但自此他的家庭只能受雇採收草莓來賺取工資，無

法從親手種植的作物獲利。山本的勞動不可或缺,因此她也和家人一起下田工作。她回憶新地主「將墨西哥人跟他們墨西哥領班分為一群,日本人與其日本領班分為另一群,直到我們得以撤離之前,那就是我們工作的方式」(Crow, "A MELUS Interview" 75-76)。因此,山本經歷過農家女兒的生活,並且曾有一段期間在種族化的土地管理制度下,在大型農地擔任農工。

《加州日報》在 1942 至 1947 年停刊,山本也失去了她的專欄,但她找到其他方式繼續出版。二十歲的時候,她被拘留在位於亞歷桑納州帕斯頓(Poston)的科羅拉多河遷徙中心(Colorado River Relocation Center),度過三年時光。[3] 在那裡她便為營區的報紙《帕斯頓紀事報》(*Poston Chronicle*)寫作。1945 年離開營區之後,她開始在《洛杉磯論壇報》(*Los Angeles Tribune*)工作,這是一份非裔美國人的報紙,雇用她的部分原因是為伸出援手,讓日裔美國人能在戰後回去。她在《洛杉磯論壇報》的專欄〈閒聊〉("Small Talk")所發表的有關種族不平等以及民權運動的專欄文章,行文也日益露骨。就如歷史學家馬修・布里奧內斯(Matthew Briones)所言,山本戰後在《洛杉磯論壇報》的工作塑造了她日後對於種族與跨種族同盟等問題的投入(Briones 437)。

在《洛杉磯論壇報》工作的時候,山本第一次接觸《天主教工人報》。這是她被指派挑選出值得注意的文章的數份報紙之一。因為受到《天主教工人報》的哲學吸引,她開始帶著報紙回家(Cheung, "Interview" 81)。1948 年,為了專心寫作以及撫養她收養的兒子保羅,山本離開了《洛杉磯論壇報》。起初,她靠她弟弟強尼的保險金維生,他在二戰時加入戰功彪炳的日美 442 軍團服役而殉難;之

---

[3] 在拘留期結束之前,山本也曾短暫地離開營區,在麻州春田市(Springfield)以廚師為業。然而,當她的弟弟強尼在 442 軍團中的戰役喪生,她便回到帕斯頓陪伴雙親。

後，她靠著在 1950 年獲得的約翰・海・惠特尼基金會獎學金（the John Hay Whitney Foundation Opportunity Fellowship）維生（Cheung, "Introduction" ix）。在這段期間，她持續閱讀以一年二十五分或一期一分錢訂閱的《天主教工人報》。山本解釋「我讀得愈多，愈想成為這個運動的一份子」（Cheung, "Interview" 81）。山本也曾與天主教工作會的行動主義份子永恩・斯塔福德（Yone U. Stafford）聯繫。他們的往來始於斯塔福德回應山本發表在《洛杉磯論壇報》文章的一封信。根據斯塔福德表示，他們的通信是山本決定搬去天主教工人會農場的決定性因素（Stafford 2）。在研究與閱讀天主教工人運動的相關資料七年後，山本「在 1952 年最終鼓起勇氣，寫給工人運動者表達我加入的渴望」（Crow, "A MELUS Interview" 77）。她這麼描述，「桃樂絲・戴沒有雀躍欣喜，而是謹慎地建議我在年底她前往洛杉磯履行演講約定時和她見面。我在博伊爾高地（Boyle Heights）瑪利諾修女會（the Maryknoll Sisters）的午夜彌撒中見到她，在那之後也在其他人的陪同下和她一起午餐，其中一人是她稱為『叛徒同夥』的牧師」（Crow, "A MELUS Interview" 77）。與戴見過面後，山本拒絕了聲望很高（且有獎金）的贊助，放棄向名重一時的詩人、文學批評者，史丹佛大學教授伊芙・溫特斯（Yvor Winters）學習的機會。這對她提昇作家的身分大有幫助，但山本選擇前往紐約，原因就如她所言，「我的心選擇了《天主教工人報》」（Crow, "A MELUS Interview" 77）。

山本和她兒子搬去的 22 畝田農場，是在 1950 年暮夏或早秋時買下，並以 1949 年過世的莫林命名。當山本於 1953 年勞動節左右到達之時，這片農田才剛在天主教工會耕種下進入第三季（Stafford 2）。當時，戴常常住在莫林農場，她的孫子成了保羅的玩伴（Day, "Peter Maurin Farm" 2）。但農場狀況不佳，山本到達沒多久後，天

主教工會成員羅蘭・波文（Rollande Potvin）描述這片土地「非常貧瘠且荒廢」。「比起在紐堡（Newburgh）的農田，它不太具備生產力」（3）。但這項計畫的難度授也予了它重要地位；耕種若是簡單，就不會被視為對精神有益的勞動。農業對天主教工運者有吸引力的部分，是在於他們相信人類需要有意義的勞動才能茁壯成長。對計畫來說，這座農場所需的重度勞力工作，比起任何可完成的農業自給自足都來的重要。

為《天主教工人報》寫作便成了山本在農場的責任之一。她發表在《天主教工人報》的第一篇文章〈西布魯克（Seabrook）農場──二十年後〉點明紐澤西在 1934 年「最嚴重的農場罷工」以及較近期的二世（Nisei，指第二代日裔美國人）罷工之間的呼應關係（Yamamoto, "Seabrook Farm" 3, 6）。山本也接管了月刊，上面刊載莫林農場日常生活的最新消息。她描述她的農場生活是飼養動物、處理家務、心智勞動的大雜燴，她解釋「我常餵雞和兔子，如果沒有其他人在，有時也會煮飯、清理櫥櫃、分類送進來的衣物，以及為報紙寫作」（Yamamoto, "Interview" 81）。[4] 她的描述點明莫林農場的性別勞力分工。戴讚許山本的工作倫理，甚至稱她為農場「體力勞動最好的例子」（Day, "Peter Maurin Farm" 2）。戴對於山本的描述中，也許最值得注意之處，便是山本的職責似乎為莫林宣稱的農業大學的農田理想做了最好的示範。戴解釋說：

> 她不費勁地工作，安靜地且有效率地照顧兔子和雞群，我們的義大利朋友瑪莉・李希（Mary Lisi）介紹我們一種煮過的洋蔥皮和水的混和物，她用來清洗廚房、餐廳、大廳與走廊。我們的房子因為她而一塵不染，但她也總是有時間在打字機上寫文章，為她自己和小保羅閱讀。她是多麼寧靜祥和的範例啊。（Day, "Peter Maurin Farm" 2）

---

[4] 張敬鈺，〈訪談〉，頁 81。

至少在戴的眼中，山本體現了莫林的學者—工人的理念。

然而，山本的專欄卻不斷記錄日常生活中履行天主教工會之理想的困難。這些專欄見證了集體鄉村生活的逆境。就如山本描述的，「這仍是個日常奇蹟——我們來自各式各樣的背景，卻因為同樣的需求如家人同住般的湊在一起，努力尊重彼此的個性」（Yamamoto, "Peter Maurin Farm" 3）。據其專欄，在莫林農場的生活有時很不愉快且不具生產力。她在某篇專欄這麼寫，「莫林農場的降臨節（Advent）原該是個歡喜等待聖靈降臨的禮儀季節，卻因大家集體的焦躁不安與層出不窮的糾紛，變得愁雲慘霧」（Yamamoto, "Peter Maurin Farm" 3）。另一次她抱怨，「在莫林農場，即使我們確實住在土地上，身處群體的困擾通常大於農業的問題，所以我們得時常提醒自己，這裡畢竟是農田啊」（Yamamoto, "Peter Maurin Farm" 6）。山本後來表明，集體農場成員之間所產生的衝突，其激烈程度是意想不到的，她說「桃樂絲・戴從未在專欄寫出群體生活的黑暗面，故當時我對她的專欄這麼著迷」（Crow, "A MELUS Interview" 78）。

山本在莫林農場察覺的集體生活緊張關係，其實也發生在其他天主教工會的計畫中。歷史神學家傑佛瑞・馬列特（Jeffrey Marlett）描繪瑪莉農場（Maryfarm）之時，這麼說明：「雖然夏天湧入許多神學院學生、放假的孩子與大學生，永久居民實則為混雜的家庭、無業勞動者、以及城市中的街友。我們很難找到比他們更不穩定，並且面對群體生活的緊張關係更不知所措的群體」（411）。而在天主教農耕公社中超過二十年的天主教工會成員威廉・高喬（William Guachat）則抱怨參與者通常並不情願成為學者-勞工：「學者們堅持當學者，工人們堅持無論禍福都以身體工作，這兩者並無交集」（5）。莫林描述的理想難在實作中落實。種族、性別、

階級、年齡、公民身分與家庭狀況,都持續成為勞力分工與決策過程的基準。

然而,卻沒有證據顯示山本離開莫林農場的原因是出自對集體生活困難的不滿。她的離開看似是出於愛。她在莫林農場認識安東尼‧德索托(Anthony Desoto)並與他結婚,於 1955 年回到加州。山本持續為天主教工會工作,相信小型群體能賦權給因社會不公而被剝奪權力的個人。她相信「真正理想的民主形式,是通過小團體或社區彼此得到共識的管理」(Cheung, "Interview" 85)。直到 2011 年辭世前,她也時常在《天主教工人報》與其他地方發表作品。在離開莫林農場三十年後,山本仍宣稱:「我相信桃樂絲‧戴就是這個國家所能誕育的最重要的人」(Crow, "A MELUS Interview" 78)。

三、〈十七音節〉和〈米子的地震〉中的農本主義

那麼,我們該如何理解山本在搬去彼得‧莫林農場的前夕對自家農業過往的回顧呢?在讀著《天主教工人報》呼籲耕作的文章的那些歲月,山本把她對被關在遷徙營之前的日裔美國人農耕生活的記憶,和她朋友的故事寫進小說裡,而得以重返那些記憶。當時她最著名的兩個故事〈十七音節〉和〈米子的地震〉都聚焦於日裔移民家庭在南加州的耕作。1940 和 50 年代《天主教工人報》所宣揚的集體農耕有益精神生活的想像,卻和〈十七音節〉和〈米子的地震〉呈現的種族化與性別化的暴力南轅北轍。這些短篇故事再現當時日裔移民面對的經濟壓迫,與種族、性別與移民如何塑造一世(Issei,指第一代日裔移民)和他們的孩子二世(Nisei,指第二代日裔移民),以及他們雇用的日裔、墨西哥裔、和菲律賓裔農工的農耕經驗。為什麼山本在親自實驗天主教工會的農業理想主義之前,就寫

下對農業現實的譴責呢？

我認為山本的短篇小說藉由強調她自身農業背景中種族化、性別化與經濟的暴力，顯示了莫林農耕想像的吸引力。她對自己深受莫林的農耕理想吸引提出如下的解釋：

> 彼得・莫林相信一種他所宣稱的「宗教、文化與耕作」的綜合，意指回到土地。他的理想是一個人可以在田裡工作也許四天或一天四小時，然後回到農舍，從事畫畫、寫作、印刷等，一切都以天主教教堂為中心。（Cheung, "Hisaye Yamamoto and Wakako Yamauchi" 365）

但〈十七音節〉和〈米子的地震〉卻說明了在美國種族化的農業生產情境下，要把工人與學者團結在一起工作是不可能的。《天主教工人報》中不帶階層概念的集體農耕的理想，看似間接解答了山本探索的問題。這並不是說山本有意識地以她的短篇故事來表達或回應任何天主教工會的農業精神，而是就如山本自身認知到的，一個作者的政治理念也許會以作者自己都沒察覺的方式塑造文本。一如她跟訪談者解釋的，「我叫我自己天主教無政府主義者，但我不確定我的信念會在故事中呈現。若它們是我的一部份，那麼某些想法就會顯而易見。一個具備政治理念的作者，或許將會有意識或無意識地將其納入故事，你不這麼認為嗎」（Cheung, "Interview" 81）？她的短篇故事並非直接，而是以間接的方式與天主教工會的哲學對話。

莫林所渴求的一種學者－勞工或哲學家－農人的財產關係之形式，呼應〈十七音節〉中母親的藝術嚮往與父親的勞動渴望之間的核心張力，或如黃秀玲（Sau-ling Cynthia Wong）所稱的必要與奢侈之間的衝突（13-14）。〈十七音節〉中，妻子林乙女（Tome Hayashi）在晚上成了詩人梅（Ume）。作為妻子，乙女致力於家庭經濟，她「處理家務、煮飯、洗滌，以及……在悶熱的田野分擔

採收番茄的工作,在涼爽的包裝棚內將番茄裝箱至整齊的層架」（Yamamoto, "Seventeen Syllables" 23）。相比之下,詩人梅不只忽略了對她丈夫的責任,也威脅到家中的經濟福祉。在這短篇故事中,丈夫的暴力發生在梅的詩人生活直接威脅到家中收入之時,讓他終結了妻子的寫詩生涯。當時間急迫,需要所有人手來挽救家中收成時,乙女卻放棄番茄採收。山本寫道,「箱子堆疊……成熟番茄若沒有在今晚準備好交給農產搬運工,明天也許就必須被送到罐頭廠」（Yamamoto, "Seventeen Syllables" 32）。在林跟女兒說「我們今天沒時間休息」不久之後,梅匆忙地離家,與頒給她俳句獎的舊金山編輯黑田（Kuroda）先生喝茶（Yamamoto, "Seventeen Syllables" 33）。重要的是,當林傳話給乙女／梅的時候,是提醒番茄的事（Yamamoto, "Seventeen Syllables" 35）。林對梅的憤怒不只是因為論者們宣稱的針對她創作上的成功或獨立,[5] 而是因為這份成功直接干擾了家中採收番茄的迫切需要。梅的「壽命,即使是身為詩人的,非常短暫——也許最多只有三個月」在在顯示了在面臨經濟壓力的日裔移民農耕家庭中,尤其在家中的性別情境裡之下,莫林所謂身為工人的學者與身為學者的工人的理想,其實是不可能實現的（Yamamoto, "Seventeen Syllables" 23）。

相似地,〈米子的地震〉中,菲律賓農工馬波（Marpo）的逾越不只在於他與米子母親細梅（Hosoume）太太的外遇,也在於他試圖掙脫勞工身分的奮鬥。在故事初期,我們可看到馬波顯示了充滿活力且多元的興趣與認同:「基督徒馬波是最好的僱員,但馬波也

---

[5] 舉例來說,金惠經（Elaine Kim）這麼描述:「在〈米子的地震〉與〈十七音節〉中,丈夫都是認真工作且嚴肅的,卻無法忍受他們妻子對創造美與詩文的努力。他們最終擊垮了妻子,將其束縛在他們身後度過無盡辛勞的一輩子,這並不必然是因為他們忌妒,而是因為他們無法忍受他們妻子有任何型態的獨立。」金,〈山本久惠:女人的角度〉,收錄在《十七音節:山本久惠》,頁115。

是運動員、音樂家（樂器與歌唱上皆然）、藝術家，還是收音機技術員」（Yamamoto, *"Seventeen Syllables"* 44）。此一描述似乎捕捉了莫林對農業勞動者得以從事身體與智性的理想。相反地，取代了馬波的是一個發現了這段外遇的「老日本人」，他「沒特別的興趣，除了工作吃飯睡覺以及偶爾和細梅先生一起玩圍棋」（Yamamoto, *"Seventeen Syllables"* 54）。馬波的多重身分似乎直接導致了他無法以細梅認為適當的方式從事農務（只有農務），而這「沒特別興趣」的老日本人則可輕易被化約為勞力。馬波勞務其中的種族與經濟秩序，並不允許勞工擁有藝術才華展現，或知識追求所需的個人性，抑或人性。

在兩篇短篇中，山本將農工描述得如同機器一樣，而且將深具人性特質的創造力或性熱情，都描述為經濟發展的障礙。米子和她的弟弟賽吉歐（Sergio）「跟著當日租來的挖馬鈴薯的機器與墨西哥工人在田野裡跑來跑去」（Yamamoto, *"Seventeen Syllables"* 55）。這裡的描寫將墨西哥工人等同於機器，因為他們都是被雇用的生產力，租用機器與雇用人力沒什麼區別。相似地，在〈十七音節〉中的女兒蘿西（Roxie）就能在田裡工作，「跟完美無瑕的機器一樣有效率」（Yamamoto, *"Seventeen Syllables"* 33）。一如米子，當她從事農務的時候，與其說像個女兒，更像機器。然而，就像馬波、梅和細梅太太一樣，當她熱情奔放時，蘿西如機器一樣運作的能力便減低了；當愛慕對象黑素斯（Jesus）走近，「她的手失去控制，番茄落入了錯誤的棚子」（Yamamoto, *"Seventeen Syllables"* 33）。藉這些敘述，山本的文本採用馬克思對僱傭勞力的批評，檢視資本主義對亞裔與拉丁裔工人的影響。在資本主義效益至上的原則之下，勞工的人性特質會導致分心與效率低落。在拘留前的日裔美國人的家庭農場裡，種族化的經濟統御高於一切，藝術與感性無法倖存。

對被邊緣化的個人來說,藝術與感性和經濟上的生存是互相牴觸的。

山本的角色之所以無法獲得經濟安穩與完整表達性欲和創造力,其實源於種族化的勞力與財產關係。在 1952 年所發布的〈麥卡倫－沃特法案〉(The McCarran-Walter Act)之前,包括日本移民的亞洲移民,都無法歸化成為合法的美國公民。他們被標記為「無權獲得公民身分的外僑」(aliens ineligible for citizenship),此稱號將他們視為永遠的外國人,且無法參與選舉。當國家將細梅或林這類男性矮化為只具經濟功能的角色時,〈外僑土地法案〉則削減他們獲得經濟成功的能力。也因為〈外僑土地法案〉,許多日裔移民被迫租用而不能擁有自己的土地;其他人則遊走法律邊緣,把購買的土地放在他們擁有公民權的孩子名下,或組成可以購買土地的合作社。就如葛莉絲・瓊雲・洪(Grace Kyungwon Hong)主張,山本的故事藉由細節的描述來顯示〈外僑土地法案〉的效應,比如細梅家的作物收成是以短期週轉率聞名(Hong 291)。反亞裔的法律影響了細梅與林能耕種的作物、在土地上長期投入的能力,以及能雇用工人的情況。在山本的故事裡,家庭小農的經濟不安並不只是一般的資本主義造成的,而是來自於資本主義體系中種族操作的影響。

山本的短篇故事也藉著故事裡男性家長感受的挫折與無力感,闡明國家不准亞裔移民歸化的效應。查爾斯・克羅(Charles L. Crow)認為山本對她筆下的男性亟欲駕馭妻女的慾望毫不留情地勾勒,是身為女性主義者的她對一世(Issei)父權文化的挑戰(Crow, "The *Issei* Father" 119-20)。但在〈十七音節〉和〈米子的地震〉中,父親的挫折卻部分來自於家庭面臨經濟與政治壓迫的無力感。這是個無論政治家、報紙與社會大眾都對日裔移民公開表示敵意的期間。這段期間的法律規章與文化表達,也都不容細梅與林體現理想的國家主體或合法的公民。在許多重要的面向上,他們也被美國

的公民社會排除在外。因此，已經在政治和經濟上遭受剝奪，而合法擁有的財物不多，政治和文化上的貢獻也被忽視拒絕的細梅和林，不免將妻子的不服從看成是危害男人的自尊和自主權的威脅。兩位男性角色都因無能為力之感而對妻子暴力相向，就林的例子而言，暴力更是一種身體無能的結果。他們的暴力反應可說是源於對能動性（agency）的渴望被國家與社會否定的結果。

〈十七音節〉和〈米子的地震〉所有角色承受的重擔，其實都與勞工遷徙的資本主義情境，以及美國財產所有權的種族主義情境息息相關。謝麗爾・高田（Cheryl Higashida）就認為，山本的短篇小說揭示了農耕生產的種族化情境下的歷史背景。她聲明，「生產的歷史情境」已經內化於「文本內對種族化父權的隱約抗議，與對農村一世女性身為母親、妻子、與農工的善意描繪之中」（Higashida 37）。這些歷史情境包括墨西哥人遷徙至美國、菲律賓人遷居夏威夷和加州、日本人移民至夏威夷和加州，以及日裔移民由農工成為地主、與日裔移民和菲律賓社群的緊張關係（Higashida 38）。就如洪所說，這些歷史情境也包括將日裔移民排除在外的種族化財產所有權，使其在經濟與種族位階上脆弱不堪，正如日裔移民與日裔美國人總被視為永久的外國人一樣（Hong 292, 295-96）。

有鑑於山本小說對種族化私人財產的批判特別青睞，農地的集體所有權議題十之八九能引起她的濃厚興趣。而且在〈米子的地震〉和〈十七音節〉中，山本的角色難以過上結合了身體勞力以及性與創造表達的生活。當他們試著追尋精神、性與情感的滿足時，便面臨情緒與身體暴力。山本將這些女性自我實現的形式描繪為對家庭經濟生存，以及父親那千瘡百孔的男性雄風的威脅。莫林所謂的農人－學者提供了學者－工人實現的可能，卻是山本的角色們所無法企及的。她的故事檢視了許多莫林的農業願景視之為解決之道所隱

含的問題。

　　然而，重要的是，莫林的文字並未納入如山本小說提供的對種族、性別、與性慾的細緻分析。當莫林將農業視為技藝與工作被分化的解答時，山本的小說卻揭露了在種族化財產關係的制度下，家庭農耕無能調和勞力與藝術的狀況。莫林對天主教工會農耕生活的投入，源於他渴望回歸童年時的農業生活，而山本的早年記憶與父母的生活充滿了經常見諸於工業資本、勞工關係以及財產權的種族化與性別化的現實，因此她的短篇小說反而試圖遠離這些現實。

四、邊陲的農本主義

　　山本並非《天主教工人報》的局外人。若將〈十七音節〉和〈米子的地震〉視為天主教工人運動的知識傳統，可擴展我們對天主教工會農業主義的理解，並重劃美國農業主義的軌跡，揭示農業其實從未能逃離資本主義內具的種族化內蘊，反而身陷其中的事實。在本章中，我聲稱莫林的理想對山本極具吸引力，就因其提供了一種生活方式，讓蘿西的母親可採收番茄也可寫俳句。然而，山本小說指出莫林的農耕願景未能提及的種族和性別的問題，此外，無論是天主教農耕計畫的報告，或山本自己的專欄，都指出現實總是難以企及理想。山本的小說讓我們看到莫林的瑕疵，他未能探討天主教工會的農業書寫中提及的種族主義結構所導致的經濟暴力。戴所帶領的天主教工會運動在分析城市環境時，會想辦法探討種族議題（即便沒有探討性別問題），但在其農耕生活相關的討論中卻少見反種族主義的分析。相反的，山本作品強調在農業環境中辨認種族、性別與性的階層，和結構性壓迫的重要性。山本小說中的家庭農場揭露了在壓迫性的經濟與政治體制中，種族主義與性別主義的結構以何種樣態出現在日常家庭生活中。光是靠移除私有財產，而沒有

處理個人歷史與人際關係如何受到權力的心理與社會結構的形塑方式，農業烏托邦主義便無法實現。

山本的短篇小說點明這些議題不只出現在工業化農業中，也在小型家庭農場裡出現。將農場勞力浪漫化的看法近來又捲土重來，山本的小說倒是可以匡正這種觀點。我們可在貝里的書寫受到歡迎的現象裡、在「全食物」（Whole Foods）成功行銷波倫所謂的「超級市場田園詩」、以及在地食物運動的興起趨勢下，看到這種看法的復甦（Pollan 137）。今日許多食物倡導者犯了與莫林相似的錯誤：他們並未充分質疑特權，就太過輕易將農本主義設想為工業化與資本主義的解決之道。我在其他地方已主張過，波倫與其他的在地食物運動參與者將工人，特別是有色移工，視為工業化農業導致的不幸結果。《雜食者的困境》（The Omnivore's Dilemma）等文本不關注弱勢勞工的人性與能動性，反而謬誤地主張小型農場的勞力可以由鄰近的（白人）志願者來應付，而將非白人移工，連同殺蟲劑與動物虐待一起從食物體系裡移除（Wald, "Visible Farmers/Invisible Workers" 569）。就如茱莉·古斯曼（Julie Guthman）指出的，將小型家庭農場理想化並不能處理以下問題：農場僱工的持續需求、家庭農場仍有性別歧視與童工的現象，以及土地所有權的種族主義歷史仍然在左右誰能開設農場，在哪裡開設的態勢（Guthman 174）。山本的小說揭示了每個農場都有不平等與階層分立的問題，不管有多小型或家庭自營。她的作品認為，成功的農業願景必須全方位處理種族、階級及性別問題，方能提供一條逃離目前各類體制暴力的出路，也才能創造一個能實現莫林理想的社會。

山本的故事讓人聯想珍妮特·費斯基奧（Janet Fiskio）稱之為「邊陲的農本主義」（an agrarianism of the margins）的概念。費斯基奧反對獨鍾「定居地主」或小農的觀點，而無視諸多農務移工立

場的農本主義（Fiskio 308）。相較於貝里的整體性美學，費斯基奧透過海倫娜・瑪麗亞・維拉蒙特斯（Helena Maria Viramontes）的小說《在耶穌腳下》（*Under the Feet of Jesus*, 1994）與史考特・漢米爾頓・甘迺迪（Scott Hamilton Kennedy）的紀錄片《花園》（*The Garden*, 2018）提出碎片美學的論點。這些文本捨棄傑佛遜式農本主義信徒如貝里等所擁抱的紮根土地論點，而預見一種包含移民社群的地方感，出入於不同食物系統的邊界。根據費斯基奧的看法，這些作品顯示了「定居是被階級和國家決定的特權」（Fiskio 311）。在《花園》和《在耶穌腳下》中，地方是一個過程，而不是固定的地點，且它「與社會權力的網絡密不可分」（Fiskio 312）。山本呈現了對地方相似的理解，特別是強調了日裔移民土地所有權的脆弱性。

　　山本探究日裔移民農人所面對的諸多矛盾，像是被排除在公民權之外且無法擁有土地，以及有時雇用菲律賓與墨西哥家庭，並不表示這些角色的道德或倫理責任來自於他們與土地的關係。但即使作為農人而非農工，山本的角色缺少能歸化於土地的歸屬感。在這層意義上，山本小說揭露了形成莫林的農業大學願景背後的特權運作。它揭露種族與公民權因素的合流使得菲律賓移民（作為國家的被監護人）、墨西哥工人（有些具備公民權）、日裔移民（無法歸化為公民）等的處境岌岌可危。相形之下，莫林身為白人移民，由加拿大來到美國、無正式文件且未經許可，反而相對安全。因此莫林的政治想像無法處理不同的種族、性別與公民權經驗會左右那些試圖在同一塊土地上一起工作的人的認同。

　　山本的書寫為貝里、波倫與莫林等人開啟的農本主義上了重要的一課。這些本文強調處理農場權力運作的重要性，這包括了家庭中的性別關係，以及農人與農工之間的種族關係。小農並不能免於

勞力剝削，小型家庭農場的經濟脆弱性甚至更容易導致剝削。此外，我們不應把農場置放在更廣大的政治、社會、與經濟結構外面來思考。因為不具公民權而遭到東方主義式的男性形象建構，山本小說的男性家長備受社會邊緣化以及有心無力之苦。細梅與林之所以對家庭經濟的掌控如此決絕，部分原因是來自於他們無法在更廣大的社會中得到充分認可。山本的小說顯示了小農家庭經濟並非逃避農業勞力的種族問題之道。同樣地，就如山本自己在莫林農場所發現的，集體擁有農場並無法消除個人與組織的種族、性別與階級經驗所塑造的族群張力。

農耕行為其實存在於更廣泛的美國種族不正義與公民權不平等的社會動態內。若認為家庭小農或農耕公社足以逃離內在於土地所有權與勞力剝削的美國種族歷史，便是延續了這些不正義的形式，並與之共謀。無論是波倫的小型家庭農場或莫林的集體農場想像，因為沒有留心種族歷史，並提供權力與認同的分析，都在習以白人男性農民作為主體位置的同時，無意間促成了象徵性的暴力。山本的短篇小說開啟了想像其他主體位置，以實現一個公正農業勞力願景的可能性。

將山本〈米子的地震〉和〈十七音節〉納入美國農本主義的一部分，是為了強調種族化生產的歷史情境塑造了當代土地所有權與食物系統的模式，而我們必須費心處理這個議題。這使我們得以發展一種將邊陲農本主義置於中心的美國農業傳統。將山本的書寫置入此脈絡，更彰顯山本自己的政治基進主義與天主教無政府主義裡的農本主義核心。

引用書目

Briones, Matthew M. "Hardly 'Small Talk': Discussing Race in the Writing of Hisaye Yamamoto." *Prospects* 29 (2005): 435-71.

Campbell, Thomas. "New Beginnings on the Land." *The Catholic Worker* 19.19 (1953): 5.

Cheung, King-Kok. "Interview with Hisaye Yamamoto." *"Seventeen Syllables": Hisaye Yamamoto*. Ed. King-Kok Cheung. New Brunswick: Rutgers UP, 1994. 71-86.

——. "Introduction." *"Seventeen Syllables" : Hisaye Yamamoto*. Ed. King-Kok Cheung. New Brunswick: Rutgers UP, 1994. 3-7.

——. "Hisaye Yamamoto and Wakako Yamauchi." *Words Matter: Conversations with Asian American Writers*. Ed. King-Kok Cheung. Honolulu: U of Hawaii P, 2000. 343-82.

Collinge, William J. "Peter Maurin's Ideal of Farming Communes." *Dorothy Day and The Catholic Worker Movement: Centenary Essays*. Ed. William J. Thorn, Philip M. Runkel, and Susan Mourtin. Milwaukee: Marquette UP, 2001. 385-98.

Crow, Charles L. "A MELUS Interview: Hisaye Yamamoto." *MELUS: Multi-Ethnic Literature of the United States* 14.1 (1987): 73-84.

——. "The Issei Father in the Fiction of Hisaye Yamamoto." *"Seventeen Syllables": Hisaye Yamamoto*. Ed. King-Kok Cheung. New Brunswick: Rutgers UP, 1994. 119-28.

Day, Dorothy. "To Our Readers." *A Penny a Copy: Reading from The Catholic Worker*. Ed. Thomas C. Cornell, Robert Ellsberg, and Jim Forest. Maryknoll, NY: Orbis Books, 1995. 3-4.

——. "Peter Maurin Farm." *The Catholic Worker* 20.9 (1954): 2, 3, 5.

——, and Fancis J. Sicius. *Peter Maurin: Apostle to the World*. Maryknoll, NY: Orbis Books, 2004.

Fiskio, Janet. "Unsettling Ecocriticism: Rethinking Agrarianism, Place, and Citizenship." *American Literature* 84.2 (2012): 301-25.

Guachat, William. "Reflections on the Green Revolution: The First Twenty Years Are the Hardest." *The Catholic Worker* 19.19 (1953): 5.

Guthman, Julie. *Agrarian Dreams: The Paradox of Organic Farming in California*. Berkeley: U of California P, 2004.

Higashida, Cheryl. "Re-signed Subjects: Women, Work, and World in the Fiction of Carlos Bulosan and Hisaye Yamamoto." *Studies in the Literary Imagination* 34.1 (2004): 35-60.

Hong, Grace Kyungwon. "Something Forgotten Which Should Have Been Remembered: Private Property and Cross-Racial Solidarity in the Work of Hisaye Yamamoto." *American Literature* 71.2 (1999): 291-310.

Kim, Elaine. "Hisaye Yamamoto: A Woman's View." *"Seventeen Syllables": Hisaye Yamamoto*. Ed. King-Kok Cheung. New Brunswick: Rutgers UP, 1994. 109-17.

Marlett, Jeffrey D. "Down on the Farm and Up to Heaven: Catholic Worker Farm Communes and the Spiritual Virtues of Farming." *Dorothy Day and The Catholic Worker Movement: Centenary Essays*. Ed. William J. Thorn, Philip M. Runkel, and Susan Mourtin. Milwaukee: Marquette UP, 2001. 406-17.

Maurin, Peter. *Easy Essays*. Eugene, OR: Wipf & Stock, 2003.

Piehl, Mel. *Breaking Bread: The Catholic Worker and the Origin of Catholic Radicalism in America*. Tuscaloosa: U of Alabama P, 2006.

Pollan, Michael. *Omnivore's Dilemma: A Natural History of Four Meals*. New York: Penguin, 2007.

Potvin, Rollande. "Visit to the Peter Maurin Farm." *The Catholic Worker* 20.5 (1953): 3.

Stafford, Yone U. "Pacifist Conference at Peter Maurin Farm." *The Catholic Worker* 20.3 (1953): 2.

Thorton, Jack. "Five Years on the Land." *The Catholic Worker* 18.13 (1953): 1, 5.

Wald, Sarah D. "Visible Farmers/Invisible Workers: Locating Immigrant Labor in

Food Studies." *Food, Culture, and Society* 14.4 (2011): 567-86.

Wong, Sau-ling Cynthia. *Reading Asian American Literature: From Necessity to Extravagance*. Princeton: Princeton UP, 1993.

Yamamoto, Hisaye. "Peter Maurin Farm." *The Catholic Worker* 21.5 (1954): 3, 5-8; 21.6 (1955): 3; 22.1 (1955): 6.

———. "Seabrook Farms." *The Catholic Worker* 20.11 (1954): 3, 6.

———. *"Seventeen Syllables": Hisaye Yamamoto*. Ed. King-Kok Cheung. New Brunswick: Rutgers UP, 1994.

2
大衛・增本、食物情色與美國食物運動*

周序樺

1995 年,第三代日裔美籍農夫大衛・增本(David Mas Masumoto)出版《桃樹輓歌》(*Epitaph for a Peach: Four Seasons on My Family Farm*),這是一部關於增本家族在加州德瑞灣(Del Ray, California)種植有機水蜜桃與油桃的自然書寫。甫一推出便立刻成為暢銷書,精裝本一共再版 4 次,平裝本亦有 21 版,此後不斷推出續集,包括《豐收之子》(*Harvest Son*, 1998)、《五感裡的四季》(*Four Seasons in Five Senses*, 2003)、《給山谷的信》(*Letters to the Valley*, 2004)、《傳家之寶》(*Heirlooms*, 2007)、《最後一位農場主人的生命智慧》(*Wisdom of the Last Farmer*, 2009)、與妻子瑪西・增本(Marcy Masumoto)及女兒妮基可・增本(Nikiko Masumoto)共同書寫的《完美水蜜桃》(*The Perfect Peach*, 2013),以及與女兒合著的《變動中的季節》(*Changing Season*, 2016)。推出文學處女作的 20 年後,如同《大眾飲食》(*Civil Eats*)創辦人暨總編輯娜歐蜜・史塔克曼(Naomi Starkman)所形容的「對家族及土地充滿責任與榮耀的愛情故事」,大衛・增本持續

---

* 本文原以英文書寫發表,題目為 "'An Accidental Porn Star': David Mas Masumoto, Food Pornography, and the Politics of the Food Movement",原刊載於《淡江評論》(*Tamkang Review*)48.1(Dec. 2017):1-17。本文中譯感謝助理顏正裕的協助。

吸引著美食家與美食社群。無論是滿足感官與視覺的料理書籍《完美水蜜桃》，或是以蒙太奇手法交織父女獨白的《變動中的季節》，增本在食物的全球霸權體系裡追求成為有機農夫的自我認同過程時，這些最新的出版品再次展現美味的瞬間。

有趣的是，增本近期的精神成長旅程一反他過去反覆對加諸在他身上的指控，如他刻意營造、推廣「食物情色」（food porn）——或更精確地說是「水蜜桃情色」（peach porn）——進行辯駁。身為資深的農夫，他既是食物鑑賞家，也是家族出版的水蜜桃主題食譜背後推動的靈魂人物。當他在《完美水蜜桃》、《變動中的季節》這兩本書中思考有機農夫的角色，堅持對於未受汙染的、失落的起源來場浪漫的懷舊召喚時，他習慣性地將自己隱遁在小農家庭經濟與傳統生態知識裡。《完美水蜜桃》見證他在美國食物運動背景下的轉身，不再是無聲無息的農夫，面對全球資本主義與另類食物供應網絡的威脅，他站到前線去彰顯自己農夫的身分。如此直率的自我主張，與其說是因為他的「食物情色書寫」被扭曲解讀而感到自尊受傷，不如說是增本以歡慶的口吻來敘述「真實」與「正港」的「日常」事件，包括耕種與食用有機水蜜桃，卻沒能好好傳達他的食物感官性與食物情慾而感到焦慮的反應。

在本章中，我將檢視增本苦思的「食物情色」寫作方式如何替食物運動揭開新的一頁。這波全新的食物運動透過挑動感官的食物照片與文字說明來呈現飲食，不僅巧妙結合味蕾享受與挑戰道德極限的飲食方式，也透過白人菁英式的健康與永續概念重新定義食物的滋味。他透過第一人稱的非虛構書寫，以及一部「真人真事」的紀錄片來試圖主張他對（有機）食物基礎設施的權威知識。這部紀錄片揭示美國二十世紀後半葉都會區湧入破紀錄的人口，耕種文化與農業生態的吸引力已經不敵新興的飲食文化優勢（*Changing*

Season x）。[1] 如同環境哲學家保羅・湯普森（Paul B. Thompson）的解釋：「食物捲入倫理困境當中」，因為「都會人口缺乏個人與食物生產的經驗，但這樣的經驗在一個世紀以前卻無所不在」（5）。在這場所謂的「食物」運動裡，資本主義農糧工業導致都會消費者與其食物來源之間產生了地理與道德政治距離，也使消費者渴望卻又害怕與食物及農業生產發生個人與身體的親密關係。對於增本而言，這種與「真實」、「日常」以及食物內在經驗的疏離與斷裂，促使讀者將他對食物和農耕充滿體感的再現方式看成是一種情色文學──既充滿感官挑逗性，在文化上也極盡奢華。

為了與這些針對他食物情色展演的指控周旋，增本在《完美水蜜桃》與《變動中的季節》中，除了使用他慣常的說故事手法，包括有機農場耕種的身體性，以及品嘗農場手摘鮮果的味蕾經驗，他還大量使用充滿性暗示的語言與全彩的感官照片。他毫不猶豫地挑動美食家對情慾與嘗鮮的愛好，煽動一種非法偷窺的愉悅──潛入「真實」私密的愉悅，以及一位「真正的」農夫每日身體力行耕種與品味「真正的」自然與有機食物。他一方面透過第一人稱、非虛構敘事的方式，利用大眾對追求真實性的浪漫幻想，來對抗工業化農業將食物從原本擁有文化與物質複雜性的涵義，簡化為麥可・波倫所稱的「像食物一樣的可食物質」，從而剝削農夫與農地。另一方面，他思索一種新的食物理念，將有機食物的內質與滋味進行類比，並且將美味等同於健康與永續食用的概念。然而，他的有機水蜜桃的味道其實也是一個展演出來的事實，對於這一點他卻輕描淡

---

[1] 美國 PBS 電視台在 2016 年四月放映了一部報導增本家族農場的紀錄片，該片由吉姆・周（Jim Choi）導演，片名就叫《變換季節：在增本家族農場》。該片在全美放映，是一部所謂的真實電影（cinéma vérité），這種電影拍攝手法，誠如增本所言：「記錄真實事件和真實人物，而不加直接控制」（《變換季節》x）。這部紀錄片為增本和妮可於 2016 年出版的《變動中的季節：一個父親、一個女兒、一個家庭農場》一書奠定了基礎。

寫,他刻意強調他的族裔美國飲食之道、他的農耕方式和烹調之道的特殊性。在自我創造與自我反思的過程中,他也迎合了資本主義市場對於亞裔美國人身為「美食專家」的刻板印象——不過他認為自己是「農夫」而非傳統的「廚師」。有時他也像是延續了茱莉·古斯曼(Julie Guthman)主張的食物運動的白人意識形態,並且對有機市場的種族化傾向視而不見。對於增本而言,通過視覺和文字意象來再現食物的感官性並且化為資本是一個必要之惡,這也導致為了在有機市場成功推銷有機水蜜桃和小農生活方式,而不得不製造食物和耕種與真實和日常物質性的斷裂。這些都是挑戰美食家與美食社群的過程,讓他們重新思考以開放感官知覺來過生活的態度,以營造一個健康與永續的食物系統;同時也思考如何以適當的修辭來培養、掌握與非人類物種的正向且令人鼓舞的關係,並避免將環境變得粗俗與瑣碎化。

「增本家族農場的美食情色」:來自田野的聲音

《完美水蜜桃:增本家庭農場的食譜與故事》是瑪西·增本與妮基可·增本母女蒐集水蜜桃食譜的特製烹飪書,在〈序言〉裡,大衛·增本提及自己食用水蜜桃的觸覺、嗅覺與味覺的樂趣:

> 食用完美水蜜桃的藝術:首先拿到嘴邊時會被香氣吸引,內心期待被翻攪。接著咬一口。汁液迸發噴射,同時順著你的臉頰而下,懸掛在下巴,這時你不由自主地向前傾。香氣在你嘴裡散開來,瓊漿玉液在你的味蕾上舞動。你慢慢地吞嚥,水蜜桃的後味停留在口中,遲遲不散。然後咂咂嘴,輕柔地吸吮舌頭,你會感受到不同香氣的波動。於是記憶被創造出來了。你舔著嘴唇,在咬下另一口之前,品嚐著這一刻——緩慢地。(1)

增本仔細描繪食用水蜜桃的儀式,並結合味覺感受的歡愉,他以「食

用藝術」（art of eating）來開啟整本書看似相當合理。以「一鏡到底」（long take）的敘述，增本詳實的現身說法，展現吃得好與種得好可以帶來的感官與情感的回饋；他品嚐有機水蜜桃的第一手報導就像是一場美學與儀式性的展演，也帶動了緊接其後的家族食譜與烹飪指南。

雖然一開頭增本的美食建議最終是替妻女鋪陳烹飪技術，呈現食材、技術與品嚐等奇觀，但身為一位「農匠」（artisan farmer）的傳奇及其日常生活紀錄，這本烹飪書仍舊提供經濟、政治、亦或增本所謂的「故事資本」效果，並且強調耕種、食物與美食家之間複雜而細緻的關係。增本將自己的地位提升為農匠，介入糧食消費的想像過程（例如食物的準備與食用），顯示一種食物與消費關係的新模式，也就是農夫主動定義糧食市場與市民社會，而不僅止於被動成為食物供應者的媒介。一雙長滿老繭沾滿泥土的雙手，輕柔地捧著水蜜桃，就好像一份情感滿溢的禮物，這張跨頁的彩色近照與「食用完美水蜜桃的藝術」並列，具現了增本將「與水蜜桃約會」的經驗作最生動呈現的企圖。細心的讀者稍後會感受到，史黛西・瓦倫希的水蜜桃照片與隔頁補充栩栩如生的文字，兩者結合是為了無數食譜、回憶與近60頁的高解析度照片做準備，如同妮基可所描述的「水蜜桃之愛」（peach love）。從如何烹飪、食用以及儲藏水蜜桃的技術細節，辨認家傳水蜜桃種類、水蜜桃剖面一直到避免錯誤的栽種水蜜桃方式，其中文字與影像都提供專業的田野知識，指導如何與水蜜桃培養情感與感官關係。對增本而言，無論是描述或者照片、耕種與食用水蜜桃的真實內在經驗，都促成對「完美水蜜桃」的幻想。這樣的完美水蜜桃體現「有機與永續耕種原則：社會正義、環境責任與經濟可行性」，或展現「三重底線：人類、星球與利潤」。換句話說，農夫在情感上喜好或感官上享受水蜜桃，都

讓他（或她）自身變得坦率且易懂，並且替那些在市場上作為商品販售的水蜜桃增值，也恢復原本「無名」的農夫與農地身分。

踩在農匠與商業農夫的分界線上，增本直搗美食家的心房，利用消費者對身體與食物的戀物情感，以及窺探所謂「真實」與「道地」的身體與食物展演所獲得的樂趣，與美食家建立親密的倫理連結。在《完美水蜜桃》裡，增本透過他慣用的第一人稱、非虛構的寫法，細膩地重塑「富含細節與真實情感的世界」，這種手法是他過去在下列幾部作品中慣用的手法，包含口傳文學的《鄉村聲音》（*Country Voices*）、旅行文學的《優勝美地的感覺》（*A Sense of Yosemite*）、真實電影的《變換季節：在增本家族農場》（*Changing Seasons: On the Masumoto Family Farm*）、以及書信體的《寫信到山谷》與自然書寫形式。他寫道：「身為一位農夫，我有必要為人們吃下肚的東西負責。而身為作家，我希望分享真實的農場故事。在我祖父母的世代，大部分美國人依舊住在鄉村，他們瞭解食物的來源」（*Perfect* 117）。增本確信以第一人稱、非虛構的觀點能忠於呈現真實的樣貌，他也認為透過他的故事傳達的親近與信任感，能夠達成他自己與美食家讀者、消費者之間的真實連結。

增本對於說故事的觀點也與麥可・波倫在糧食運動過程中提出來的口號若合符節：也就是說，在每次消費與用餐之前都必須提出以下疑問：「我正在吃什麼？這些到底是從哪裡來的」（*Omnivore's* 17）？就像波倫或其他參與糧食運動的在地食物支持者，增本鼓勵消費者即使沒法與農夫做朋友，也要透過自己對食物來源的認識與食物直接連結。他們完全不相信當代食物霸權與聯邦政府，因為後兩者明顯掌控專利、壟斷減稅制度，他們堅信縮短食物製程，省略「加工者、中盤商與零售商」，能夠強化農夫與消費者的連結（*Omnivore's* 17），使消費者直接品嘗「真正」食物的真實味道

（*Perfect* 2）。在《雜食者的困境》（*The Omnivore's Dilemma*）（2006）一書中，波倫質疑迷宮般的製造過程，將食物轉變成人工物品，替營養師創造需求，而把食材與營養的意義轉化到食物標籤與品牌名稱，並且服膺記者與「生態保育偵探」針對農企業與市場基改食物的調查。他寫道：

> 將像玉米這樣的商品製成加工食品，雖然無法讓人免受自然變遷的影響，但也接近了。食物體系越複雜，人類實踐「替代主義」，不需改變產品滋味或外表的機會就越高。……然而，「產品本身愈是遠離原材料——換句話說，涉及更多加工步驟——加工者就更可免於受大自然可變性的影響。（95）

對增本與波倫而言，縮短食物製程除了可望減少碳足跡以外，也能反映亟需建立一套透明且緊密的製造與消費關係，使得都會消費者能更輕鬆地落實食物理念、「正確食用」，以及永續耕種及永續社會的概念。

大衛・古德曼（David Goodman）在〈替代食物網絡的地點與空間〉（"Place and Space in Alternative Food Networks"）一文主張，「對『毫無特色』食物的抵抗是和文化認同論述緊密相連的」，也與「在地農糧網絡、歷史地景與風土條件、隱性知識與技藝、以及地區性的烹飪網絡」相連。食物運動的格言「從農田到餐桌」以及標語「我們晚餐要吃什麼」、「晚餐的產地與生產方式為何？」表達了市場從著重食物產量轉向到著重食物品質的趨勢。然而，對增本來說，替代性的農糧關係仍舊不夠穩固，因為它與農業生產的真相脫鉤，無法充分表現出水蜜桃真正的滋味、香氣、觸感以及外表。就像波倫與其他食物運動支持者，增本努力汲取知識，親自操刀自家有機農產品的宣傳與商品化過程。他渴望蘇西・歐布萊恩所主張的未受干擾的「農業真相」（Agricultural Truth），這種真相奠基於內在事

實,而不是由爭議與各種現存影響交織而成的現實。波倫與其他人認為人際關係是達成目的的手段,增本與他們不同,主張人與人的關係本身就是目的:

> 我們堅持熱情是我們水果的一部分⋯⋯照顧與投入的本質已經變成我們農場的箴言。從農夫的觀點來看,這就是水蜜桃,這樣的觀點包括農場家族以及與土地的親密關係。人類、星球、利潤、公眾、熱情。到最後,我們希望我們所分享的是完美的水蜜桃。(*Perfect* 3)

作為飲食經驗的一部分,耕種也是社群表現他們的慷慨與支持的實踐場域,代表農夫、農場工人以及都會消費者聚集在一起,與土地產生真實連結,因此「完美水蜜桃」的滋味與價值能夠被交換、買賣與「分享」(*Perfect* 3)。

增本回憶起有一次家族種植的加州水蜜桃(Flavor Crest peach)送到紐約市一間全國最佳餐廳,這是他耕種以來最有成就感的時刻之一(*Perfect* 18)。同樣的驕傲與驚喜也發生在他向女兒介紹「頂級中的頂級水蜜桃如何經由包裝與運輸送到全國幾間最好的餐廳」成為一道甜點:「一顆水蜜桃放置在全白的盤子中央,枝葉朝下。端出甜點之前,廚師會在上頭快速淋上深色的調料,例如漩渦狀的覆盆子汁,妮基可種植的水蜜桃兀立其中,成為甜點唯一的焦點。完全不複雜,優雅,棒極了」(*Perfect* 89)。這道水蜜桃甜點對於增本來說,象徵自己處理食物的感官感受,也是身為「農匠」的增本試圖在製造與消費關係兩種模式之間達成平衡的美麗體現,一方面是「食用完美水蜜桃的藝術」,代表農人與美食家之間的聯繫成為藝術展演的形式;另一方面則建立在讓農夫得到金錢回饋的市場體系裡。

增本的「食用藝術」召喚出「關係」與「水蜜桃之愛」的多層次樣貌,他強調隨著全球工業食物霸權而生的地理以及倫理政治的

連結。「水蜜桃之愛」的普及卻也帶出一些引人深思的問題，那就是食物運動以及替代食物經濟不僅刺激了民眾對食物的感官性和體感的慾望，也操控這種慾望，成為推廣與行銷的外顯手法，同時促進銷售也傳遞有機農業的概念。當我試圖處理增本對食物情色的投入時，必須提到的是，我並非認為不應該接受增本對水蜜桃內涵的主張與有機農業產生的日常情感。我也沒有意圖拒絕小型有機家族農業，以及替代食物運動與市場產生永續性和社會正義的可能性。的確，身為農夫與「生意人」，增本不只是意識到生態保育和農耕經濟發展，也認知有機農耕的黃金三角：「利潤」、「人類」、「作物」。然而，從增本全盤接受有機水蜜桃的文化與經濟資本這一點來看，他轉向食物情色，以體感私密的方式推銷水蜜桃，相當聰明（*Perfect* 2）。文化評論家阿帕杜賴（Arjun Appadurai）檢視當代印度食譜，視其為都會化過程的反映，其中包含區域料理與族裔料理被納進整體國家飲食論述的過程，他主張：「若我們將食譜視為『烹飪』（cuisine）這一詞所代表的精緻技術和文化的反映，那麼食譜不僅可以代表生產、分配和社會、宇宙性的結構，也攸關階級制度的分層」（3）。增本的「食物情色」說明他無法避免也必須支持「名流與權貴文化」（culture of celebrity and privileged class），優化且除魅化有機食物與有機農業生產。在此同時，增本也賦予食物文化資本意義，為了抵抗資本主義與邊緣化小型家族農業結構的有機食物霸權，食物成為必要的政治手段（Goodman 190）。在現今消費主義文化之中，增本販售的有機水蜜桃超越日常必需品與穩定物價的意義，除了因為水蜜桃的滋味與口感以外，也受到增本的地位與政治立場影響。身為暢銷作家、受過高等教育與擁有土地的農人，增本很明智地主張食物製造過程的嶄新文化和批判方式，而白人菁英的都會消費者能夠接受這樣的行銷。雖然他對那些種族與經濟立場

受到壓迫的農場工人的關注不多，但透過消費者從原本因為食物的感官享受所產生對健康、永續的興趣，轉而關注食物與食物情色生產端所衍生的倫理及政治議題，他的食物情色重新想像食物運動中生產消費的連結關係。

「新潮的水蜜桃掮客」：捍衛美食情色

　　增本積極培養各種不同的關係形式，他充滿感官情趣的「水蜜桃之愛」，和他透過商品化推廣水蜜桃藝術的手段，可說是一場探索農耕實務的冒險，這個手法與所謂「食物情色」的各個範疇交織在一起。在〈水蜜桃情色〉一章中，增本悲傷地說：「我的寫作被指控為過分甜膩與感情用事。某些評論家主張我的故事太常將食物幻想與日常飲食連結：我把農人與美味多汁水蜜桃之間的關係浪漫化。我從來沒有將農場視為意外走紅的色情明星」（*Perfect* 116）。在這段簡潔但充滿感情的段落中，增本想起理查・麥基（Richard M. Magee）說的「食物修辭」（a rhetoric of food），透過某些食物與性器官之間明顯的譬喻（例如香蕉和無花果），到食用樂趣與性愉悅之間隱晦的象徵性連結，於是性歡愉與味覺歡愉之間的界線被瓦解了。增本將水蜜桃視為「美味」與「多汁」，並且把他與水蜜桃的關係認知為浪漫幻想，他那些極度玩樂性的語言和性暗示顯示大眾媒體普遍處理食物與食用的感官方式。照片裡的水蜜桃與後方搔首弄姿的女性在情慾上產生緊密連結，象徵他者凝視水蜜桃的意象。除此之外，讀者藉由身體照片所看見的食用與性之間的類比，在其他章節和「食用完美水蜜桃的藝術」手法也相當明顯：包括〈與水蜜桃約會〉（"Dating a Peach"）、〈飢渴與汗水〉（"Thirst and Sweat"）、以及〈失去你水蜜桃的處女身分〉（"Losing Your Peach Virginity"）（*Perfect* 1, 23, 89）。

然而，食物情色並非完全牽涉情慾，而是像羅蘭・巴特（Roland Barthes）在《神話學》（*Mythologies*）裡面提醒讀者的，食物情色告誡生活在當代中產階級社會裡的人們，不可沉迷於食物和食用的「裝飾」與外在表相（79）。他寫道，裝飾性烹飪是「夢幻般的烹飪……總是從高處往下拍攝料理，彷彿是很近卻又遙不可及的物體，這樣的消費完全只靠視覺就能完成。它充分表現字面上的含義，是用來廣告的烹飪，非常魔幻」（79）。巴特認為裝飾就像絕佳行銷的幻想，符合 1979 年麥可・雅克慎（Michael Jacobson）發明的「食物情色」（food porn）一辭，當食物在感官享受上已經脫離食物原本的樣貌時，雅克慎認為食物的再現就變得色情（pornographic）。斷裂的概念，也在食物評論家莫莉・歐尼爾（Molly O'Neill）的〈食物情色〉（"Food Porn"）一文得到類似的表達，她定義食物情色為「距離現實生活相當遙遠的散文與食譜，當你使用他們也只能獲得間接的食物經驗。」歐尼爾也對食物情色「遊走在新聞、藝術與廣告媒介的危險邊緣」發出警訊（39）。如同他刻意沖洗的情慾及文字照片，增本作品裡溢滿的情感與懷舊感就是一種裝飾的形式，營造浪漫表面，令美食家與都會消費者沉溺其中，而將增本劃入情色食物作者的類別。

　　增本強調自身農場色情展演的意外與巧合（例如：「我從未想過農場能意外成為色情明星」），而他的自嘲也展現出他的焦慮：無論他對家庭農場的情感依附有多麼真誠，在美食家眼中都被化約為只是裹著糖衣的手法或味覺上的娛樂（Perfect 16）。他自稱「水蜜桃掮客」（peach pimp, *Perfect* 116）或偶爾稱「性感農夫」（sexy farmer, *Changing* 121-25），他的農場成為意外的色情明星。增本嘲諷消費性的食物文化扭曲了他真實的感情和他對農場日常生活讚嘆式的描述，進而將其刨製成一種幻想。阿特金森（Jennifer

Atkinson）於 2018 年出版《花園：大自然、幻想與日常實踐》（*Gardenland: Nature, Fantasy, and Everyday Practice*），她在裡面提到：「園藝讓我們可以進入到日常生活裡被擱置的思維模式與實踐方法。因此，花園有著詭異的能力，能夠讓我們理解那些日常經驗裡大範圍的失敗與挫折。」她所談論的美國園藝書寫強調食物生產是一種幻想，突出了社會經濟基礎設施的缺陷，衍生了「傳統飲食文化和生產實踐裡情感和感官的複合結構」。增本的例子不僅促使人們檢視所謂的真實滋味與真正有機農場勞動裡的烏托邦主義，也透過檢視這個以感官為主的生活模式幻想，來反映食物運動裡的經濟不平等與社會不公，並揭露其中暗藏的政治意味。

雖然增本的文字與視覺意象對於食物情色的詮釋時有矛盾，甚至晦澀不明，然而無一不是在透過操弄食物的體感呈現，或者將飲食之樂與性的歡愉混為一談來獲利。增本很清楚，根據威爾・戈爾德法柏（Will Goldfarb），市場對於任何提及性的事物都有興趣（42）；或是羅蘭・巴特所謂「裝飾性烹飪法」（ornamental cookery），這種「高雅的烹飪法」（genteel cookery）讓食材的原始本質變得閃亮滑順（78），因此增本透過感官來推廣有機食物的模式，是容易成功的。無論僅止於交換價值，或為了傳播永續農法，這種投資在有機食物製造過程與消費的感官享受都取決於食物與現實（the real）斷裂的情況。然而，這是都會白人菁英階級生活的現實，他們的飲食經驗抽離日常烹飪，而這種疏離的飲食又被泛化為普世共通的日常生活實踐。

評論家黃秀玲（Sau-ling Cynthia Wong）研究亞美文學中的食物與飲食如何成為特定族裔身分，並具備特殊的族裔意義，她指出

> 「必要性」（*necessity*）與「奢華」（*extravagance*）這兩個詞彙指涉兩種相反的存在與操作意義，其中一種是內向的、為生存驅動、傾向保存；

另一種則是自由、過剩、情感表達與以本身為目的⋯⋯「必要性」通常伴隨著力量、需求、或約束;「奢華」是推進力、衝動,或慾望。(13)

雖然黃秀玲在此指出美食之道是作為「亞洲」、「美國」、以及二者之間的複雜協商的指標,她評論必要性與奢華作為亞裔美國人的種族定位模式,也讓吾人注意到食物與滋味的操作代表食物運動裡種族、經濟、性別與世代的特權。放在《完美水蜜桃》的脈絡來看黃秀玲的評論,真實與日常的飲食一旦被美感化(如果不是異國化)成為文化資本,增本的有機水蜜桃就已經從「必要性」與基礎營養被轉變成超越基本生存需求的奢華享受。黃針對「必要性」與「奢華」的論述將食物運動的真實與日常勞動變得複雜,特別是以食物情色的意義而言,一種「從容不迫的技術」(leisurely technique)會增強興奮感以及可望而不可得的感受(Cockburn 125)。更精確地來說,在創造對「真實」(或以真實之名)的慾望時,增本是有罪的,因為他製造出一種除非透過感官去品嘗、嗅聞、觀看食物否則將望而不得的奢華感,但在食物消費與生產兩端則刻意脫離食物、族裔、階級與性別優越的複雜政治關係。[2]

然而,增本辯解道,這兩種策略是構成階級、性別和種族特權的要素,也是鑲嵌在全球資本主義食物霸權和另類食物運動與市場的一種奢華的操作形式。在《閱讀亞美文學:從必要性到奢華的過程》(*Reading Asian American Literature: From Necessity to Extravagance*),黃秀玲認為「食物情色」就是「利用族裔飲食方式的異國情趣面向來謀生」(55)。她的想法也暗合趙健秀批評亞美作家的文化「出賣」是將他們的族裔異國性進行包裝牟利:

---

[2] 如麥可・雅克慎所言「他創造新詞來影射一種富含感官性,以致脫離食物常軌的食物,因此值得被認為是色情的」(引用於 McBride 文 38)。

這種行為從文化的角度來看,代表將可見的文化差異定型化,並誇大他者性,以便在白人主導的社會體制裡找到一席之地。就像以性服務來交換食物,食物情色也是一種召妓行為,但兩者存在一個重要差異:精確來說,食物情色是一種推廣行為,但是文化出賣是對自身族裔身分的貶謫。(55)

黃秀玲的論點吸引人們注意增本的族裔身分以及他種族身分差異下的展演,增本作為一位亞裔美國食物專家,種植並販售「異國」水蜜桃的過程,看似一場白人食物運動。更精確來說,透過他對自家有機水蜜桃的日裔美籍系譜模稜兩可的曖昧態度,增本水蜜桃的價值既增值又貶值。很常出現的是,他藉由自己日裔美籍的身分,由他父母及祖父母傳承下來的「智慧」(*Perfect Peach* 150),或受到亞洲啟發的食譜(*Perfect Peach* 70-71, 75),而讚揚種族差異的概念。除了反思幾個日裔美國人的二戰遷徙事件以外,他似乎無法處理日裔美國社群的創傷歷史,以及美國食物生產與消費網絡裡的種族政治,包括迫使亞洲移民只能以農耕或開餐廳維生的政治與歷史現實,比如〈1913年加州外僑土地法案〉(The California Alien Land Law of 1913)禁止不具公民權的外國人擁有土地,以及日裔美國人對美國農業不被認可的貢獻。人們當然可以主張,他在政治方面是相當單純的,這也使他很容易被收編進模範少數族裔論述,就像甄文達(Martin Yan)、蔡明昊(Ming Tsai)、廖家艾(Joyce Chen)等在白人觀眾面前表現得謙抑服從、但又充滿靈性啟發的明星主廚。然而,就如我所述,增本一貫訴諸感官的食物呈現方式深植於日裔有機農耕大師福岡正信(Masanobu Fukuoka)在《一根稻草的革命》(*The One Straw Revolution*)所展示的「空無」(nothingness)哲學。雖然《完美水蜜桃》並沒有完全處理這些概念,但他在漫長的寫作生涯中對農耕體感經驗以及應用禪宗「空無」概念至農耕的著墨,都展現他自我反思的能力,特別是感性與族裔經驗,

以及他如何運用這些特質來展演他的食物情色。

結論

瑞秋・斯洛庫姆（Rachel Slocum）在〈白人性、空間與另類食物實踐〉（"Whiteness, Space and Alternative Food Practice"）一文提到：「另類食物運動所謂的白人性，指的是因財富不平等而導致不同的食物經濟，並通過不同的消費能力來區隔人群」（520）。作為第三代日裔美國人，增本的父母及祖父母曾是經濟與社會地位遭到剝奪的移民農工，但增本承認他的階級優勢，他是加州大學柏克萊分校的畢業生，也是擁有土地的農夫，他的妻子在加州大學佛雷斯諾分校工作，以支持增本的家庭農場。他以〈農場工人的鬼魂〉這一章與包含九張彩色照片的頁面來說明農場工人的辛勤工作：

> 我的祖父母與父母都是農場工人，他們移民到陌生的國度，這裡過去便有剝削便宜勞工，隨後將他們丟在一旁，接著再從其他地區引進強壯人力的歷史。我們家族因為二次大戰的遷徙政策而被暴力拆遷，和其他日裔美人一起被迫搬離太平洋沿岸，只因為他們長得像敵人⋯⋯。因為這樣的家族歷史，我父親與我常和工人並肩工作，儘管我們都共同流著勞動的汗水，但我深知我們之間的階級差異。我是農夫，他們是農場工人。今日，那些在土地勞動的人更受到尊敬，但這些並不能轉化成較高的收入與工資。（36-37）

增本向這些與他並肩耕種的農場工人致敬，並幫他們發聲，他在自家農場為全球資本主義食物霸權的種族與經濟不平等贖罪的決心相當明顯。對他而言，比起制度化的種族歧視，那些拉丁美洲裔農場工人的離鄉背井與全球資本主義經濟製造的階級不平等更有關聯。增本鮮少將另類食物網絡看作是「白人的健康與營養」理念的發聲（Slocum, "Race" 314），也沒有把「食物選擇」看成是可獲得或可

負擔某些食物的「特權」（Guthman, "Bringing" 431）；更沒有將在地有機食物和文化菁英（Alkon 4）與北美農場裡的族裔勞力階層關係連結在一起，後者包括白人與亞裔美國公民、拉丁裔美國公民或居民、非法入境的墨美移民與墨西哥原住民（Holmes 84）。增本對於農場不平等與不公平現象的著墨仍停留在簡短的認知與紀念的階段。

　　增本屬於美國有機農夫的世代，他們通過開拓以在地優質農產為主力的市場與消費者建立新連結，為他們的農產增值，藉此開展新的謀生機會。同時他也是少數能掌握這些新機會與文化資本的人之一（Goodman 194）。根據妮基可公正的評論，她父親的付出是一種「勇敢的、具有政治意義、甚至是激進的」行為，不應該被輕貶為政治保守主義（*Changing* 12）。增本是一位曾就讀柏克萊大學的農夫，他深具文化理論素養。他行文的戲謔性與感官性清楚地傳達他對移民農工的敬意，以及他對有機食物生產與消費經濟裡的階級不平等的自覺。增本身為一位追求更美好生活方式的有機耕種先驅者，也為妮基可鋪下她的回歸道路，讓她得以以混血女同志農夫的身分，為家鄉社區爭取自由與平等（*Changing* 12, 13）。更重要的是，增本的作品與探討另類食物運動的種族、階級與權力操作的學術界和新一代的農人互通聲氣。[3] 增本是一位有名的農夫暨散文家，讚揚種植與食用美味水蜜桃所產生的日常感官經驗，他也坦承「水蜜桃色情比缺乏色情要來得好」（peach porn is better than no porn）（*Perfect* 117）。當他思考農場如何成為饒富異國情趣之地，以及當享用有機祖傳水蜜桃在食物運動中成為一種浪漫的行為時，他讓吾

---

[3] 欲知其詳，請參考 Ezra David Romero 的〈加州有機農夫先驅逐漸凋零，新一代接手〉"As California's Organic Farming Pioneers Age, A Younger Generation Steps in." *Valley Public Radio*. White Ash Broadcasting, 10 Jan. 2017. Web. 21 Sept. 2017.

人看見,儘管是基於文化他者與異國情調,「食物情色」正是一種社會正義和社群聯盟的策略。

引用書目

Alkon, Alison Hope. *Black, White, and Green: Farmers Markets, Race, and the Green Economy*. Athens, GA: U of Georgia P, 2012.

Appadurai, Arjun. "How to Make a National Cuisine: Cookbooks in Contemporary India." *Comparative Studies in Society and History* 30.1 (1988): 3-24.

Atkinson, Jennifer. *Gardenland: Nature, Fantasy and Everyday Practice*. Athens, GA: U of Georgia P, 2018.

Barthes, Roland. *Mythologies*. Trans. Annette Lavers. New York: Hill and Wang, 1972.

Chou, Shiuhhuah Serena. "Pruning the Past, Shaping the Future: David Mas Masumoto and Organic Nothingness." *MELUS: Multi-Ethnic Literature of the United States* 34.2 (2009): 157-74.

Cockburn, Alexander. "Gastro-Porn." *Corruptions of Empire: Life Studies & the Reagan Era*. 2nd ed. New York: Verso, 1988. 119-27.

Goldfarb, Will. "Forum: Food Porn." Interview by McBride Anne. *Gastronomica* 10.1 (2010): 38-46.

Goodman, David. "Place and Space in Alternative Food Networks: Connecting Production and Consumption." *Consuming Space: Placing Consumption in Perspective*. Ed. Michael K. Goodman, David Goodman, and Michael Redclift. Surrey, England: Ashgate Publishing, 2010. 189-211.

Guthman, Julie. "Bringing Good Food to Others: Investigating the Subjects of Alternative Food Practice." *Cultural Geographies* 15.4 (2008): 431-47.

——. "'If They Only Know': Color Blindness and Universalism in California Alternative Food Institutions." *The Professional Geographer* 60.3 (2008): 387-97.

Holmes, Seth M. *Fresh Fruit, Broken Bodies: Migrant Farmworkers in the United States*. Berkeley, CA: U of California P, 2016.
Masumoto, David Mas, and Nikiko Masumoto. *Changing Season: A Father, a Daughter, a Family Farm*. Berkeley, CA: Heyday, 2016.
Masumoto, Marcy, Nikiko Masumoto, and David Mas Masumoto. *The Perfect Peach: Recipes and Stories from the Masumoto Family Farm*. Berkeley, CA: Ten Speed P, 2013.
Magee, Richard M. "Food Puritanism and Food Pornography: The Gourmet Semiotics of Martha and Nigella." *Journal of American Popular Culture: 1900 to Present* 6.2 (2007): n.pag. Web. 22 May 2017.
McBride, Anne E. "Forum: Food Porn." *Gastronomica* 10.1 (2010): 38-46.
O'Brien, Susie. "'No Debt Outstanding': The Postcolonial Politics of Local Food." *Environmental Criticism for the Twenty-First Century*. Ed. Stephanie LeMenager, Teresa Shewry, and Ken Hiltner. New York: Routledge, 2011. 231-46.
O'Neill, Molly. "Food Porn." *Columbia Journalism Review* 42.3 (2003): 38-45.
Pollan, Michael. *In Defense of Food: An Eater's Manifesto*. New York: Penguin, 2008.
——. *The Omnivore's Dilemma: A Natural History of the Four Meals*. London: Bloomsbury, 2006.
Slocum, Rachel. "Race in the Study of Food." *Progress in Human Geography* 35.3 (2010): 303-27.
——. "Whiteness, Space and Alternative Food Practice." *Geoforum* 38.3 (2007): 520-33.
Starkman, Naomi. Blurb for *Changing Season: A Father, a Daughter, a Family Farm*, by David Mas Masumoto and Nikiko Masumoto. Berkeley, CA: Heyday, 2016.
Thompson, Paul B. *From Field to Fork: Food Ethics for Everyone*. Oxford: Oxford UP, 2015.
Wong, Sau-ling Cynthia. *Reading Asian American Literature: From Necessity to Extravagance*. Princeton, NJ: Princeton UP, 1993.

3
戰爭新娘、纏捲、共生：
露絲‧尾關《天生萬物》的亞美農業書寫*

陳淑卿

　　日裔美籍小說家露絲‧尾關（Ruth Ozeki）在 1998 年出版了第一部小說《食肉之年》（*My Year of Meats*, 1998）之後，彷彿成了慢食運動與在地農業的代言人。她的第二部小說《天生萬物》（*All Over Creation*, 2003）再接再厲，繼續探討糧食與健康議題，這次，她從肉品轉向農糧，特別是馬鈴薯，以及各色蔬果品種的栽種與種源的保存。她的小說探討工業化農業生產情境下單一作物小農的發展困境，站在永續農業的立場批判跨國農企業，支持保存即將於市場絕跡的多樣蔬果品種以與全球化農企業的基改作物抗衡。尾關強

---

* 本論文原刊於《中外文學》第 5 卷第 1 期 2023 年 3 月號，頁 199-235。為科技部計畫「農糧、農務、與農夫：美國族裔文學的農業書寫」（MOST 108-2410-H-005-005 -）之部分成果。本文後續也得到中興大學永續農業創新發展特色研究中心的計畫補助，特此向兩個研究單位致謝。本文的發想與論述，歷經多次修訂，最初發表於中興大學人社中心舉辦的 Workshop on Asian American Literature and the Environment（2020.12.18），以及交通大學舉辦的 Asian American Studies in the Twenty-First Century Conference（2020.12.25）。進一步修訂後應邀於中研院歐美所進行專題演講（2022.01.14），最後定稿發表於 2022 年科技部計畫成果發表會（2022.05.27）。在這些不同的場合經在場專家學者提問指教，不斷修訂論述，特別感謝師大李秀娟教授給予的精闢評論與提點，歐美所周序樺副研究員、興大人社中心「亞美文學與環境研究工作坊」全體成員的鼓勵與指正，以及《中外文學》兩位匿名外審的建設性修訂意見，讓這篇論文可以在友善的學術社群氛圍裡得到醞釀與成熟的機會。

調農糧、農耕與社會、文化情境的緊密依存,她的農糧書寫不僅關注農耕方式對環境的衝擊,也探討性別、族裔主體與農耕及環境的關係,藉由多元族群的遷移與交會,探究另類農業想像,將多元文化的邏輯帶入生物多樣性的保存,也以生物多樣性的理據來調度多元文化的運作。本文探討尾關的農業敘述,聚焦當代農糧生產與農業社群的想像方式,在方法論上我援引多物種民族誌學者的農業論述,強調農業既是文明馴化自然的過程,也是人與物種共生的接觸區。我將尾關的小說放入美國農本敘事的沿革當中,彰顯尾關對基改農糧的思考,剖析本書處理自然與文化的連結方式,及其帶動的敘事創新,梳理全球化、農業科技以及網絡連結所促成的新型共生模式;更重要的,本文嘗試將小說觸及的日裔戰爭新娘議題放在大於人類的敘述觀點之下檢視,藉以凸顯尾關農業書寫背後深層的跨物種共生理念,以及她對亞美世代傳承的重新想像。本文共分五個主要部分,第一部分「農業敘述:從墾殖園到新農本論」就農業與環境的相關論述進行簡要勾勒,從人類學者的多物種論述視角理解農業的發展對人類與自然關係的影響談起,其次簡介近代農企業發展的利與弊,以及農本論的沿革、變遷與轉型。第二部分「書寫農業:馬鈴薯、基改與毒物論述」進入文本閱讀,以馬鈴薯的改良進化與生產為主要敘事評析內容,以毒物論述及基改食品爭議檢視馬鈴薯農民在面臨農企業壟斷的困難處境,探問草根環境運動的功過等議題。第三部分「共生、播散與根莖敘述」討論小說的顯性敘事,聚焦草根環團的首領季克,討論他所宣揚的物種共棲理念,以及他在情節推動過程中仲介、聚集多條人與人、人與植物共生的關係敘事,進而衍生小說顯在的根莖敘述形式。第四部分「戰爭新娘:蔬果園、危脆性、纏捲敘述」以小說中居於邊緣位置的日裔戰爭新娘桃子為主要討論對象,以德勒茲的去地域化與再地域化概念解讀她所開闢

經營的蔬果園如何成為對馬鈴薯單一作物農作的挑戰與增補，以及她的蔬果園在美國農園文化發展沿革過程中所帶來的創新，最後以巴特勒（Judith Butler）的危脆性（precarity）和安清（Anna Tsing）的纏捲（entanglement）兩個論述框架，分析她作為戰爭新娘的危脆性如何與瀕危物種形成弱勢聯盟，帶動跨物種共生，進而將亞裔母女關係敘事放在大於人類的關係文法裡進行重寫。第五部分「結語」總結尾關小說交織多元文化社會情節與多物種世界的敘述技巧，強調該書在人類世語境裡對亞美文學的戰爭新娘議題、世代傳承議題和母女關係書寫達成的創新貢獻，並賦予農業書寫更具深度的跨物種共生思考面向。

一、農業敘述：從墾殖園到新農本論

農業一直被視為人類文明的開端，但也是人類干預自然、馴化物種的起點。農業與文明發展的相關討論相當多，基於本文對人類與多物種共棲概念的關注，我將採取當代多物種人類學者安清與女性主義哲學家哈洛威（Donna Haraway）對農業提出來的觀察作為主要論述依據。安清在她的論文〈不羈的邊緣：作為伴侶物種的蘑菇〉（"Unruly Edges: Mushrooms as Companion Species"）一文中指出，人類從游牧、狩獵、採集進入到定居農業，是一個逐漸脫離和自然環境與物種共生的過程。採集者反覆回到相同的地景採集，熟悉採集地的生態環境與物種關係，也知道如何保持採集地的生態環境與多物種關係才能確保物種的繁衍不息，採集者不僅不需要對多樣物種趕盡殺絕，獨佔特定土地，還需仰賴物種共生，方能保障食物來源的生生不息（142）。農業，特別是穀物農業，則將作物帶離了多物種的環境，將農耕集中在少數的單一作物，強制農作物脫離與其他物種如菌類的共生，以至失去活在多物種世界的能力。在大規模

農企業盛行的今天，標準化的作物使得作物易受各種病蟲害的侵襲，進一步阻斷了農作物在自然環境下自行演化出具有抵抗力的變種的機會。

除了馴化自然之外，單一穀物農耕也帶來人類文明的馴化／家庭化，此處馴化（domestication）一詞指向家庭的形成與國家的建立，安清將高度集中的農業發展與性別和階級的區劃進行連結，她透過相關的人類學者研究，論證農業的發展與國家的興起和社會階層建立之間的關係，勞力密集的穀物農業支撐了菁英階級，穩定的農業收成稅收支持國家的發展，因此國家與農業互相依存，而農業的勞動生活型態需要族長式的家庭支撐，女性成為生產的工具，被家庭與生育束縛，族長制與女性身體作為複製勞力身體的功能被規範下來，男女兩性的勞力分工愈趨嚴峻（"Unruly Edges" 146）。

農業不僅區隔性別與階級，也加劇種族主義。安清指出單一作物與標準化的農作方式隨著歐洲殖民者向外征服擴張佔領，而傳到中南美洲及加勒比海的殖民地，建立起殖民地的大規模墾殖園農業經濟模式（plantation），安清在她的民族誌《世界盡頭的蘑菇：論資本主義廢墟上生命之可能》（*The Mushroom at the End of the World: On the Possibility of Life in Capitalist Ruins*, 2015）一書中以葡萄牙人在巴西殖民地開墾甘蔗園為例，說明這種大規模的殖民農作模式對植栽與勞力的異化，歐洲人從新幾內亞進口甘蔗種源，反覆以扦插進行繁殖，甘蔗在新世界沒有與之共生的伴侶植物，未曾經過育種或跨種繁殖，產生變異的機會不多，不斷複製單一標準，對新世界的病蟲害沒有抵抗力，導致作物對肥料高度依賴。其次，種植作物的人力也被異化了，葡萄牙人捨本地的印地安人不用，從非洲進口奴工，他們與在地社會關係脫節，無從逃脫，和植物一樣徹底孤立（30）。在這個高壓的生態情境下，農作物是外來的，耕作

的人也是外來的，通過奴隸制度徵召的非洲苦力，取代原住民，原來的農業生活形態裡人與植物、地方緊密的生存關係並不存在。而苦力奴工的工作模式也和作物一樣被馴化及標準化，使得他們同時脫離原居地的文化及工作模式。大規模墾殖經濟最大的問題就在它將多樣化的物種及人種的共生（symbiosis）與共同生成（becoming with）狀態簡化了，它是一種多物種的強迫勞力。和安清一樣關注大規模墾殖園經濟模式的哈洛威為了強調殖民時期以及全球化時期墾殖園經濟對生態單一化的影響以及全世界物種的破壞，將此現象命名為墾殖園世（plantationocene），亦即，此種墾殖園式的大規模單一農作模式已被視為理所當然唯一的農業生產方式，而它帶來的物種滅絕卻未曾被覺察（Mitman n. pag）。

　　總結安清對近代農業發展的人類學觀察，我們可以得出以下幾個結論，農業立足於文明與自然的十字路口，可謂人與自然交會的接觸區（contact zone），但是現代性的進展將農糧的生產過程帶離多物種世界，使得接觸區的共同生成（becoming with）可能性劇減，農業不僅馴化自然物種，也將人帶離與多物種共生的情境，人性（human nature）這個詞自此成為人文學探討的領域，而人在多物種地景上的人性自然（human "nature"）從此被消音，這個雙重馴化過程取消了人可以同時作為文化世界的人和自然世界的人，並將人捲進一個透過農糧生產來進行階級、性別與種族多重馴化的網絡糾纏。共生與馴化成為這個農業發展的兩極，共生代表人類同時具有歷史文化身分與人性自然，可以在多物種地景上與多樣生物共同生成，而馴化代表物種與人的隔離，以及人在物種馴化過程中與自然的脫節，成為社會存有，並在性別階級與種族的層次上被嚴格區隔。多物種民族誌學者因此試圖將人的生態與自然存有重新帶入對人性與主體的建構想像，以打破人類自以為可以置身自然之外的例外主義

（human exceptionalism），如安清建議「想像一個在與不同的跨物種依存網絡上進行歷史變動的人性自然（human nature）」（"Unruly Edges" 144）。

時至今日，殖民時代的墾殖園經濟雖然已成昨日黃花，然而二戰之後農業科技的日新月異與大規模農企業的興起與寡佔，卻帶來農業全球化霸權的興起，以及新一輪的環境與社會問題。1976年美國國際開發署（USAID）為了解決二戰後開發中國家糧荒的問題，而啟動了當時的署長威廉‧顧德（William Gaud）所謂的「綠色革命」，其主旨在透過各種農化技術，改良品種，研發各種農藥、殺蟲劑、除草劑、肥料等，藉以控制作物生產環境，增加糧食的產量，以解決糧荒和貧窮的問題（Carruth 12）。當時實際負責農改技術研發和推廣的是農業科學家諾曼‧布勞格（Norman Borlaug），布勞格將科技帶進農業生產，協助解決了墨西哥、孟加拉、印度、巴基斯坦等國的糧荒問題，也因此獲頒諾貝爾和平獎，被當時的國際社會譽為「綠色革命之父」及偉大的人道主義者。布勞格的畢生努力雖然解決了當時第三世界國家的糧荒問題，但他的農業科技理念卻帶來種種後遺症，由於強調以科技控制環境，研發各種改良作物種子、農藥及肥料，帶動了大型農企業的興起與茁壯，造成農藥、肥料、種子，以及農產品收購行銷的全球貿易和寡占，不僅小農受到衝擊，許多農夫積欠農企公司債務，或者因農企公司對某些種子的智慧財產權的獨佔，無法自家採種，失去農糧主權，農務無以為繼。此外，農藥與化肥的使用也對環境造成破壞，對農夫健康及農村社區自然生態造成衝擊，就作物本身而言，單一標準化的栽種方式隨著農業科技的進步，進化成為基改作物，帶來更多倫理與健康風險，使得農業接觸區的人與非人物種的連結更難以企及。綠色革命的後果給我們的啟示是，在現代性全球化農業科技的進程中，用以解決問題

的手段，往往是另一個問題的開始。農業的科技化與全球化可以說是人類對自然的終極馴化，當科技已經成為農業生產的必要環節時，人與自然在農業生產過程的共生關係越來越形渺茫，二十世紀先後興起的有機農耕和慢食運動，都試圖以環境友善的方式來推動農耕與飲食方式，以維護生態永續，這兩個重要的運動代表當代社會對農耕與飲食的另類想像與行動，在不可避免的馴化過程中，保留人與自然共同生成的可能性。另一方面，人文敘述對農業的再現仍須面對科技與農業的複雜關係，如何拿捏科技對農業與環境的影響與衝擊，全球化與網路資訊社會和農業生活的結合怎樣呈現。而完整的農業敘述也無法排除人在其中所扮演的角色，正如周序樺所提點的，農耕並非可以自外於社會、政治和生態環境的孤立活動，對於資本主義農企業的批判，除了提出更具永續精神的另類農耕與食物生產消費體系，也須關注不同性別階級種族的主體位置所導致的差異化的自然關係（Chou 319）。

　　從書寫的角度來看，與農業相關的敘述經常和國家的概念相連，甚或是國家概念建構的必要環節。「以農立國」是現代國家常見的論述手段，藉以凸顯國家源頭的素樸與純真，以及國家由農轉工的線性發展所仰賴的土地與自然資源。所謂的「農」包含糧食耕種、生產與收成的模式、人與土地的關係、對自然的利用，以及此勞動生產方式所衍生的宗教信仰、文化表現，與生活方式。「以農立國」企圖彰顯國家想像與土地、特定糧食生產方式與生活文化的連結。「農」既是國家紮根的起源，也是一個急於擴張成長的國家剝削利用的對象。美國開國元勳，也是獨立宣言起草人之一，兼第三任總統傑佛遜（Thomas Jefferson）在他的名著《維吉尼亞州紀事》（*Notes on the State of Virginia*），便曾勾勒他對美國特質的想像，他認為當時的美國是一個由小農所組成的國家，農民是上帝的選民，德行

無虞,而農民在經濟上的獨立與因此衍生的自由,也標誌了美國政治上的自由與獨立,準此,農民是美國民主的基石。傑佛遜的這一番說法便是傳頌後世的傑佛遜式農本論(Jeffersonian agrarianism)(Wald 6)。他所建立的國家想像是一個珍視農業的社會,以農民為國家骨幹,而農耕被視為可以達成理想社會的生活方式。[1]

這一套農本敘述在農業方式已然高度工業化、科技化的今天,當然早已無法作為當代農業敘述的基準,也很難做為一個可以回歸的想像源頭,在當代新農本主義的論辯中,小農仍然是農本書寫的主角與英雄,但是,環繞小農生活與生計的並非國家想像,而是他與土地環境、社群與農業科技的關係。面對當代社會的都市化、工業化變遷,以及科技在農業生產銷售與日常生活的普及,新農本論不再堅持脫離社會現實的田園夢想,也不再將擁有土地視為農本的基礎,或將農鄉限縮在鄉野小農家庭,而試圖擁抱城市與城郊的另類食物生產採集與消費族群,強調城市與鄉村的共生關係。但構成農本論基本要素的人與土地的有機結合,以及農業生產所帶動的地方意識和農業永續的概念,卻持續成為新農本論的道德基點,藉以和高度工業化與科技化的農業生產方式對環境或社群的傷害保持批判的距離,或者作為協商的底線(Major 18-34;Thompson 111-135)。農本論理論家威廉・梅傑(William Major)認為小農、農村居民及農務工作者的聲音能夠道出一種不同於一般生態論述裡對原野的想像與書寫,因為他們與土地的關係是利用與工作的關係(36-37),以農事為視角的生態觀,強調人與自然的健康的「利用」關係,而非視自然為田園理想,這種新的生態觀足以開展出與自然共

---

[1] 這個想像很快就被新興的擴張思維所凌駕,傑佛遜在1803年總統任內從法國手中購買了路易斯安那,將國土擴張了一倍,也將農業與土地的擴展概念連結。朵蘭(Kathryn Cornell Dolan)認為,美國早期的國家想像建立在兩種農業想像模式:其一是以家庭為單位的村落農園經濟所召喚的家園想像,其次是以土地擴張為主的農業論述(7-9)。

生的農業社群的新想像模式,以達到農業永續的理想。保羅・湯普森(Paul B. Thompson)更提到農本理想需要改進「某些舊式的農本思想裡被合理化的種族主義、族長制和殖民意識形態」(Thompson 4),進一步將社會文化生態的考量帶進農本論的重寫。

本論文以新農本論的發展作為尾關小說農業書寫的參照脈絡,以多物種農業論述對人與自然共生的理想作為最高(但可能無法企及)的理念,針對《天生萬物》這本小說提出以下幾個討論議題:一、小說如何批判當代(美國)農業以及農業社群在寡占性的農企業影響下所面臨的困境?二、如何勾勒當代小農周旋於農業科技以及環境永續之間的處境?三、如何描述新興的農業生態所帶動的農業社會文化生態變遷?更具體的說,小說如何開發一種農業敘事,藉以呈現早已超越田園靜好的白人農本主義的農耕與生活方式,以當代多元文化社會的脈絡,順應網路科技的普及,建構一種格局開闊的農業敘述與想像?最後,這本小說的族裔元素對另類農業書寫帶來怎樣不同的視野?這種文化上的差異如何轉化成敘事創新的催化劑,帶動大於人類的農業敘事觀點?

二、書寫農業:馬鈴薯、基改與毒物論述

評論家在談到《天生萬物》這本小說的敘述形式時大多會提到它的橫向連結與跨界特質(lateral connectivity),如艾莉森・卡茹絲(Allison Carruth)以全球化的知識網絡連結來討論書中的草根抗議社群,她指出小說「同時關注全球流動與慢食……該作周旋於在地飲食文化與世界主義式的媒體與網路應用,而開發出創意協商」(121)。她也強調在地農糧文化的超連結(hyperconnection),透過新自由主義式的交易與大眾媒體來進行流通,也透過另類市集與資訊傳播來銜接全球網絡(122)。李秀娟(Hsiu-chuan Lee)以

非親緣的橫向跨界連結來處理亞裔女性和浪遊的環境抗議團體的結盟。蘇珊・麥休（Susan McHugh）則以馬鈴薯地下根莖（rhizome, subterranean stem）為主要敘事結構隱喻，討論這本小說以基因轉殖物種（transgenics）為中心意象所帶動的人與人或人與物種的關係結構（37）。卡朵佐與薩柏拉曼妮恩（Cardozo & Subramanian）則以生物小說（biofiction）來閱讀這本小說，她們認為「小說由許多聲音呈現的小片段，而非單一或全知全能觀點所帶動的完整發展章節所組成，它的文本主體就是一個有機體，由許多獨立的細胞構成……也可說是由一個生態系統所組成，各個部分有其功能或位置，既獨立又互依」（271）。

我認為這本小說有兩個互相交錯的敘事結構，一個顯性，一個隱性；一個在明，一個在暗。兩個敘事結構都同時包含自然地景的馴化爭議和社會地景的跨界企圖與衝突。顯性敘事沿著精緻農業發展的全球化時間軸線開展，以馬鈴薯的改良進化與生產為主要敘事內容，以毒物論述檢視當代農民的處境、探討基改和反基改的爭議，以及草根環境運動等議題，透過根莖狀敘述結構（rhizomatic narrative），連結諸多角色的聲音與敘述觀點，形成一個根系龐雜的敘事網絡，探討在生物科技掛帥、網路資訊盛行的全球化時間框架下，人與人以及人與物種共生之可能方式，及其帶動的各類跨界遭逢和網路連結；主要的敘述者及行動者以白人男性如前馬鈴薯農夫洛伊德・富勒（Lloyd Fuller）、草根環團領袖季克（Geek）為主。隱性的敘事則以多物種蔬果園及傳家寶品種種子的繁衍、交易與播散為主要的敘事內容，以纏捲敘述（narrative of entanglement）為主軸的情節開展，主要的行動者是洛伊德的日裔妻子桃子、桃子得了失智症之後接管行銷的洛伊德，以及兩人的混血女兒由美・富勒。隱性故事的蔓生與關係性鏈結將主要角色與種子纏繞捲進一個互相生成

的遭逢（encounters）情境，將小說的敘述格局擴張到一個跨物種繼承的想像，開展隱於全球化農糧文本之間，人與物種共生的時刻。馬鈴薯與傳家寶種子兩條敘事線也並非涇渭分明，在故事的後期，洛伊德和季克都從與馬鈴薯相關的生產或抗議活動轉到種子的保存與行銷。

《天生萬物》的農村背景是美國的愛達荷州一個偏遠農鄉自由瀑布（Liberty Fall）的馬鈴薯農園，同樣是大規模農園（plantation）與單一作物農耕，但與殖民地墾殖園經濟不同之處在於背後驅動的權力結構。墾殖園農業經濟的操縱者是殖民地主，農務勞力是外來奴工；尾關筆下的美國農園屬於白人基督教社區，背後驅動農業經濟的是資本主義的自由市場競爭與農業生物科技。小說的主線敘述環繞馬鈴薯的產銷，包括兩個世代的農夫所面對的不同產銷挑戰，老農洛伊德的世代關注的是如何選種，如何對抗病蟲害，達成豐收；年輕世代的威爾・昆恩（Will Quinn）則須學習新科技，進行農田管理，一方面又需在大型農企業賽納可（Cynaco）公司種子壟斷的陰影下掙扎。這本小說所描述的馬鈴薯有兩個品種，一是十九世紀美國植物學家路瑟・伯班克（Luther Burbank, 1849-1926）無意間在他的馬鈴薯田發現的品種，後來被採用為麥當勞薯條的赤褐色若瑟馬鈴薯（Russet Burbank Potatoes, 1874），這種馬鈴薯源自具有抵抗馬鈴薯晚疫黴菌（potato late blight）的品種，深褐色的皮，呈橢圓形，皮薄肉粉，適合作成馬鈴薯條，大受速食業者青睞，後來成為愛達荷州的特色馬鈴薯，也是小說的女主角由美的父親馬鈴薯農洛伊德在上世紀八〇年代耕種的品種。[2] 洛伊德・富勒曾經是若瑟馬鈴薯以

---

[2] 馬鈴薯的繁殖一般是採無性繁殖，將馬鈴薯塊莖切成小塊，每一塊保留一個芽眼，芽眼長出的植株與親株完全一樣。伯班克的馬鈴薯則是有性繁殖的結果，根據伯班克的自傳 *The Harvest of the Years*，1874 年他在麻州蘭卡特自宅的農地種了具有抵抗馬鈴薯晚疫黴菌（potato late blight）的馬鈴薯品種，結果地上莖意外開花、授粉，結出像綠色

及施用農藥與化肥的傳統農法的信徒,在上世紀八〇年代曾經因馬鈴薯豐收而大賺一筆。洛伊德早期對農業的信仰建立在科學理性與對自然充分統御的進步史觀,他每年對年輕的馬鈴薯農進行公開演講,強調「殺蟲劑的使用規劃要與當季的文化實踐合一」(Ozeki 6)。對早年的洛伊德來說,殺蟲劑不僅是農業生產的手段,更是農村文化的一道風景。對馬鈴薯種植的周密人為管控,成為洛伊德的農業科學宗教。正如洛伊德的女兒由美說的:「富勒農場是一個活生生的例子,證明上帝與科學聯手,再加上當季文化實踐的積極奉行,人類可以與自然和諧相處,創造一個完美的共生協作(symbiotic mutualism)。在我十四歲那年,我家原本的五百畝農田已經擴展成三千畝」(Ozeki 6)。小說一開始的富勒農園發展史的描述,可以說就是這種線性農業史觀的明證。

年輕一輩的農夫,如鄰居威爾,考慮採用的品種則是賽納可(Cynaco)農企公司在二十一世紀初所研發的自帶抗菌基因的基改馬鈴薯新生(NuLife)。小說裡的賽納可農企公司影射總部位於美國聖路易市的孟山都(Monsanto)農業生技公司,該公司於1995年將一組微生物基因植入馬鈴薯,產生可以驅退名為科羅拉多馬鈴薯甲蟲(Colorado potato beetle)的毒物,研發出一款名為新葉(NewLeaf)的基因改造馬鈴薯。孟山都向農民推銷這款馬鈴薯,強調可以降低殺蟲劑的支出,並且減輕農田與地下水的污染。但是新葉馬鈴薯銷售並不理想,一方面專利種子的價格過高,農民難以負擔,二方面大型連鎖食品商公開要求供應馬鈴薯的農家不得種植該品種(McHugh 27-28),該公司於2001年悄悄下架封存該款馬鈴

小番茄一樣的種子球(seed balls),裏頭有23顆種子,從這23顆種子長出的植株裡,他挑選兩棵產出量最多以及塊莖最大的品種,賣給廉州的種子商人,這個品種後來成為愛達荷州的特色馬鈴薯,也是速食業者採用作為薯條的品種。

薯。小說中的新生馬鈴薯顯然是影射現實中的新葉馬鈴薯。在這個線性的敘事主軸上，從赤褐色若瑟馬鈴薯到基改馬鈴薯的進化，標誌農業現代化到農業全球化的過程，而最終的基改馬鈴薯可以說是一個終極馴化的產品，人類對物種的終極馴化是以植物基因與動物基因共生的方式展現，在此，共生與馴化成為一個莫比斯環（Möbius Strip）。相對於以全球化生物科技作為農業生產的主要模式，威爾的農園經營模式也走向高科技，讀者鮮少看到他下地照管農場，相反的是他在電腦前笨拙地摸索著，學習如何操作衛星定位軟體，進行精準的施肥與灑農業的場景，虛擬關係取代了人與土地的真實接觸。

　　洛伊德和威爾這兩個以大規模工業化生產方式，種植單一作物的馬鈴薯農夫顯然與傑佛遜的農本主義所塑造的自由小農形象天差地遠。美國立國以來的家庭農園經濟模式以自給自足為大宗，家家皆為小農，消費者即為生產者，由產地到餐桌不過幾步之遙，這種自耕農的生產及生計方式，造就了小農與土地相親，在上帝的照看之下獨力守護田園，兼具道德勇氣與男子氣概，扮演社區道德楷模的形象，也形塑農本敘述的主要想像模式。農本論（agrarianism）強調農民與土地的親密接觸，因此獲得上帝的特別眷顧，農耕足以培養農夫的誠實、男子氣概、自給自足、勇氣、道德和好客的精神特質。就身分認同而言，農夫具有強烈的家庭與社區歸屬感，有利於心理健康與傳統文化的價值傳承（Thompson 5）。

　　這套田園靜好的農本敘述已經不能描述當代工業化農場主的生產方式與生存情境，在這本農業小說的現在時間裡，這兩人不僅不是主要的角色，他們的農場經營與身心健康也問題叢生。小說藉此反思生物科技主導下的農業生產與生計對人與物種的衝擊，進而挑戰農業科學發展的線性敘述裡人與土地和自然逐漸疏離的情境，

但值得注意的是，小說並未以回歸田園土地做為解決問題的手段，尾關以全球化的開放與人口及訊息流動建構一個多元鏈結的農業社群，以及相應的多元敘述形式（包含多元觀點與小文類），來對治全球化農業生技的弊端。小說開始時，洛伊德已經年邁病重，在健康與市場價格滑落的雙重打擊下，農場土地也早已賣給鄰居昆恩家，自己則接管老婆的種子販售生意。年輕的農夫威爾・昆恩面臨新興生物科技掛帥的大型農企業威脅，盤算著要和賽納可打交道，購買該公司的基因改造種子，以避免化肥與農藥殺蟲劑等對環境的污染。尾關透過疾病、毒物論述和地方環團對農企業基改作物的抗爭來凸顯這個農業現代化的爭議，檢視馬鈴薯馴化歷史的晚近發展，以及過程中牽動的社會生態變遷。

在分析這個主要敘述前，先概述勞倫斯・布爾（Lawrence Buell）的「毒物論述」（toxic discourse）。布爾指出，上世紀九〇年代環境正義運動的濫觴來自於大規模毒物洩漏事故，自從 1970 年代的愛河（Love River）事件之後，地方民眾害怕日常生活裡看不見又似乎無處不存在的毒物風險，起而聚眾自救，而發軔為環境正義運動。值得注意的是，運動的參與者大都來自草根與弱勢族群如婦女與少數族裔，與上一波以保存荒野自然為主要訴求的環境保育團體的成員結構不同，後者大都由富裕的白人中產階級組成。布爾爬梳十八、十九、二十世紀的文獻及文學作品，以及瑞秋・卡森的經典《寂靜的春天》來開展他的毒物論述，他指出毒物論述有幾個要點，一、它通常預設享有乾淨的空氣、水源與生活空間是人們的基本權利；二、人們乍然發現毒物已經滲透日常生活每一個角落，純淨無染的田園淨土早已消失，這個破滅與覺醒的過程也是催生反毒物的環境正義社群的契機（36-38）；三、反毒物的環境正義社群通常以大企業大規模生產造成的環境污染為主要的抗爭對象，這種

以小博大（David versus Goliath）的抗爭結構構成反毒物草根團體的地方意識與社區認同，也構成毒物論述的道德面向（40-41）；四、毒物論述的誌怪化（gothification），在毒物的防治面前，人們顯得束手無策，防治的手段可能反過來害死人。被誌怪化的往往是城市的底層民眾的生活空間：遍地垃圾髒亂不堪的貧民窟、充斥工業廢棄物的工人住宅區，活像地獄的景象隨時有爆發瘟疫的可能（45）。五、布爾進一步指出，毒物論述對環境的覺醒改變了人們對自然的定義，自然不再是一個我們定居其中的整全的物質環境，由完整的精神與生物經濟所支撐，而是一個網絡，人類與其他物種交織互相依存，生存於一個已經被科技改變的自然裡（45）。六、環境正義團體以環境毒物論述進行抗爭時並非無往不利，最大的原因在於居民的疾病與特定環境污染之間難以建立有效的因果連結，因為環境污染源相當多元而複雜，科學和法律也難以澄清，這種不確定性進一步造成毒物焦慮的心理狀態（50）。

正如布爾提出的毒物論述的難題，小說對單一作物農耕及農企業的批評也同樣面臨難以精確指認的困境。小說裡的農鄉愛達荷州鮑爾郡的小農社區衰敗不已，農夫深受老病之苦，故事女主角由美的白人父親洛伊德·富勒罹患大腸癌及心臟病，作過多次心臟繞道手術，命懸一線，日裔母親桃子得了阿茲海默症，從小一起長大的手帕交，鄰居摯友凱絲（Cass）反覆流產，還罹患乳癌。但這些源自土地汙染的疾病，沒有確切的證據可以向任何廠商提出控訴，而若不施肥灑農藥整治農地，銀行也不給農夫提供貸款。凱絲的丈夫威爾因而考慮向賽納可公司購買已經將抗蟲害細菌 DNA 插入馬鈴薯的基因轉殖種子「新生」，以避免施用殺蟲劑帶來的環境與健康威脅。

奄奄一息的馬鈴薯小農鄰里因為一群外地人的加入，而產生了

變化的契機。農企公司的作為招來一群以環境正義為訴求，四處巡迴演出行動劇的抗議團體「抗議種子」（The Seeds of Resistance）的抗爭。小說雖然試圖呈現慣行農法施用肥料、農藥、殺蟲劑與除草劑對所帶來的環境與健康危害，卻並未以慣行農法作為環境正義團體聲討撻伐的目標，「抗議種子」在白人環保運動分子季克（Geek）的帶領之下，鎖定賽納可農企業，以各種即興的街頭快閃戲碼，批判該公司的基改作物。換言之，該團體對抗的是為了防治慣行農法而開發出的基因轉殖技術以及開發此技術的大規模農企業。這本小說處理「抗議種子」的抗爭方式顯示出尾關對基改食品之「惡」的省思，以及環境保護團體賴以抗爭的理念在當下時空的問題性。如前所述，在農業科技發展的過程中，用以解決問題的手段往往是另一個問題的開始，基因轉殖技術所開發的新品種馬鈴薯原先是為了解決慣行農法對殺蟲劑的依賴，但這個品種的產銷過程所衍生的企業壟斷，與新品種本身的跨物種（特別是植物與動物基因的混種）特質反而成為問題。賽納可的基因轉殖種子行銷所帶來的種子壟斷造成企業對小農的壓迫、單一作物的大規模繁衍排除生物多樣性固然可受非議，基改作物構成下一輪的環境危害因子，也同樣令人憂心。在無法明確指出已經發生的食安災難與環境汙染事件和基改食品的關係之餘，「抗議種子」對賽納可的批評主要還是針對它違反自然的跨物種基因嫁接，抨擊其經濟壟斷，以及未來可能造成的風險。評論家茉莉・華勒斯（Molly Wallace）認為這種純粹以黑白二分道德高點，以及對未知的恐懼進行抨擊的立場過度僵化，使得這部小說的觀點變得不確定，到底尾關是站在環境行動團體這邊，完全同意他們的看法，還是有意無意在嘲諷他們的通俗道德立場，在在挑戰讀者的解讀（162）。

　　有關基因改造食品的功與過，民間環保團體與學界似乎立場相

左，相對於環保人士對基因改造食品視為寇讎，學界的態度較為謹慎、緩和與開放，頂多視之為爭議性的議題，需要更多的討論，而非立即視之為惡，這不僅是因為基改食品對環境與健康的影響必須在長期觀察與多量數據的條件下才能得到驗證，在證據不足的情況下斷然斥之為惡有欠周延，還有更深層的理念差異所產生的不同解讀。學界從正面解讀基改的以哈洛威（Donna Haraway）為最著名，理由並非基改食品的正面功能，而是基改的跨基因概念和哈洛威激進的伴侶物種觀若合符節，她認為堅持物種的疆界不能跨越，和堅持種族純淨的白人至上主義者並無差別（*Modest* 60），因此「基因轉殖並非敵人」（*Companion* 11）。哈特與聶格里也認為基改食品的問題不能以人類不得改變自然的原則來批判，有問題的是基改食品變成大企業的私有財產（Michael Hardt and Antonio Negri 183-184）。從這些具有進步思維的學者的立場來閱讀《天生萬物》裡的環境運動者對基改食品的深惡痛絕與公開反對，則不免顯得後者保守反動固執，華勒絲與海瑟（Ursula Heise）也直指小說裡的人物在基改食品與多元文化兩個議題上的衝突立場，如洛伊德面對基改食品堅持人不可以扮演上帝，強行跨越物種疆界，卻又倡導生物多樣性，鼓勵消費者購買外來物種的種子，擁抱異國風情（Wallace 164; Heise 399）。季克認為自然有其演化機制，強行進行基因跨種剝奪了植物的機會，這被華勒絲視為是對自然的神聖化，是將自然與文明強行二分。若揚（Anahita Rouyan）也指出，「抗議種子」在大賣場演出行動劇，以聳動的表演來強調魚的基因插進番茄、細菌 DNA 插進馬鈴薯的怪誕與醜陋，使用如「科學怪食」（Frankenfoods）、「機器作物」（Robocrops）等語彙來強調基改食品的詭異與不自然，顯示他們是站在田園烏托邦（pastoral utopianism）的道德高點來控訴賽納可公司的基因作物的敵托邦（dystopia）本質，這種以田園烏

托邦為主的農業想像乃源自於西方生態環境運動的自然論述成規與神話（Rouyang 144-145）。

三、共生、播散與根莖敘述

有關基改的爭議顯示科技介入當代農業所帶來的諸多矛盾與挑戰，這本小說充斥著不確定性與理念和實踐方式的不平均發展，甚至互相衝突，這也顯示新農本主義在科技高度發展過程當中，面臨如何在舊思維與新技術之間調整、修訂，以取得平衡的考驗，在這過程中，環保運動者與農夫需要協商各種觀念、技術與做法，難以避免矛盾與衝突。梅傑（William Major）在論及當代的新農本主義時強調：「我希望我們在談到現今的農本主義時，既不當它是對一個已經消逝的浪漫時代的狂熱讚頌，也不把它當作是一個完全與當今的工業化和新穎的科技現代化疏離的邊緣運動」（26）。易言之，當今的農本主義雖然反對農企資本主義無視農民與環境健康，以及壟斷性的農作經營方式對生物多樣性的戕害，但不會再訴求回到一個前現代的田園烏托邦，也不會排斥已經滲入日常生活的科技與工業化。作為草根環境運動的標記性團體，「抗議種子」雖然似乎抱著田園夢想，對農業工業化，特別是基改食品高度懷疑，但他們並未排斥科技在農業上的應用，相反的，前軟體工程師出身的季克對網路技術的嫻熟駕馭，反而使他得以重新發掘農業作為物種與人類共生接觸區的意義。

儘管季克的環保抗爭所本的本質論自然觀以及田園烏托邦備受批評，但他的行動及理念卻是推動新農鏈結與物種共生的主要動力。關於農業的起源，季克有下面這段點評：「自然令人驚嘆之處，也是她贈與的禮物，便是她肆意雜交的能力，她盡情繁衍，生生不息，永無止盡，寬懷大度。第一個攀地爬行的類人猿發現這個秘密，成

了全世界第一個農夫。其後數千年的農夫也得悉此秘密，他們收成、保存種子、接著再種植、收成，如此反覆不斷，形成一個完美的、永久的、緊密相扣的生命之輪」（Ozeki 268）。這段獨白雖然因為將自然陰性化與神聖化被若揚批評是季克田園烏托邦意識形態的證據，但在保守的田園自然觀之外，他著重強調的其實是農業利用自然的繁衍能力，與之協力來達到糧食生產與物種綿延，達成人與自然共生的本質。因此，若揚批評季克是人類中心主義者未免太沉重，相反的他從植物與人類之間的協作共生領悟生物多樣性的奧妙與可貴，也展現了他在人類與植物跨物種共生這個課題上的進步思維。在共生（symbiosis）的敘述裡，不是只有人類能當主角，植物也能，不只是人類改變了植物，植物也可以改變人類，不是只有植物服務人類，人類也服務植物。季克向團隊的新成員法蘭奇表示，植物和人類會互動並且互相學習：「豆類會訓練農夫，農夫也會訓練豆類；豆類學會生產甜豆子，農夫就會多種一點。蔬菜就像一張基因地圖，隨著時間展開，沿著人類口味和慾望的發展路線來進化。這真的很酷，作為豆類的人類共生體，我們為他們的 DNA 提供服務」（Ozeki 124）。季克強調一種以物種共棲為主的共生關係，他將種子的繁衍故事與移民的遷移編結在一起，放在全球流動的情境下，思考其共生關係：「每個種子有一個故事，被加密鎖在一個可以向上追溯幾千年的敘述主線，如果你循著那個故事，與小小的種子一起溯源，你會發現自己被塞在移民的帽帶，或者被縫進年輕少婦的衣服摺邊，隨著她從舊大陸偷渡到新世界。或附在犛牛肚子的皮毛上橫越蒙古大草原，或者你被一隻信天翁吃下肚，拉在一個露頭的岩石上面，此後你和你的後代在此生根，盤據在那個陌生的海岸，佔地為王。種子說的是遷移與漂流的故事……」（Ozeki 171）。在這個種子故事裡，種子既與人類的遷移共生，甚至依靠人類的遷移傳播，介入

人口全球播散的故事，但也與其他物種的遷移共生，既依賴其他物種的傳播，也提供遷移後的物種生命延續所需，兩者互依共生。

值得注意的是，在科技發達的時代，共生也未必只限於人與物種的生物性互依，全球網路與資訊技術也在這個小說裡扮演人類與物種共生的重要媒介。季克幫桃子和洛伊德架設了一個種子銀行資料庫，以拉丁文和英文將蔬果園的每一個蔬果品種的種子登錄於上，方便園藝同好加入會員，認養種子，育種後再將種子免費分享給其他會員，這個虛擬蔬果園網站提供郵件群組，會員之間可以透過電郵聯絡，不須版主的指揮或介入，種子在會員與會員的橫向連結過程中快速的向全國甚至全世界播散，會員不僅可以享用異株授粉（open-pollination）植株結出的蔬果，[3] 品嘗古早味品種的好滋味，也同時協助保留了該品種，不至於絕種。季克的網頁設計與管理顯示網路技術的發達與無遠弗屆若善加利用，對農業的發展與多物種的保留絕對具有正向作用。從這個角度去重新解讀理解多物種學者所強調的人作為自然世界的人的意義，或許網路虛擬世界反而可以重新把人類帶回與自然相親共生的情境。

就這本小說的敘述結構而言，季克扮演一個顯在的中介者角色，他不僅是人與物種共棲理念的傳播者與教育者，也在小說情節的推動過程中，集結了好幾條人與植物的關係敘事，也讓這幾條敘事互相勾連，與處於其他敘事的角色衍生不同的交集與連結，激迸出各色可能的能量與關係。可以說，尾關將生物基準上的共生關係轉化成社會文化共生關係的發生、變動、成長的隱喻，讓原本各自處於不同社會文化空間的人相遇、產生交集，並摸索共生之道，這也促

---

[3] 異株授粉（open-pollination）通常指經由風、鳥、蜜蜂、人及其他昆蟲等媒介，將花粉在同種不同植株之間傳播授粉，除了人之外，其他的媒介無法控制花粉的來源與種類，經常會有意外混種的現象。

成了小說的多向敘述模式與根莖狀情節發展。雖然季克堅持物種之間的疆界不容跨越，特別是植物與動物之間的基因轉殖，但在文化領域，卻並不是一個冥頑不靈的種族主義者。[4] 儘管身為白人異性戀男性，季克的理想主義色彩與前衛嬉皮特質，使他與保守的白人男性中產階級有所區隔，他發起的「抗議種子」草根環境運動團體聚集了多元文化的成員，包括愛爾蘭裔的 Y（Yeats）、來自加拿大法語區的逃家少女瓊美（Charmey）、來自俄亥俄州身世不明的孤兒窮小子法蘭克（Frank Perdue），以及篤信東方宗教奉行瑜珈的莉莉（Lilith）。這群人住在一輛由回收油發動的旅行拖車「史波尼克號」[5] 四處巡迴，在超市、大賣場等公共空間表演行動劇，提醒消費者基因作物的禍害。季克以導師的姿態傳輸團隊成員他對自然與農業的理念，作為追求環境正義的道德基礎與科學認知。季克實踐理念的方式與生活型態依循全球化的各類文化流動方式：他過著遷移游牧的生活，他的社群是多元與隨機聚合的結果，他擅長利用全球資訊網路來傳播他的環境理念，並自願進駐富勒農場，協助老朽病弱的李洛伊經營他們的種子銀行，以資訊系統來協助桃子和洛伊德整理分類他們半世紀以來收藏的各種珍稀的傳家寶品種種子；而洛伊德與桃子的家庭農園也成為季克實現個人理念的地點。「抗議種子」的成員法蘭奇與瓊美萍水情緣生下的小孩，也在瓊美意外喪生後交由望子心切的凱絲和威爾夫婦領養，無意間完成了兩人求子的心願。這些跨界遭逢引出新的社會關係，足以破除種族主義、父權、資本

---

[4] 這裡特別針對賽納可公司將魚的基因插進馬鈴薯基因，在植株產生可以殺蟲的抗體，但消費者吃了這種含有天然殺蟲劑的馬鈴薯，後果堪憂。小說中「抗議種子」在「節約食品」大賣場演出行動劇，揭露諸如番茄與馬鈴薯等農產品都是被改植入其他生物基因的事實做出誇張的演出，以提點消費者食品安全的意識（Ozeki 90-92）。

[5] 「史波尼克」（Sputnik）原來是全世界第一顆發射至太空的人造衛星，於 1957 年由前蘇聯成功發射至太空。

主義的箝制。尾關藉此導入一種超越家庭結構的橫向親屬關係，跨越種族、性別與階級的藩籬，展現資本主義農業生產方式陰影下不同生命形式開展的可能方式。

「抗議種子」這個流浪環團的出現給原本就採用多重敘述觀點的小說帶來諸多變數，將農業書寫從單一農作、單一族群、科學理性管控的線性敘述，帶往多向鏈結、混種繁衍及蔓生拓展的農業敘事形式，也將洛伊德的家庭農莊從一個傳統的性別分工與血緣傳承的中心地點，轉化為「交易所，或者[各類]可能發生的社會關係的孵育所」（McHugh 38）。換言之，小說敘述形式的多元、蕪雜，故事情節的隨機發展，人與人相遇所併發的情愫與情慾流動，觀念轉向的立即與隨興，都使得小說的敘述開展像一株恣意生長的植物根系，不受社會文化的疆界阻隔，但也隨時需要調整彼此，找出共生互利的形式。

四、戰爭新娘：蔬果園、危脆性、纏捲敘述

作為農業書寫，洛伊德與季克的故事雖然重要，但並未道出整本書完整的敘述脈絡，大部分的批評家都忽略了這本書的隱性支線，一個環繞著日籍戰爭新娘桃子與混血女兒由美所開展出的蔬果園敘事（garden narrative），正如李秀娟（Hsiu-chuan Lee）觀察到的，儘管桃子並非具有自主意志與抵拒精神的角色，在文本裡頭只能算是一個鬼魅般的存在（a ghostly figure），但桃子這個邊緣人物才是整本小說的震央（Lee 39），她的出場牽動了整本小說後續的情節發展，因為若不是她在自家廚房旁開闢蔬果園，種植品類繁多的傳家寶品種蔬果，也不會有後續的種子郵購事業，吸引「抗議種子」成員的加入。李的閱讀以亞美書寫的發展為參照點，強調桃子的特殊主體形塑在亞美書寫傳統所扮演的典範移轉功能，李試圖超越戰爭

新娘被描繪成「叛徒、受害人、被同化者」的形象,並因此被遺忘的敘事窠臼,以超越國族疆界為前提,將之重新建構為「同時併立於弱勢位置與跨國逃逸路線」的關鍵人物,她在跨國遭逢所扮演的關鍵角色「不僅可以推動混血生命的繁衍,也促成了平行聯繫」(Lee 41)。原本四面楚歌、卑微危脆的角色反而成為導向生命與改變的動力。本文受李秀娟有關戰爭新娘論點的啟發,也視桃子為這本小說關鍵性的變革人物,李的閱讀以亞美敘述的沿革為脈絡,強調桃子的弱勢跨國特質。此處,我將把桃子暫時調離亞美和跨國敘述傳統,而將她置放在美國農本敘述的框架下,精確的說,置放於農園意象演變的脈絡之下,重新閱讀相關情節,藉以梳理戰爭新娘作為農務主體對這本小說的意義。

　　如前所述,小型的家庭農園在傑佛遜的農本敘事代表的是白人男性小農的獨立自主與道德高尚,延伸成國家建立的基本單位;到了十九世紀自然書寫傳統,在家旁的一畦土地開墾種菜,代表的是對逐漸走向工業化與勞力密集的農業發展的抗議,最典型的例子就是梭羅在華爾騰湖畔的小屋旁開墾豆田的實驗。批評家朵蘭(Kathryn Cornell Dolan)指出,當時新英格蘭的農業改良倡議者考爾曼(Henry Coleman)認為康考特所在的蜜豆賽斯郡(Middlesex County)的農業模式大多是小規模農園,生產各式蔬果、乳製品和肉類,數量有限,僅供當地人食用。考爾曼稱這種農業模式為「農園文化」(garden culture)而非「農田文化」(field culture),批評這種模式無法保證穩定的農產供需,對比十九世紀中期西部開發所帶來的大規模單一作物農耕方式,更是缺乏競爭力,因此他建議康考特的農民要限縮作物,與其小量種植多樣蔬果作物,不如大面積種植單一作物,比如玉米或乾草(Dolan 70-71)。面對這種來勢洶洶的農業變革趨勢,梭羅深表不以為然,憂心這種擴張型的農業造

成人們與社群、土地、在地物種的疏離，對國民的身體與精神健康造成傷害，因此他透過調整飲食與開闢自己的豆田兩個手段，進行消費與生產的農業實驗。他實踐素食，日常食用以本地可得的食材為主，求其簡素，他開闢一小片土地耕種豆子，選擇豆子的理由是因為豆子是這個地區的指標性食物，因此有波士頓焗烤豆子這道菜，此外，白豆是康考特地區原住民的主食，種植豆子彷彿與原住民進行一場對話，他也藉此獲得跨文化的歷史性農耕教育。簡言之，他的一畦豆田是「原野與耕地的銜接鏈」（*Walden* 158），透過這個實驗，他試圖保留農業與土地和在地社群與歷史的聯繫，堅持農業尊重自然的永續精神，並賦予農業歷史文化意義。

　　梭羅的實驗建立在對自然的維護，相比擴張式的農耕以人的福祉與飲食慾望為主，他的豆田背後的理念以及相應的飲食節制，對當時一般的民眾未免陳義太高，若非積極的禁慾主義者，難以達成這個豆田實驗所設想的理念，其實驗和抗議示範的意義多於實際的推廣。美國當代著名的慢食運動者麥可‧波倫（Michael Pollan）在他的《第二天性：一個園丁的教育》（*Second Nature: A Gardener's Education*）採取務實觀點。他的基本認知是人不僅「身」（in）在自然之中，我們會對自然動手（act），而動手就會有後果，農園介於荒野與文明之間，是一個「學習如何對自然動手而不傷害自然」的地點（Pollan 4；Major 32）。相對於荒野與文明對立，農園預設了人類的存在以及對自然的利用，但也提供人類學習尊重土地——包括它的歷史以及未來之發展——以及食物生產的方式。波倫強調，就像我們向荒野學習，去認識自然，當今的人類應該向農園學習：「在那裏自然和文化可以對彼此有利的方式結合在一起」（Pollan 5；Major 32）。波倫並不諱言他是站在人類的觀點來思考農園的意涵，因為這是我們可以擁有的唯一觀點，他也不反對人必須利用自

然的實用主義。

不管是作為荒野與自然的中介或媒合,梭羅與波倫的農園都接受到理想化的關懷眼神,而他們在農園的勞動,不管是作為抗議的姿態、實驗的摸索或人類行動的具體表現,都是具備高度人文主義意識的環境運動者的自由與自主的實踐。桃子的農園則有不同的脈絡與驅策行動的力量,而這和她特殊的身分與社會位置有關。桃子是小說中唯一沒有第一人稱聲音與觀點的角色,她在文本中的噤聲正是她曖昧的族裔身分的表徵,洛伊德在二戰之後將她從日本帶回美國,她的命運和其他大約四萬五千多名日裔戰爭新娘一樣,她們嫁給了戰時的敵人,來到美國,融入美國社會,大多分散在各個偏遠的農村,然後被遺忘,從公眾的視野消失。日本遭受原子彈攻擊,國土滿目瘡痍,戰敗後被美軍佔領,備受羞辱,日籍戰爭新娘嫁給打敗他們又佔領他們國土的敵人,簡直就是在公然挖他們的痛處,是「日本的國家及種族傳承的叛徒」(Lee 40)。她們是「美國(男人)控制日本(女人)的表徵,也是國恥的象徵」(Yoshimizu 115;Lee 40)。在美國她們的遭遇也好不了多少,無法得到國家認可的她們也同樣不受日裔美國社群的歡迎。美國人對珍珠港被襲的慘狀記憶猶新,這群兇惡敵人的姊妹或女兒來到她們之間,少不了要遭受種族歧視,她們也被認為太過異類(exotic),無法承擔美國女性的角色。四面楚歌之餘,她們在大眾面前消失,也在移民歷史缺席,她們的故事失去傳承,她們的聲音不被聽見(Tolber, n. pag.)。

桃子也像一根針沉入大海似的進入白人家庭,與族裔社群失聯,被迫融入農村,小心翼翼操著不流利的英語,同化至馬鈴薯農村社群,她纖小的身軀穿上童裝部買來的牛仔褲,與洛伊德一起耕種五百畝馬鈴薯田,透過大型農耕方式開啟她的同化過程,協助

丈夫把繼承來的五百英畝田擴展為三千畝。但她並未受限於這種大規模生產方式，反而在這種同質化的生產方式之外另闢蹊徑，她在自家廚房旁開闢了自己的蔬果園，種植各類新奇特異的蔬果花卉，吸引了諸多遊客遠道前來觀賞。從這片後院的蔬果園開始，她開展了她的種子事業，進行傳家寶品種以及新奇品種種子的收集、育種與行銷。驅策她的行動的，與其說是對自然的維護，不如說是一種對同一化的宰制社會符碼，包含單一作物農作文化及美國夢的同化過程，進行解碼與去地域化的逃逸路線（lines of flights）。德勒茲與瓜達里（Deleuze and Guattari）在〈何謂少數文學〉（"What is a Minor Literature"）談到少數文學如何對「主要語言進行微小的實踐」（minor use of a major language）（18），所謂的少數未必就是少數族裔，而是指主要文學語言內部所蘊含的去地域化（deterritorialization）能量，足以解碼主要語言的規訓化權力關係，給經典進行增補。桃子開闢植滿各色奇花異草的蔬果園，是她對不得不廁身其中的單一作物文化與主流白人社區的逃逸與增補，她以多樣繁盛打破單一作物的單調文法，以似錦繁花吸引人群，對抗大規模種植的異化疏離。尾關並置洛伊德不斷擴大的馬鈴薯田與桃子開著奇花異草的蔬果園，彰顯馬鈴薯田與蔬果園的共存關係，與後者對前者的增補與騷亂，當前者面積不斷膨脹時，後者則不斷變化，開枝散葉，多采多姿。她栽種的果樹、蔬菜與花木，全都碩大、豐盈、色彩繽紛、異乎尋常，生生不息：「碩大的花序在春天迸出繁花，盛開過整個夏季，直至深秋」（Ozeki 5）。桃子以蔬果園植物的繁盛「再地域化」農村風景，特別是植物所帶動的感官知覺，挑動各種人與自然的感官互動與情緒反應。洛伊德習慣了馬鈴薯田的井然有序，可以預測、可以掌控，對繁盛熱鬧奇異的各色花草樹木備感焦慮：「你可以想像他的不安，隨著鬱鬱蔥蔥的蔬果園勢力不斷擴大，也在逐年遞增」

（Ozeki 111）。相對於馬鈴薯田的冰冷與單調，蔬果園挑逗各種情感反應：蔬果園的桃樹恣意生長，越界伸至威爾和凱絲家，令兩夫婦不滿。它吸引鄰里注目、令人讚嘆，它違反農村的日常慣習，令人焦慮不安。蔬果園也是桃子缺乏語言的補償方式，英語能力有限的她，「儘管在愛達荷生活了五十年，講話仍像外國人一樣刻意，每個字都小心地發音，一個字一個字串起來，試探性的射向空中」（*AOC* 10）。桃子在農本敘述裡無法以具有話語能力的角色出場，像季克和洛伊德一樣滔滔不絕闡釋自己的農務理念，但是語言的匱乏卻以行動力的豐沛得到補償，更有甚者，透過人工授粉育種與種子的收藏流通，將她的蔬果園提升為稀有植物品種的繁衍所與種子銀行。

桃子的蔬果園（敘述）的少數文學特質源自於她作為戰爭新娘的危脆性（precarity）。身為二戰戰爭新娘的桃子是小說中主要的危脆主體，一個被困的、缺乏語言能力和流動能力、被汙名化的脆弱主體。她的弱勢與孤立，不僅沒有讓她成為一個缺乏能動性、等待救援的無助角色，反而開展出另類主體能動性，牽動人際與物種之間的關係性文法。危脆性這個概念首先是由巴特勒在《戰爭的框架：生命何時可以得到悲憫？》（*Frames of War: When is Life Grievable?*）提出，巴特勒觀察到西方女權運動亟欲通過性自主與女性權利來獲得女性增能與賦權，但在九一一恐攻之後，西方面臨來自危脆的挑戰，進步的（progressive）性自主與女權概念被動員來合理化對回教世界的戰爭，亦即回教世界對女性的壓迫與歧視構成被征討的理由，也被拿來作為限制回教國家人民移民歐洲的藉口（*Frames* 26），面對普世的危脆情境，巴特勒試圖跳脫西方女性主義對女性增能與賦權的執念，打破身分認同政治所帶來的思考僵局，轉而探討危脆性的政治潛能，視其為「充滿可能性的現存結盟交換

場域」（Frames 28）。她區分危脆情境（precariousness）與危脆性（precarity）的異同，前者是普世共通的狀態，凡人皆有脆弱的可能性——生病、意外、貧窮、落後、天災、飢荒、戰爭、瘟疫、家庭變故、恐怖攻擊等，都可以瞬間讓吾人置身危脆情境。為了解除這種情境，各種爭取平權的努力與救援活動隨之而起，但認知這種危脆情境的框架也可能帶來戰爭的藉口與理由（Frames 29, 31），比如上述的女性性自主與賦權主體，可以成為排拒與歧視他者的認知框架。危脆性則是「因政治而導致的狀態」（the politically induced condition），是為了解決危脆情境而將某一特定人群當作剝削、攻擊與利用的目標，視其「命非命、可被摧毀、不值得被悲憫」（Frames 31），這些人沒有可被多元文化主義認知與包容的完整社群，也沒有完整的主體性與可被珍惜與悲憫的生命（Frames 32）。

基於認同政治所使用的認知框架往往帶來危脆性危機，巴特勒認為聯盟應該要避開認同政治，更有甚者，既然不管是認同政治還是多元文化主義都會製造危脆性，危脆性反而可以成為一個更具有普遍性的聯盟場域，彼此以具差異分布的危脆性學習共存（Frames 32）。許甄倚總結巴特勒的倫理觀：「危脆性的倫理性之一，就是帶領我們走出認同政治的侷限，體認到脆弱性（vulnerability）是人類（甚至非人）的普遍情境，危脆性讓彼此充滿差異的我們連結起來，這就是巴特勒講的「共棲的倫理」（the ethics of cohabitation）」（許 40）。巴特勒從情動力的觀點來理解倫理這個概念，她認為倫理是一種對他者的責任意識（responsibility），是吾人回應（response）他者苦難的能力，這種能力來自於身體對外在世界刺激的開放性，身體袒露於外界的脆弱性所帶來的諸種情動力反應如：憤怒、痛苦、易感性、敏感性、可傷性等，成為啟動我們感應他者苦難（responsiveness）的地點（Frames 34；許 40）。

從危脆性導出的共棲倫理進一步成為巴特勒建構有別於西方本體論及認同政治的關係主體概念，作為主體的我透過共同承擔危脆性與非我主體緊密相連，我的存活力（survivability）端賴與危脆他者的關係，而得以得到保全，而「我之所以努力保存你的生命，並非只是因為我要保存自己的生命，而是因為若沒有你的生命，也就沒有『我』，生命必須被重新思考為這個複雜、情感豐沛、互相對立的一組與他者的關係」（*Frames* 44）。巴特勒筆下的他者，除了不被認知為人，其命非命的危脆人群（population of precarity），還包含非人物種，這也使她的互依性理論得以向生態論述開展，她強調生命與其他生命的依存性（relatedness）是生命的基本條件：「若是沒有那些以各種樣態支撐生命的生活條件，生命便不會存在，而這些條件在社會層面的普及所建立的並非個人斷離式的本體，而是人與人的互依性（interdependency），包含可被複製與永續的社會關係，以及廣義的與環境和非人的生命形式的關係」（*Frames* 19）。巴特勒在《朝向一個政治聚合的操演性理論》（*Notes Toward a Performative Theory of Assembly*, 2015）更進一步談到人類與非人類物種的緊密依存關係：「活著（to be alive）表示已經和超越我，甚至超越我的人類性（beyond my humanness）之外的生命形式產生連結，生命的生物網絡超出人類這個動物，而沒有個體也沒有人可以不和這個網絡連結而尚可生存」（*Notes* 43）。巴特勒將危脆人群之間的「共棲倫理」推到人與非人物種之間的關係，一舉突破了人類的例外主義，將人類性（humanness）的範疇擴展到人的物種生態存有。

　　但巴特勒對人類與非人物種的共棲倫理並未詳加演繹，這方面的論述在多物種人類學得到較為周延的闡釋。安清將危脆人群與他者的依存拓展到人與物種的共生關係，在《世界盡頭的蘑菇》裡，

她提出一種資本主義生產方式所製造的生態與經濟廢墟之下，危脆生命（precarious life）的生存之道。她使用危脆生命與遭逢這兩個概念來強調人或物種的隨機聚合，本質上是共生並存的，在此過程中人的主體性是通過與他者的相聯來形成。如同莎拉・阿媚（Sara Ahmed）強調的：「遭逢（encounters）指的是連結（connection）與連結性（connectivity）的動態與滑動的本質，連結（connection）指的是兩個在相逢之前已經是完整的個體的聚合，而遭逢則暗示在與他人聚合之時一個人的身分才被活現出來」（Ahmed 8）。對安清來說，「危脆是一種我們對他人的脆弱性的承認」（*Mushrooms* 29）。正因為這些賤斥生命的脆弱性，易於受到環境及外在他者的影響，使得他們無法單獨存在，反而能夠回到與物種或他者共生與共同生成的狀態。

安清的民族誌同時述說兩個危脆生命的故事——在奧勒岡州經伐木業踐躪過後的森林角落裡長出的松茸，與在林中逐松茸而居的兩個來自東南亞的移民部族苗族（Hmong）與瑤族（Mien）。苗瑤裔移民與日本松茸相遇交會，始於歷史暴力與資本開發，原來游移在中國、寮國、高棉與泰國邊境的苗族，因越戰而成了戰爭難民，輾轉流離到美國俄勒岡州，而他們善於山區游擊戰的自然識讀能力使他們能在陌生的森林履險如夷。另一方面，大多所謂的日本松茸並非產於日本，松茸性喜生長在人為砍伐後的巨木，奧勒岡州的森林散佈大量的松樹斷面，種種條件的會合，形成松茸繁衍的理想場所。松茸與松杉、菌類、微生物共生，但它同時也是苗瑤裔採摘的物種，後者並依此商品的交換交易與日本美食家、商人等形成共生關係。松茸與東南亞苗瑤裔移民，一是因開發的污染衍生的異質物種，一是因戰亂歷史而流離失所，族裔文化幾經破壞重整，國族與認同政治薄弱。松茸與其他物種共同生成，苗瑤的族裔性隨著遷移

之地的歷史與國家政策而變化，兩者都缺乏具有疆界的內在性，但也因如此，可以在最不利的自然與歷史角落生長冒現繁衍，這種奇特的生命力，也構成兩者開放性的拼裝連結（assemblage）的無限動能，兩者的關係建立在交會變形與協作的動態組合，超越了資本主義下農民與作物的關係。這些協作構成了資本主義工業化農業生產及大規模農企業之外的無數個非典型世界化成的工程，他們存活在農企業及莊園經濟的陰影之下，其運作並非線性或具目的性的，因此很難被看見。

作為戰爭新娘的桃子是二戰陰影下的危脆人群之一，缺乏可以進入美國多元文化主義政治的資本，甚至成為日本及美國國族主義的代罪羔羊，她的危脆性，卻成就她回應生態世界的敏感度與感受性。桃子嫁到愛達荷州後，失去可以歸屬的社群，在不被社區婦女看好的情形下，轉而以蔬果園裡的花草蔬果及其種子，來作為支撐她危脆生命的依存條件，是與她共生的生命系統。在由美逃家後，她的蔬果園伴隨對由美的思念，而逐漸擴大，從廚房旁的一畦菜園，逐漸擴大為五畝蔬果園。她經營的目的並非收成貼補家用或給自家餐桌增添當令時鮮，而是繁衍收集保護外來、罕見、脆弱的植物品種，免於絕種，維持生物多樣性，因此她的工作始於種植，繼而協助植物異花授粉，終於採集、收藏、分類、交換與流通種子；這是一個危脆生命向其他危脆生命的回應，這種異類聯盟也產生另類的跨物種世代傳承。桃子在失智之前給蔬果園裡的葫蘆瓜進行異株授粉，防止蜜蜂授粉產生的自然雜交，試圖保存其生物特性，確保傳家寶品種可以代代相傳，種子也得到廣泛的傳播，「她比鳥類與蜜蜂更可靠，而且照顧範圍更廣」（Ozeki 113），桃子像蜂與鳥一樣，成為瓜果繁殖播散的一個環節，從德勒茲的觀點來閱讀，這是她去地域化「成為蜂與鳥」（becoming birds and bees）的瞬間，這些稀

罕的植物品種因她而可以將原來的品種繁衍播散。如果蜂與鳥因為協助授粉與傳播種子而得到食物，桃子則在與她的瓜果共生之際抒發了她思念由美的心情。由美出走後，這些奇特品種的花草樹木與種子成了她的子女，替代由美成為與她的生命互依共生的生態繼承者，她因此再地域化（reterritorialization）「成為母親」（becoming mother）。在失智之後她失去語言能力，也不記得人與物件的名字，但她的口袋裝了種子，她仍記得她照護與育種的責任，種子是她的生命線，她與外在世界僅存的連結，與非人物種的連結保留了她的生命世界。種子與桃子互依共生，因為彼此的協作而得以延續彼此的生命，這是基於危脆生命彼此呼喚回應的共棲倫理所開發出的人與物種的雙向協作。

　　透過這種跨物種世代傳承的情感媒介，桃子與植物種子的弱勢聯盟啟動了類似植物捲鬚一樣的橫向人際纏捲（entanglements），將原來佇立在人與物種迴圈之外的角色勾引糾纏至一個溢出人類中心（more-than-human）的敘事與情動空間。我以「纏捲」來定義尾關所勾勒的人與植物的共生關係，藉以和安清的「糾纏」進行區隔，糾纏（entanglements）這個詞在多物種論述裡的出現，是為了打破物種繁衍是在單一而自我封閉的遺傳機制裡進行的說法，安清觀察到許多物種的成長發育仰賴與其他物種的遭逢與互動共生，才得以完成，比如蘑菇與菌類和綠藻的共生形成了地衣，比如夏威夷小章魚的發光器官必須要與一種名為 *Vibrio fischeri* 的細菌相遇才得以發育，或如一種學名為 *Asaobara tabida* 的寄生蜂，母蜂如果不被一種細菌 *Wolbachia* 感染，就沒法產卵（*Mushroom* 141），安清據此共生的糾纏闡釋自然界的物種互相依存與不可分割的關係甚至已經內化在他們的繁衍機制裡，也迫使吾人重新思考物種演化的論述方式。《天生萬物》這本小說裡的人與植物之間的纏捲與安清的糾纏

略有不同，人固然可以和病毒與細菌共生，但卻不可能在生態發展的物質層面與植物產生共生的糾纏。我定義「纏捲」為一種跨物種共棲倫理的呼喚，將原來自處在生態圈敘事外部的角色召喚纏捲到一個以生態關係為主的人與物種的關係敘事裡。身為一棵無人看顧「隨意生長的種苗」（random seedling），桃子和這些沒人照管培育就可能絕種的植物之間有一種超越商品與人的連結與遭逢方式，充滿對和她一樣弱勢的植株的共情，她給弱小的豌豆植株友情支援：「『加油，小種子』」（*Gambatte ne, tané-chan!* Be strong, my little seedling!）（Ozeki 5, 114, 331），這個飽含情感連結的聲音影像深深刻印在由美和洛伊德各別的記憶當中，像一個交響樂的母題一樣反覆出現，聚結一個個召喚人與物種以及人與人的共情瞬間，將外在於此迴圈之外的兩人纏捲到一個以生態為主的人與物種的關係敘事裡。首先受到感召纏捲的是洛伊德，1983年馬鈴薯價格低迷，他第二次心臟病發作，臥病在床的他，無法下地務農，不得已只好將馬鈴薯田出租給鄰居威爾。身處危脆情境的洛伊德，脫去了從前馬鈴薯農時期的自慢高傲態度，從旁默默觀察桃子在蔬果園裡的作業，「他覺得自己像棋盤上的小卒──如果她是皇后，那他連城堡都不是」（Ozeki 114）。在這心情低盪的時刻，「他看到她挖土、掘地、除草，輕聲對她的小苗說：『加油，小種子』，他逐漸臣服於她的植物的魅力，看著它們在自然的完整循環裡，充分展現它們的多樣性可能，洛伊德克服了他對馬鈴薯的執著」（Ozeki 114）。尾關使用蔓藤的意象來暗示洛伊德與多物種的遭逢與纏捲：「這些性喜高溫的蔓藤長出捲捲的觸鬚，對洛伊德有一種說不出來的吸引力，等他回過神來時，早已經彎下他頎長僵硬的腿，跪在她身邊暖暖的土地上」（Ozeki 115）。桃子與植物的情動連結感染了洛伊德，不僅拉近兩人的距離，也翻轉洛伊德原先以控制和管理產出最大收穫與

收益為原則的農務方式，轉為以育種繁衍與散播多物種植物為主，後來甚至因此被季克的「抗議種子」奉為上師（guru）。這一刻不僅對洛伊德和桃子來說是關鍵的一刻，也將整本小說的農本敘事導向大於人類中心的視角。

在這本小說裡，蔓藤植物觸鬚的纏捲成為人與植物遭逢共生的隱喻，它脆弱與攀附的本質觸動危脆人群對脆弱他者的共情，在召喚跨物種連結之餘，也進一步讓人與人的關係產生質變，簡言之，植物仲介並連結原先疏離的人們，讓他們得以跨出人類視野與認同政治的局限，在生態情境裡得到重新進行人際連結的機會。如果洛伊德因為桃子的啟發而感受到瓜藤的吸引與召喚，由美也因為桃子的感召而跳脫認同政治與女性賦權的侷限，重新省思「責任」的內涵。由美與桃子不同，她強勢有主見，瞧不起母親的邊緣弱勢，甚至在她逃家之前，她就選擇和父親一國，父親強壯高大，她想要獨得他的愛，母親被排除在兩人世界之外。由美在朋友圈從來不是被動的弱勢者，感恩節遊藝會她扮演印地安公主，青梅竹馬手帕交白人女孩凱絲卻總是扮演蔬菜碗豆或馬鈴薯。九年級時她主動向代課歷史老師艾略特示愛，並因此未婚懷孕墮胎，不見容於父親，最後離家出走，輾轉至柏克萊求學，雙主修英文與亞洲研究，完成碩士論文然後落腳夏威夷。二十二年後帶著三個與不同族裔男子生的小孩返鄉暫住，照應老病殘弱的雙親。

由美的生平經歷見證她強悍叛逆，不與世俗妥協，追求女性自主與個人賦權，尋找亞裔認同的軌跡。反諷的是，對亞裔族群歷史與文學熱切追求的她卻獨獨對日裔母親的身世歷史不感興趣，尾關以她和農業與植物的似近又遠的關係來暗示她明明置身其中卻缺乏自覺或認同的家族族群意識，她自白自己對農務和植物繁殖毫無興趣，但是她的性別族裔身分勾勒卻充滿了各類植物隱喻，青少女時

代和代課老師未婚懷孕墮胎，大膽作風溢出保守基督教農村禮教可以容許的範圍，她就像她自稱的「壞種子」（bad seeds）長出的藤蔓，蔓生攀爬越過各種邊界，落腳於「不同的地理地點，與各類族裔、文化和階級背景的人結合」（Lee 49）。她的性別身體也被類比為一顆遷移與播散的種子，在往西遷移的過程中蔓生、混血繁衍，如同異株授粉的植株，生出三個膚色分別為黃、白、可可色的小孩，桃子以異株授粉長出的變形瓜來形容由美的小孩：「『也許有一點櫛瓜，有一點紅薯南瓜，有一點……甜南瓜。』她……指著盯著電視看的鷗行和菲尼斯說：『就像他們，全混在一起』」（Ozeki 118）。環繞著由美生平故事的還有各種植物與族裔身分的意義糾纏，由美的第一任丈夫是一個日裔的植物學家；她的碩士論文《殘花落葉：亞美離散文學的稍縱即逝和跌宕視野》探討自然意象作為文化解體的隱喻。尾關這種帶著後設意味的文本安排，暗中提點（族裔）文化與自然的互相指涉，族裔身分的流離散碎正如同植物品種難以維持親代的所有特徵。進一步強調由美的性別族裔身體也同時是一個物質的繁殖媒介，她的跨種族生育逆反母親以人工介入保存傳家寶品種的做法，也進一步稀釋了亞美身分的穩定傳承。她自稱壞種子，不僅是因為她是浩瀚馬鈴薯田裡的一株雜草，與眾不同，隨時可以被剷除，還因為她溢出穩定家庭結構的雜交式交配生育行為，同時挑戰農村性別勞力分工與族裔身分的直線傳承。但是尾關也安排她的返鄉作為回歸傳承的途徑，將她與植物的關係從隱喻轉化為人與物種的遭逢。

由美返鄉之後，成天游手好閒，既沒有協助父母照管種子生意，也不曾加入環境運動，成天晃蕩，一副隨時可以打包走人的樣子，甚至還和當初的歷史老師，如今的賽納可公司的公關代表舊情復燃，做出形同背叛的行為。她與老家農園的關係和她的族裔身分一樣的

飄盪、破碎與若即若離，渴望被病弱的父親原諒，被失智的母親認出接納，卻又無法接手繼承父母的種子事業，季克對種子傳播的熱衷也感動不了她，導致外人變事主，家人形同陌路的詭異現象。由美轉變的瞬間也是桃子促成的。由美對母親最早最深刻的記憶是她的蔬果園，以及母親輕聲呼喚種苗的聲音：「我記得她輕聲對往格架上纏捲攀爬的豌豆蔓藤說道：「『加油，小種子』」（Ozeki 5）。在故事的後期，母親的這個召喚成為由美反身擁抱家、蔬果園以及蔬果園所代表的人與非人連結的生態空間的契機。就在由美透過艾略特發現父親曾經在她出走後持槍去找艾略特攤牌，逼他幫忙去找由美，還因此第一次心臟病發作的那個晚上，她發現失智的桃子在月光下的洋蔥田除草，一面喃喃自語：「『加油，小種子』」（Ozeki 331）。 由美說「這個聲音像心跳一樣讓我心頭一動」，由美在乎她出走後父親未曾回信給她，懷疑母親是否擔心過她，但是透過母親堅持將成長的植物當成種子來看待，她明白了桃子在植物身上看見的是繁衍與傳承，而她自己對母親來說也是這樣的存在。桃子的記憶與理智時有時無，除草的動作持續，終於她抬頭認出了由美，在這一刻由美看到了母親如孩童般的脆弱與蔓藤般的需要攀附：「我把她拉到我懷中擁抱她，她和我的孩子一樣纖小，我感受到她羸弱的骨架靠在我的胸側，聽到她的心跳。她倚靠在我的腰間像一株蔓藤，我想要跟她說加油（*Gambatte ne!*）」（Ozeki 334）。情傷累累的由美在此刻終於能放下對父母的怨懟，向母親的世界開放，悲憫母親失智的痛苦，與母親的種子世界共情，母親像孩子一樣需要保護，在母女攀緣支撐、互依共生的時刻，由美反過來成為桃子的母親（becoming mother），傾聽母親與種子的聲音，而得以繼承母親的種子世界，正式成為桃子的女兒。此時她已經可以和季克所繼承的種子世界相連，透過季克的提點，她認識到「我們負有責任，緊

密的連在一起,我們對萬事都須負起責任……同時我也意識到我無力預測與控制任何的結果」(Ozeki 410)。洛伊德去世後,桃子的溫室關閉,「抗議種子」拔營而去,行前季克將所有蔬果種子收成曬乾分類收藏,交給凱絲掌管,季克將富勒家的種子事業化為網路行銷,搬進富勒家的凱絲負責寄送種子,帶著母親回到夏威夷的由美則負責管理網頁,這個去中心的全球化網絡連結弔詭的成為由美真正的歸鄉,她在萬物連結的網絡中找到了她的位置,負起她的責任。

在這個敘事支線中,尾關不僅揭露了亞裔書寫中未曾得到較多關注的戰爭新娘議題,通過危脆主體的勾勒對亞美的認同政治做了更細膩與複雜的梳理,也藉著由美與桃子的亞裔母女傳承的另類想像,將亞裔母女敘事放在物種遭逢的脈絡下重新演繹,以植物與種子仲介族裔傳承,在環境生態危機日益迫切的當下世界,為族裔書寫開出新的想像空間。

五、結語

《天生萬物》這本格局開闊、企圖宏偉的小說透過並置兩種農業形式——單一作物大規模耕種,以及多物種農園,藉以協商人與自然的共生關係,開發新農本敘事。尾關除了透過馬鈴薯的大規模生產來檢視批判跨國資本農企業對土地環境及生態所造成的傷害,如單一作物耕種破壞了生物多樣性、環境毒素摧毀務農社區民眾健康等議題,更企圖摸索在不同的尺度與層次上,各種可能的共生與連結形式,包含文化社會層次上的跨界連結,跨越族群文化與階級疆界,以及自然層次上人與物種的遭逢與共生。她以社會正義的文法演繹環境正義,以多物種邏輯中介多元文化,在主線敘述裡以根莖狀敘事結構,透過多元族群的多向鏈結與協作,探討全球化情境

下，以科技為本的人與自然共生形式。在敘事支線裡則帶進族裔戰爭新娘議題，以危脆族裔主體的另類農園來召喚大於人類的跨物種共生時刻，勾勒一個纏捲敘事形式，以危脆主體與瀕危物種的共情作為跨界連結與共生的觸媒，開展物種照護與關係性的生命形式想像。透過這個隱性敘事，尾關重寫亞裔母女關係敘述，將世代傳承的困境，從亞美傳統大敘述裡母親認同亞洲原生文化，女兒擁抱美國文化的代溝與扞格，轉換為缺乏文化資本的戰爭新娘母親根植農鄉，以及積極爭取賦權與女性自主的女兒跨國流浪，稀釋文化血緣，兩者對立所造成的隔閡與傳承斷裂。而母女最終的前嫌盡釋，則仰賴女兒返身擁抱母親所建構的多物種世界。《天生萬物》因此在諸多層面上同時操作創新，將農本敘事帶到一個新的高度：不僅從小農的觀點批判大規模單一作物農耕的各種弊端，探問基因轉殖的利弊，也重新刻劃生物多樣性農園的可能樣態；不僅觀照農業生產的生態議題，也在生態的脈絡之下推動多元文化的跨界連結與共生；不僅以危脆主體重寫亞裔母女書寫，也將大於人類的物種關係文法帶進素以族裔文化認同為探討對象的亞裔書寫，在人類世的時空脈絡下，為亞裔論述開出新的書寫空間，也賦以農本敘事的共生主題更複雜的經緯與更開闊的想像空間。

引用書目

許甄倚。〈薛妮・穆圖《夜花仙人掌》中的危脆性、互依倫理與後人類主義〉。《英美文學評論》35 (2019): 31-57。

Ahmed, Sara. *Strange Encounters: Embodied Others in Post-Coloniality*. New York: Routledge, 2000.

Buell, Lawrence. *Writing for an Endangered World: Literature, Culture, and Environment in the U. S. and Beyond*. Cambridge, Massachusetts: Belknap Press of Harvard UP, 2001.

Butler, Judith. *Frames of War: When is Life Grievable?* New York: Verso, 2010.

——. *Notes Toward a Performative Theory of Assembly*. Cambridge: Harvard UP, 2015

Cardozo, Karen, and Ban Subramaniam. "Genes, Genera, and Genres: The Natureculture of Biofiction in Ruth Ozeki's *All Over Creation*." In *Tactical Biopolitics: Art, Activism, and Technoscience*. Ed. Beatriz da Costa and Kavita Philip. Cambridge, MA and London: MIT P, 2008. 269-88.

Carruth, Allison. *Global Appetites: American Power and the Literature of Food*. Cambridge UK: Cambridge UP, 2013.

Chou, Shiuhhuah Serena. "Cultivating Nature." *Nature and Literary Studies*. Ed. Peter Remien and Scott Slovic. Cambridge UK: Cambridge UP, 2022. 310-24.

Deleuze, Gilles, Félix Guattari, and Robert Brinkley. "What Is a Minor Literature." Trans. Robert Brinkley. *Mississippi Review* 11.3 (1983): 13-33.

Doland, Kathryn Cornell. *Beyond the Fruited Plain: Food and Agriculture in U.S. Literature, 1850-1905*. Lincoln, Nebraska: Nebraska UP, 2014.

Jefferson, Thomas. *Memoirs, Correspondence, and Miscellanies, from the Papers of Thomas Jefferson*, Ed. Thonmas Jefferson Randolph. Vol.4, *The Writings of Thomas Jefferson*. 2nd ed. Boston: Gray and Bowen, 1830.

Lee, Hsiu-chuan. "Trafficking in Seeds": War Bride, Biopolitics, and Asian American Spectrality in Ruth Ozeki's *All Over Creation*." *Concentric:*

Literary and Cultural Studies 39.2 (September 2013): 33-55.

Hardt, Michael, and Antonio Negri. *Multitude.* New York: Penguin, 2004.

Haraway, Donna. *The Companion Species Manifesto.* Chicago: Prickly Paradigm Press, 2003.

——. *Modest Witness@ the Second Millennium.* New York: Routledge, 1997.

Heise, Ursula. "Ecocriticism and the Transnational Turn in American Studies." *American Literary History* 20. 1 (2008): 381-404.

Major, William H. *Grounded Vision: New Agrarianism and the Academy.* Tuscaloosa: U of Alabama P, 2011.

McHugh, Susan. "Flora, Not Fauna: GM Culture and Agriculture." *Literature and Medicine* 26.1 (2007): 25-54.

Mitman, Gregg "Reflections on the Plantationocene: A Conversation with Donna Haraway and Anna Tsing." *Edge Effects* 12 Oct. 2019. Web. 23 Sept. 2020.

Ozeki, Ruth. *All Over Creation.* New York: Penguin, 2003.

Pollan, Michael. *Second Nature: A Gardener's Education.* New York: Grove, 1991.

Rouyan, Anahita. "Radical Acts of Cultivation: Ecological Utopianism and Genetically Modified Organisms in Ruth Ozeki's *All Over Creation.*" *Utopia and Food.* Spec. Issue of *Utopian Studies* 26.1 (2015): 143-59.

Thompson, Paul B. *The Agrarian Vision: Sustainability and Environmental Ethics.* Lexington, Kentucky: UP of Kentucky, 2010.

Thoreau, Henry David. *Walden.* Rpt. ed. by J. Lyndon Shanley. Princeton, NJ: Princeton UP, 1971.

Tolber, Kathryn. "The Untold Stories of Japanese War Brides." *The Washington Post* 22 Sept. 2016. Web. 6 May 2020.

Tsing, Anna Lowenhaupt. *The Mushroom of the End of the World: On the Possibility of Life in Capitalist Ruins.* Princeton: Princeton UP, 2015.

——. "Unruly Edges: Mushrooms as Companion Species." *Environmental Humanities* 1 (2012): 141-54.

Wallace, Molly. "Discomfort Food: Analogy and Biotechnology, and Risk in Ruth Ozeki's *All Over Creation.*" *Arizona Quarterly: A Journal of American*

Literature, Culture, and Theory 67. 4 (2011):155-81.

Yoshimizu, Ayaka. "'Hello, War Brides': Heteroglossia, Counter-Memory, and the Auto/biographical Work of Japanese War Brides." *Meridians: Feminism, Race, Transnationalism* 10.1 (2010): 111-36.

4
從跨族裔談起：
《野草花》之日美遷徙營敘事與生態批評＊

常丹楓

一

　　近幾年來，美國生態文學研究中的種族面向備受學界的關注。生態文學批評理論（ecocriticism）最早發跡於 1970 年代美國的白人社區運動，一開始以維護地方人文風俗與生活文學為目的。此一文類含帶之自然主義（naturalism）的個人價值很快地被擴大提升至全球化的社區文化意識，並藉此發揚「人本自然」的大眾倫理理念，促使社會公民致力於地方政治和自然為本的人本精神。最早將種族考慮進生態批評知識體系的是《生態地域批評的想像》（*The Bioregional Imagination*, 2012）一書，書中不少學者點出早期的生態批評理論以地方生態為研究核心，將環境的不公視為現代社會對自然世界的破壞，甚至視少數民族落後地區居民的聲音是為對抗白人

＊ 此篇論文原刊於 2020 年 12 月第 37 期《英美文學評論》。筆者感謝期刊主編馮品佳教授給予的諸多語意上的校正和指點，以及中興大學陳淑卿教授邀稿與人社中心主辦的專書工作坊，特此鳴謝。

經濟強權之所在,進而將少數民族以及白人經濟之間的對峙看作是地方化民主社會的建構成因。除此之外,生態種族學者海瑟(Ursula K. Heise)致力推動全球化運動,提出過去少數族群一直被視作是「文化他者」的陋習,主張在全球化認同中形成之「全球想像共同體」(planetary imagined communities),一來可鞏固少數族群文化政治地位且改善經濟環境條件,實現全民參與全球經濟體系的發展,二來亦將少數族群當作是不斷遷徙之離散勞動資本,以落實四海為家之世界大同為理念。海瑟更指出,少數族群作為全球公民的重要性在於他們是跨國經濟不可或缺的基石;少數族群往往具備流動性勞動力,更能發展出活絡殖民地經濟與社會關係的跨國生命力。如此一來,誠如歐美學者指出,當生態書寫成為少數族群的發聲管道時,生態文學不應被狹隘地定義為只談環境的文學;反之,生態文學彰顯環境塑造「人與人之間」的社會價值,試圖從環境改造中達成每個人豐衣足食的理念,少數族群的生態議題因此可視作為民主實踐的啟示。

同時,生態學者也指出,文學反映出的種族關係是一種土地關係,而少數族群對國家的認同即是對土地關懷的延伸。例如,美國夏威夷學者早以生態文學論述作為披露美國帝國主義的侵略行徑,提出生態學者於在地經濟與環境保護的書寫中刻畫出他們對土地的認同。比方說,夏威夷學者崔西克(Haunani-Kay Trask)透過原住民的視角探討美國對夏威夷的殖民統治與經濟剝奪的現代史,抨擊美國政府引進觀光產業與契約勞工,致使當地原住民失去土地、工作並且流離失所的現象。她娓娓道來夏威夷如何成為亞裔移民勞工與原住民再三競爭與對立之幾近無政府的殖民邊境。另一方面,久居夏威夷的亞美學者藤兼(Candace Fujikane)也指出亞裔移民伸張經濟公民之價值是在強調其去殖民的身分。正因亞裔移民的經濟認

同是其勞動力最優化的象徵，亞裔移民往往自視比起勞動力匱乏且低廉之原住民重要，也比生活悠逸、不事生產之白人社群有價值，他們的加入活絡了僵化的白人／新移民／原住民三者之間的權力關係。但是，作為亟欲被國家認同的一份子，夏威夷亞洲居民彰顯了美國亞洲人被國家化的勞動力，故此他們的國家認同成了內化環境價值的表現，致使他們善於農耕之傳統也被簡化為是彰顯美國民主價值的一個單位。這麼看來，此一對亞裔移民具有美化性質的農耕論述，是否也適用於同樣被國家剝削的原住民身上？該如何敘述兩者的關係，不至於落入鷸蚌相爭的兩難困境？

對亞美學者而言，生態批評與種族認同之間的關聯尤其密切。甚至可以說，關懷種族認同的環境批評儼然已成為美國少數族群爭取社會公平的重要管道。本文透過日美遷徙營拓荒故事，以美國西部地區的改造為背景，一探遷徙營的環境種族化現象，以及其影響日美族群去殖民主體形塑的過程。被放逐至西部荒郊野外的遷徙居民，不但將他們的農耕運動視為聲據「拓荒者」的重要依據，他們在沙漠地帶墾殖出「勝利花園」（victory garden），更被後代子孫推崇為戰勝環境以及伸張種族平等的歷程。相較於同樣被驅趕至西部拓荒的美國原住民，日裔居民在西部邊境開墾的奮鬥史，營造出農耕奇蹟，使他們立於原住民之上、搖身成為帝國擴張之下的新墾民（settlers of color）。此外，若說遷徙營所代表之農耕文化與環境優化是日裔居民認同美國的象徵，也說明日裔居民與土地建立之互惠關係其實取代了美國原住民與土地的關係（甚至他們的土地認同！）。作為日裔居民歸化美國不可或缺的歷史見證時刻，遷徙營的農耕生活與環境改造可說是將美國種族同化過程淬煉成少數民族資本化的過程，娓娓道出日裔移民從文化他者轉任模範少數族裔之

血淚過程。假使遷徙營的論述不僅止是官方的自圓其說,[1]或者反抗者的討伐,我們還可以問:日美居民在遷徙期間農耕救國,和早期赴美務農的第一代移民有何不同?如今歲月更迭、物換星移之下,早期揭發美國政府為富不仁之遷徙營文學是如何成為日美文化中的主流文學?作為族裔文學的主流,遷徙營所涉及的認同問題,對其他族裔文學有何種啟示?本文的第二部分梳理遷徙營的官方記憶,揭示官方對遷徙居民勞力剝削的殖民政策,以及日裔居民如何善用政府殖民經濟而致力農耕革命,成功將其身分由外來者轉為拓荒者。

二

二戰期間,遷徙營可說是以美國為首、橫跨南北美洲的一個反日措施。日本在 1941 年十二月對美國夏威夷領地進行空襲,形成歷史上的「珍珠港事件」。空襲後,民眾反日情緒高漲,美國政府唯恐日本發動進一步攻擊,決定對國內日美居民強施反制行動,其中包含實施戒嚴、凍結財產、圍剿逮捕身分特殊或可疑的人。自戰爭爆發以降,軍方早將日美居民看作是可能洩露軍情的間諜,鼓動華府強制執行大規模集中管理日美居民的行動。為防止日軍滲透民心,美國總統羅斯福無視日裔居民是敵是友、公民與否,頒布 9066 號行政命令,全面授權軍方撤離美國太平洋西岸沿海地區的所有日裔社群,撤離人數多達十二萬人。職掌撤離的官方機構當時稱為「戰時遷徙總局」(War Relocation Authority, WRA),其職務是依居民的忠誠度多寡作為分發的依據,將不以美國利益為優先考量之日裔居

---

[1] 有關遷徙營的論述,可見李秀娟一文。李對此一文類成為少數族群稱據美國之見證有十分精闢的見解。李將遷徙營視為「傷痕文學」之典律,藉此說明創傷事件已成為橫跨歷史長河和族群間隙的正義號召。另外,陳福仁與游素玲一文提出遷徙營論述的空間價值,鼓吹將國族認同具體寫入美國西部拓荒史中。

民禁閉於管理嚴苛的加州吐勒河遷徙營（Tule Lake），而看似無關緊要之人則流放至美國內陸各州的遷徙營，使散佈於阿肯色州、加州、科羅拉多州、愛達華州、猶他州、懷俄明州等。[2] 囚禁日裔居民不只是美國單方面的決定，它同時也反映美國在二戰時的美洲勢力。正當國內實施遷徙政策，美國政府同時也與位於中南美洲的十二個邦交國簽訂協議，勒令遣送約莫 2,264 名日裔拉丁美國人至美國拘禁，故遷徙營也是美國號召整個南北美洲和拉丁美洲諸國共同抗日並保衛國土之國家運動。遷徙營使得美國將移民問題延伸至整個美洲，將此視作美國帝國擴大版圖之表徵，故使同化日裔居民之議題變成國內拘禁日裔敵人、國外開發亞太移民，達到美國帝國亞洲化之目的。

作為美國戰時牢籠，遷徙營的歷史的確道盡日裔移民「成為美國人」的血淚史。二戰期間，美國政府妖魔化國內流有黃種人血統的日美移民，將他們看作是背負著背叛美國罪行的異類。身為異族之日美移民面臨強制撤離，原因在於他們的異族血統無法效忠美國，使日美居民成為所有少數族群中首位被當作是美國敵人的移民人種。例如，二戰時期的美國將軍杜威特（John DeWitt）就在其官方報告中流露出嚴重的種族偏見，他在提及日美移民時直接了當稱呼「只要是日本裔，就是美國的敵人，因為敵人的血統無論如何是不會被稀釋的」（"the Japanese race is an enemy race," whose "racial

---

[2] 在遷徙營論述中，日美居民忠誠與否一直是遷徙營存在目的之中心議題，致使美國官方與日美族群有諸多迴響與詮釋。就官方而言，日美居民是二戰時期美國政府首要敵化的對象，美國政府設計忠誠問卷（loyalty questionnaire），要求日美居民回應是否拋棄日本政府為認同對象以及是否能效忠美國政府。就日裔居民而言，忠誠問題除了關乎他們的歸化以及未來居所，也涉及日美移民世代之間的隔閡與差異，其中包含了受限於美國法律而無法歸化美國的一世（Issie）、生而即為美國人的二世（Nisei）、出生美國但回日本受教育的返美二世（Kibei）、遭受美軍徵召入伍或者是拒絕入伍的「叛國小子」（no-no boy），這些不同世代的日美居民所面臨的認同危機以不同方式呈現，使日美居民的同化過程備嚐艱辛。

strain remains undiluted"）（M. Hayashi 2-3），認為日本人生來即是美國人的敵人，甚至視其為國家之頭號公敵。杜威特一再假設日本人的血脈昭示他們對美國的不忠，更影射黃種人的血統即是美國敵人的血統。這種以生物種族主義掛帥的歧視言論，明顯的是延續十九世紀以降視亞洲人為「黃禍」的後遺症。換句話說，我們可以大膽推論，第二次世界大戰開啟日美傷痕文學之濫觴，使日裔居民在二戰之後就蒙上不是美國人之陰影，而此一陰影對他們在美國的認同危機有莫大的影響。若說國家安全勝於種族議題，同樣身為軸心國陣營的德裔族群或者是義大利裔族群，為何沒有遭逢撤離與拘禁？如果日裔居民的血緣不代表他們的文化，日美遷徙營存在著什麼必要性？假使日裔移民作為戰時敵人的看法是美國軍方建造遷徙營的主因，難道位居夏威夷軍事地區前線地帶之十五萬戶日裔家庭就不需撤離？

　　晚近學者對「作戰之需」說法一一提出質疑。認為此一說法既無法釐清興建遷徙營之真相，也無從解釋為何日裔移民成為文化他者的現象。遷徙營歷史學家林勝（Masaru Hayashi）在《民主的敵人：日美遷徙營事件》（*Democratizing the Enemy: The Japanese American Internment*, 2010）一書中提及戰時政府為管制遷徙營囚民而提出「血緣說」與「文化說」兩種說法，前者視日裔居民為擁有敵人血統而無法同化的異鄉人，後者認為他們土生土長的美國教養使其視美國為原鄉。本文更進一步推論，遷徙營試圖將日裔居民看作是一種經濟他者，遷徙生活中的勞役被經濟化，但卻將日裔主體之勞役以及認同分離，使其辛勞無一所獲，也不得國家承認，故形成日裔居民的他化現象。亞美學者黎慧儀（Colleen Lye）曾提出歷史上日裔族群成為經濟移民的例子，她的專書《美國的亞洲想像：種族形象與美國文學，1893-1945》（*America's Asia: Racial Form and American Literature, 1893-1945*）指出，1880年代的〈排華法案〉（The Chinese Exclusion Act of 1882）之後，日裔移民已然成為北美亞裔勞工的主要來源，甚至威脅到白人的勞動市場，埋下日本移民在北美洲被仇視和囚禁的因子。本篇論文的宗旨不在追根究柢為何有遷徙營的興建，而是找尋遷徙營的認同政治；亦即，我們該如何詮釋遷徙營的存在？而不是一再否認或敵化此三者間的關係：遷徙營、美國民主、族群關係。我們對遷徙營的回顧是否可以說明日裔族群在美國同化的問題？本文藉由探究日美遷徙營敘事中「拓荒者」（pioneer）的形象建構，勾勒一段鮮少人知的亞裔美國西部拓荒史，再透過這塊文化版圖的重建，說明日美遷徙營的論述如何突破地理空間和種族差異的牽制，編織出跨國越族邊境的文化想像，活絡長久以來侷限於單一族裔政治的遷徙營敘事。

三

其實，遷徙營的建置決非單純的種族問題，其建置透露出在不同時空脈絡之下遷徙營衍生之意義。林勝的研究以官方歷史論述為出發點，試圖翻轉學者一逕以為國家暴力與種族不公即為興建原因的立論，他認為經濟因素大於種族因素的立論雖新，卻未能看出美國政府是利用「種族化」（racialize）少數族群壯大美國國家的經濟結構。誠然，現今學者們皆同意遷徙營的故事不僅只是美國政府剷除異己的惡劣行徑；正值經濟作為逐漸成為國家建構的論述中心，遷徙營的種族議題又呈現什麼樣的經濟勞役？這個問題不該只看遷徙營作為壓抑懲處的工具，還應考慮其壓抑了什麼禁忌，或又催生了什麼亂象。早在日美移民潮（1885-1924）之初，日美移民已然是促使美國太平洋西岸農業經濟蓬勃發展的重要一環。根據統計，直到1919年，加州就有高達百分之十的農業市場經濟由日裔農民生

產（Adachi 32）。遷徙總局成立不久後，官方面臨一個新的難題：眾多州長表示，沒有一州願意接納污名化的日美居民，遷徙營應該座落何處？在這個氛圍下，知名的「小麥大亨」農業改革專家坎培爾（Thomas D. Campbell）獨排眾議，寫信向羅斯福總統（Franklin Roosevelt）諫言遷徙營本身是個「資產」（asset）（R. Hayashi 83）。坎培爾於信中表示官方可以善用日裔居民最令人稱道的農耕技術，將遷徙營建造在荒郊野外或者是經濟落後處，利用日裔居民開墾荒地、增益其經濟價值。故此，遷徙營作為振興美國西南部地區農業經濟發展的手段一事，正好說明美國政府無所不在的資本主義。甚至，有些遷徙營設置於土壤貧瘠、經濟蕭條的原住民保護區，凸顯了政府強徵少數族群的勞役來耕植土地，使少數族群以及原住民無法擁有自身勞役所產出的利益，只能強化白人經濟的事實。

　　值得一提的是，除了視為牢籠，官方更視遷徙營為應該用心經營的資產。甚至，在官方表述中，遷徙居民是「拓荒」的一代，他們振興美國戰時經濟的辛勞功不可沒。遷徙總局的首任局長艾森豪（Milton Eisenhower）就曾公開聲明：「遷徙營其實是一個拓荒的社群」（"Relocation center was a pioneer community"）（R. Hayashi 78）。明顯地，官方熟知日裔居民的農耕長才，一再鼓勵居民將勞役的生活當成是擴張國家版圖以及宣揚族裔文化的契機。繼艾森豪之後的第二任戰時遷徙總局局長邁爾思（Dillon Myers）則為迎接遷徙居民寫了一封信，信中聲明遷徙生活是「作為美國人，無論我們的先祖為何，在此時此刻就應活得像真正的美國人」（Japanese internment was "a period when all of us, regardless of our ancestry, can get closer to the real meaning of American life than we ever have in the past"）（R. Hayashi 107），這封信後來收錄在總局的遷徙生活公約中。官方的旨意不難猜測：所謂「真正的」美國人即是會下鄉勞

動，整頓政府的徵收土地（reclamation land），並以振興戰時經濟為民族目標的人。為此，遷徙總局一再鼓勵日美居民在營區四周開墾農地，種植穀物蔬果，過著自給自足的生活。另外，官方限制居民的日常飲食，每人平日的糧食供給總額不得超出四十五分錢（此為當年軍方人員的每日配給額度），此一限制透露出遷徙營軍事化的管控。在官方強勢宣導之下，農耕文化已然是日美遷徙營的最大特色，甚至被遷徙居民當作是他們戰勝惡劣環境以及伸張種族不公的象徵。例如，位於愛達荷州的明尼多卡遷徙營（Minidoka）發展出「農食興國」（food for victory）的文化。不到一年，當地馬鈴薯田地的面積迅速成長數百英畝，而收成量也自原本的一千一百磅躍進至三十八萬磅，足以餵飽鄰近數座遷徙營的民眾。在官方默許下，明尼多卡農業革命之盛況證明遷徙營的經濟價值，甚至成為日裔居民得以在美國西南部以農建國之最佳見證。根據當地報紙的紀載，遷徙居民的農耕不只具有經濟價值，將「沙漠變良田」的環境改造同時也是振興種族文化的表徵，故有報紙稱他們的拓荒生活是在「創造綠洲」（R. Hayashi 90），伸張他們以農立國的文化屬性。

其實我們還可以說，遷徙營的拓荒者故事代表著一種「建國」論述。正如邁爾思所言，遷徙營的生活才是「真正的美國生活」（the real meaning of American life），官方論述中的遷徙生活就是在實踐國家價值。的確，有關遷徙營的敘事中，拓荒者開疆闢壤的故事一再喚起並改寫美國早期白人的殖民文學的文化傳統。早在十八世紀，美國總統傑佛遜（Thomas Jefferson）在他的著作《維吉尼亞州紀事》（*Notes on the State of Virginia*）就曾主張，美國作為一個健全政治的新興國家，所依附的正是農民和小地主的力量。他寫道：「一旦我們謹守以農立國的建國方針，美國政府就會是個民主有德的政府」（"Our government will remain virtuous for many centuries as long as they are chiefly agricultural."）（R. Hayashi 17）。推而廣之，如果農耕經濟真的是民主道德國家之基礎，而此一觀點又是以外國農民當作美國公民的前身，美國建國思想究竟是在孕育多元移民的大同思想，抑或是在暗行種族他化之矛盾民主作風？更進一步問，倘若美國建國論述成為外國移民之圭臬，少數族群的經濟如何實現「民主」的經濟？日裔遷徙居民的西部拓荒活出了美國經濟移民的矛盾處：少數族群的經濟訴說他們可以成為美國人的價值。然而，當他們的經濟價值與個人價值脫鉤，亦即當他們付出勞役卻無法擁有收成，就說明了他們的移民是建立在經濟的自由之上，而非政治的認同，導致移民的經濟價值不一定等同他們政治上的認同或者美國國家民主的事實。更矛盾地是，當少數民族的經濟價值不等同於國家認同時，個人的價值代表個人勞役（社會價值），但並非國家認同的實踐，這迫使少數民族必須透過勞役生活實現民主價值，否則即被國家經濟淘汰。這符合遷徙總局的宣傳手冊所言，遷徙營的經濟生活無關種族霸凌，「遷徙營的生活其實不全然是膚色的問題，而是取決於個人是否有自主能力和生活方式，此一認知正是民主價值的所在」（R. Hayashi 83）。明顯地，遷徙總局的宣傳手冊試圖以實現個人勞役和自主能力作為遷徙營的價值取向，完全不顧其中隱藏的政治迫害和種族不公，暗示了二十世紀美國的經濟移民是以勞役方式（labor）吸收同化外籍移民，不顧種族之間的異同和互軋。

四

遷徙營的論述發展至今，歷經 1970 年代的「平反運動」（redress movement）以及 1990 年代的「去國族化」論述（denationalization），[3]

---

[3] 日裔美國人的平反運動主要是指盛行於 1970 年代的民權與文化運動。繼 1960 年代少數族群的公民運動以及 1970 年代亞美文學與文化的崛起，日美平反運動強調還原被噤

衍生出族裔之間眾聲喧嘩的熱鬧景象，不單只是單一族群伸張種族正義的一時起義。作為現今少數族裔身分與文化論述的主流，遷徙營觸動了哪些歷史傷痕？李秀娟在〈歷史記憶與創傷時間：敘述日裔美國遷徙營〉一文中，嘗試以創傷理論建立出嶄新的遷徙營敘事模式，闡明遷徙營不僅只是單一的歷史事件，而是一種「歷史創傷」。李主張遷徙營的論述應該重新檢視亞裔與白人之間的關係，牽動長久以來處於僵化關係的二元政治，進而活絡跨族裔之間的認同政治。換句話說，一旦我們鬆動遷徙營敘事中二元化的族裔政治關係，就可將遷徙營的敘事植入更多不同的時空背景脈絡，看出遷徙營如何萌生不一樣的族裔認同政治。

　　回應李秀娟一文，筆者認為，我們還可以進一步探討，遷徙營的記憶如何重新勾勒出比白人還早的美國殖民文化版圖，呈現不同歷史脈絡的交織時，產生之族裔再現政治的多元途徑。更明確地說，本文談論遷徙營座落於鮮少人知的地域，再現日美居民與原住民之間的歷史糾葛，道出兩者之間不少的共通點。比方說，日美族群遭逢政府強勢驅逐而遷離太平洋西岸，原住民同樣遭受白人的武

聲的遷徙營經歷，促使日裔美國人得以洗刷受恥辱的年代帶來的種種迫害，而日裔美國人也因此成為所有美國的亞洲人中，第一個在揭發國家種族暴力時獲得官方認可與賠償的人民。遷徙營的平反運動由「日美公民聯盟」（The Japanese American Citizens League, JACL）發動，如火如荼地在加州與全國各地舉行，終於分別在 1988 年得到國會通過賠償法案和美國總統雷根（Ronald Reagan）首次針對遷徙營事件公開道歉，以及 1990 年布希總統（George Bush）針對此事件再度發表聲明與表達歉意。1990 年代以降的亞美文學不再以美國歸屬感作為文本最終的認同目標，也不再避而不談家族血緣與亞洲之間的聯繫。相較於稍早的學者亟欲在美國落地生根而棄祖忘典，愈來愈多亞美學者呼籲我們應該重新檢視「亞」、「美」之間連字符號的意義，並且思考如何突破「亞」、「美」帶出的國族侷限的書寫空間。黃秀玲（Sau-ling Cynthia Wong）的 "Denationalization Reconsidered: Asian American Cultural Criticism at a Theoretical Crossroads." 一文探討亞美研究走向「去國族」的趨勢，提出三個做法：一、解放亞美族群的美國國族認同；二、重修亞美族群和亞洲母國的聯繫；三、改變亞美族群的美國視角，使其關懷漂泊離散的國際視野。此一「去國族」的目的在使亞美文學脫離美國認同的禁錮，從而更加關懷亞洲與國際情勢形塑亞美屬性的影響。

力脅迫而遠離家園；日美族群一直以來被視為「外僑」（alien），因〈1913年加州外僑土地法案〉（The California Alien Land Law of 1913）禁止擁有土地；原住民被貶為「土著」（Native），自十九世紀初起即因戰敗簽署多項土地割讓條款。因白人政策的催化，日美族群由成立於1942年的遷徙總局管轄，開啟西部拓荒的美國生活；同樣地，原住民由創立於1824年的印第安事務局（Bureau of Indian Affairs, BIA）管控，承受白人政府的教化（civilizing）式統治。大戰期間，日美族群在半強迫的情況下加入美軍歐洲戰場，組成二戰史上頒獲最多勳章的第442步兵團（the 442nd Regimental Combat Team, RCT）；同樣地，原住民也成群結隊加入太平洋戰爭，是所有少數族群中人口最少但從軍比例最高的。總的來說，日美族群遭致「根除」（uprooted）的命運，離散至深入美國內陸的十座遷徙營；印第安人同樣在1830年〈遷徙法案〉（The Removal Act of 1830）通過後遷移至美國西部和北部的三百多座「保護區」（Indian Reservation），過著與世隔絕的生活。

　　細觀之下，兩者不僅歷經逐出家園、喪失土地、同化政策、強制徵兵、除根文化等淒楚的命運，日裔美人和原住民還經常被視為同一民族，他們之間的相似性與替代性已然成為文學創作中常見的話題。小川樂（Joy Kogawa）小說《歐巴桑》（*Obasan*）中的女主角娜歐米（Naomi）在回憶日裔加拿大居民的遷徙經歷時，不斷地將日加移民比作是原住民，暗中指控國家用同種方式驅逐迫害加拿大的有色少數族群。從娜歐米的觀點看來，喜愛一再重遊舊地的叔叔看起來像是個印地安酋長，與環境格格不入的阿姨則像個南非的祖魯族戰士，而娜歐米自身因任教多年，經常感到工作索然乏味，只有在班上有著幾個「看似日本人」（"could almost pass for Japanese"）（3）的原住民學生時，她們偶爾流露出那熟悉的動物

般驚慌失措的神情，才會引起她的共鳴。小川樂小說將日加移民與原住民的相互指涉視作是理所當然的事，試圖將身為「外來者」（alien）的日加移民想像成是「本地人」（native）的原住民。同樣提及日美族群與原住民之間貌合神似關係的還有日美作家尾關（Ruth Ozeki）的小說《天生萬物》（*All Over Creation*）（2002）。小說中的日美混血主角由美（Yumi）常年在學校聖誕劇場演出印第安公主的角色，但學校裡並非沒有真正的原住民學生。雖然尾關小說沒有針對日裔族群與原住民之間的關係多做著墨，但是由美扮演原住民，接濟初來乍到美國、饑寒落魄的美國清教徒移民的場景，著實引人深思為何日裔美籍的女主角可以蟬連印第安公主的角色。試想，由美出任印第安公主的角色，是不是她日美混血兒的面孔，使她在眾人之中獨樹一幟，而可率領其他生態擁護者挑戰美國環境不公的現象？或者，她看似外國人的面孔，給予她扮演印第安公主的優勢，顯示她的異國風情可以取代原住民？我們還可以再追究，一旦日裔居民可以取代原住民的在地性時，後者又該扮演什麼角色？

　　如果我們假設，以日美族群為出發點的種族想像關係加劇了原住民他化現象，那麼以原住民為中心的敘事是不是就沒有問題？普韋布洛族（Laguna Pueblo）作家席爾科（Leslie Marmon Silko）的長篇小說《盛典》（*Ceremony*, 1977）中的原住民主角泰友（Tayo），低頭遵從美軍徵召的命令前往菲律賓對抗日軍，卻在死去的日本士兵的身上隱約看到他自己的叔叔的容顏，他情不自禁流露出的愧疚之情，是對日本人的認同，還是對美國的不認同？再來談談著名華人導演吳宇森執導的賣座好萊塢電影《獵風行動》（*Windtalkers*, 2002），片中將日本軍人和原住民之間的矛盾發揮至極致，透露出兩者之間的再現政治不只涇渭分明，還有更多的不可認同。電影透過美日對抗的太平洋戰爭的背景，敘述美國發明一套以納瓦霍族

（Navajo）語言為密碼的戰時通信系統，並且大量徵用納瓦霍族人投入海軍陸戰隊，培訓他們成為解碼員，降低軍事機密被日軍破解的可能性。納瓦霍人亞吉（Yahzee）入伍後，與白人中士安德斯（Enders）搭配成組。安德斯的任務除了保護解碼員不受俘虜，還須在解碼員受虜之際，搶先處死解碼員，免其落入敵軍手中，遭拷問而洩露密碼。亞吉雖是族中人人敬重的英雄，在軍隊中他卻因膚色問題飽受欺凌。有一次他在河邊洗身，暗中尾隨且不懷好意的白人士兵奇克（Chick）奚落不著衣衫的亞吉簡直就是個「日本鬼子（Jap）！」。奇克或其他白人士官對一個原住民下士充滿不屑與威脅的調侃，可以說是將白人主義中的種族「錯置」（racial displacement）發揮至極致。然而，原本企圖將原住民轉換成外國人的錯置情境，在片中有了戲劇化的轉折。亞吉仗著自己長得像亞洲人，假扮成日本兵，混入日軍竊取無線電並炸毀日本軍營。雖說片中原住民扮演著愛國英雄的角色，他們似乎也為英雄形象付出了代價，包含仇殺異族和犧牲我族利益。例如，亞吉之所以能成為「族裔英雄」（ethnic hero），一方面他的角色強化了美國一再視少數族群為外（國）人的文化霸凌（原住民解碼員還是需要白人軍官保護）；另一方面，利用國內少數族群擊退外族敵人，就如片中受感召的原住民成功地將外國性轉移至二戰期間美國頭號敵人之日本民族身上。總之，席爾科與吳宇森的作品皆將日美戰爭當作是試煉少數族群對美國忠誠度的場域，當戰爭使他們無法認同美國之際，就凸顯了自身的外國性。

的確，在眾多族群議題中，原住民的「排外性」或「不可同化性」（inassimilability）一直是受注目的問題。有奇克索人（Chickasaw）血統的學者伯德（Jodie Byrd）在她的著作《美國帝國的原住民轉驛站》（The Transit of Empire）一書中，開宗明義點出了原住民是美

國殖民經濟體制之下的首位移民,是眾多有色移民人種認同的「原型」。依她看來,「變身原住民」(going native)可看作是所有美國少數族群必經的歷程。伯德是最早提出遷徙營其實是美國政府複製印第安保護區的政策論點的人,其後不少學者也紛紛指出兩個族群之間的緊密關係。例如,在〈他者之間的親密關係〉("Alien Intimacies")一文中,亞美學者戴(Iyko Day)追究小說《旅途之心》(*The Heart of the Journey*)的日裔澳洲混血女主角丹恩(Dann)不能諒解她的日本父親之主因。故事溯及這個日本父親被關在澳洲遷徙營,無法照料澳籍原住民妻女之跨國家庭,以及女主角丹恩對父親歷經遷徙營之後遠走他鄉之哀痛。小說道出日澳混種家庭被政府遷移拆散,產生世代隔閡以及國族認同危機,大膽假設日澳跨國家庭無法團圓之悲痛是源自於歷史傷痛,尤其暗指美國帝國早已深入澳洲且分化澳洲境內的族裔關係,製造了認同危機。若是比較前述的兩位學者的論點,伯德的研究將美國殖民文化當作是種族他化的肇因,戴則引述伯德的理論來探究跨國遷徙營中的認同危機,並試圖追蹤原住民和亞裔遷移營之間的關係,拼湊出原住民作為亞裔居民出走他鄉進而在地化之前身的面貌。據此二位的研究,在我們重新檢視原住民與亞裔移民之間的族裔認同時,可以看出什麼關係?比較兩者之間的歷史和族裔論述的目的何在?一旦遷徙營敘事不再是日美族群的單一族群論述,遷徙營的記憶又會對當代的族裔理論帶來何種新意?

五

本文借重跨族裔研究的視角,探究遷徙營小說對原住民保護區的側寫和對日裔居民身分認同的描述產生什麼變化。遷徙營的敘事是否能作為印第安人發聲的途徑?如果兩個族群之關係並非伯德所

說的傳承關係，也非戴所期許的聯盟關係，而是不斷的角力和傾軋，我們該如何追溯並調停此一互不相讓的跨族裔事件，才不至於落入種族間不斷相殘的圈套？有了原住民的遷徙營歷史，又會對日裔居民帶來何種衝擊？同時是殖民者又是外來者，日裔居民的農耕文化與比鄰而居的原住民喪失土地主權，兩者際遇大相逕庭，暗示他們注定與土地建立起不一樣的情感。作為拓荒者，日裔居民開疆闢壤，佔據土地與水利資源，造成與原住民之間的對立；作為外來者，日裔居民離鄉背井，面臨相同的被殖民處境，與原住民保持友善關係。如此一來，我們可以主張，遷徙營的跨族裔敘事發展出的似敵似友的關係，牽動亞裔外來者與原住民之間的權力更迭，鬆動原本僵化的白人與有色人種之間二元對立的殖民關係。換句話說，如果我們將遷徙營文學視作是傳統的殖民論述的反思，就會發現殖民論述一直存在著白人與土著的對立關係，其中的權力關係是自上而下而且固定不變的；如今，因為日美族群的調停，原本白人與土著之間的二元關係，在外來者的第三方介入之後，三者之間的權力關係已不再是單純的由上對下的消長，而是變幻莫測的關係。正因遷徙營涉及的白人經濟、亞洲移民、原住民三者產生的三角關係和權力轉向，遷徙營脈絡之下的種族三角關係突破了種族隔閡與僵化的族裔政治，進而留下不一樣的敘事視角和關係模式。論文這部分試圖探討角畑（Cynthia Kadohata）小說《野草花》（*Weedflower*, 2006），闡明遷徙營居民和原住民之間紛擾對立的關係，思索遷徙營敘事寫出跨族群想像的可能與局限。

《野草花》以跨族裔想像為情節，訴說日裔女主角住子（Sumiko）和原住民莫哈維人（Mohave）男孩法蘭克（Frank）發展出一段似敵似友的對立。住子來自一個以種花為經濟基礎的家庭，因年幼失怙失母偕同幼弟與親戚同住，自小賣花維生的她，對環境

懷著特殊的情感。一次，住子的白人同學的母親邀請全班同學參加她女兒的生日會，她卻因亞裔血統未獲邀請，小說藉此暗斥美國種族階級帶來的不平等待遇。小說描述遷徙營的其他部分也可看出這種白人至上的社會現象。大戰爆發後，因住子的叔叔爺爺是日美社群的重要人物，警方不問是非將他們帶走，送往北達科他州的林肯堡（Fort Lincoln）嚴加偵問，造成日美居民的流離失所。不久之後，住子隨家人搬離西岸，被迫遷至亞利桑那州的科羅拉多河（Colorado River）的印第安保護區，又稱帕斯頓（Poston）遷徙營。帕斯頓座落在原住民保護區，沙漠環繞且一片貧瘠，住子和她的鄉民響應官方的號召，建立起屬於自己的農耕文化，反倒彰顯了美國的開疆關壤與獨立自主的民主價值。在遷徙營中，住子栽培的花不是嬌弱需要悉心照顧的花，而是堅忍不拔、與小說同名的野草花。野草花意味著住子自身背景的吃苦耐勞與文化傳統，同時也突顯她和原住民之間的差異。一如與白人之間的關係，日裔族群與原住民之間的關係經常取決於前者的經濟優勢。但是兩者的比較並不在於強調亞裔移民的白人化，而是凸顯美國民主價值中被扭曲的經濟移民、異族經濟化的問題，進而開發移民經濟去殖民性的可能性。換言之，本文想問，一旦我們說出日裔居民之特殊性，作為有色人種的拓荒者，日裔遷徙營居民是否能突破種族的疆界，締造出不同的民主價值？

小說一開始即暗示帕斯頓居民與當地原住民之間的特殊關係，反映在居民對荒涼陌生的西部內陸的恐懼。當其他的遷徙營被重重柵欄束縛，帕斯頓卻座落於一片一望無際、炙熱迫人的沙漠，營造出遷徙營不受拘束的假象。相較於白人管理的遷徙總局，帕斯頓遷徙營建於原住民保護區，故名義上是屬於原住民的管轄區。印第安事務辦事處（Office of Indian Affairs, OIA）的管理鬆散，被圈錮的居民易於掙脫白人的掌控。以管轄最為嚴苛的吐勒河遷徙營（Tule

Lake）為例，戰爭期間，官方畏懼日美人口日益壯大，擔憂黃種人會取代白人的勞動力，甚至在戰時成為叛國者，許多日裔社群的長老與顯貴遭到非人的拷問折磨。相反的，在印第安事務局（Bureau of Indian Affairs, BIA）的管理下，帕斯頓居民卻顯得比原住民「白」得許多，主要原因即是遷徙居民與原住民比鄰而居，前者儼然變成後者的殖民者：就環境方面而言，帕斯頓遷徙營位在寬廣的沙漠地區，居民享有更多的空間自由；就政治方面而言，日裔居民作為有經驗的拓荒者，比原住民還會利用資源。例如，小說呈現兩名白人官員的對話，對話中比較日裔居民與原住民和土地的關係。其中一人忍不住讚許「日本人的耕種技術實在一流」（"...the Japs sure have a knack for growing things."）（Kadohata 120），另一人不以為然，反擊說，原住民比日本人還聽話會做事，應該給予更高的薪酬。此一對話可以看出兩件事：作為少數族群，遷徙居民是白人眼中的他者，卻在與原住民爭奪土地的情境下成為殖民者，與土地建立起不一樣的情感。另一方面，白人的侵略使印第安人成了被剝削的一方，而日本人的到來則使他們的土地再次被佔領，造成了原住民被雙重迫害的處境。坦白說，原住民一直以來都被想像成游牧族群。原住民的不擅農耕就曾讓傑佛遜總統說出，白人佔領原住民的土地不是鎮壓，而是同化原住民的表現。沒說出的是，原住民並非不擅農耕，而是對土地懷著一種情同母子的血緣關係，而日裔居民的「入侵」對他們而言可說是二次傷害，使原住民再次成為美國殖民主義之下的犧牲品。

若以跨族裔認同為視角，《野草花》描述的日裔移民和原住民的關係十分薄弱；但若以小說描述雙方（甚至三方）各有所顧忌和堅持，《野草花》可說是有獨到的見解。小說中的原住民和遷徙居民一再面臨相同的處境，從喪失土地、驅逐出境、到集體拘禁，皆

承受著灼身的白人殖民主義的邊緣化改寫，不得不各自發展出互不相容的族裔政治。住子與法蘭克的初次對話提供了最好的例子。法蘭克在與兩位兄長巡繞土地時，遇見住子，立即充滿敵意地問：「為何日裔居民不離開，回到你們的家鄉，還我們保護區一個清靜？」（"Why don't you people go back where you came from and leave our reservation alone?"）（Kadohata 124）。作為保護區的守護者，原住民將日裔居民視作是白人的同黨，前來侵占保護區土地。故此，法蘭克會抱持著日裔居民應該歸還土地、另尋天地的心態似乎有理。然而，法蘭克語帶敵意地要求第一次見面的住子「回家去」，也可解釋成不同種族之間的暗中較勁，並要求日裔居民離開美國。法蘭克要求住子離去，看似稀鬆平常，卻是亞裔移民揮之不去的陰霾。早在十九世紀移民之初，移居美國的亞裔居一再承受著充滿歧視的問候，「你怎麼不回家」、「你來自何方」，類似的種族仇視言語將美國看作是白人的國土，亞裔居民則是「永遠的外國人」（permanent foreigners）。放在美國「黃禍」語境中，原住民將日裔居民看作是外來者，構成了另一種歧視，使美國種族歧視不單只是白人階級與有色人種之間的關係，更是有色人種與有色人種之間的互相爭鬥。

如果說原住民對日裔居民的排斥是一種先來者威信的建立，我們也可以說，從日裔族群的角度而言，遷徙營的西部拓荒史是將土地經濟化當成種族文化延續的（後）殖民作為。從亞洲移民的視角觀之，當把土地視為母親、不擅農耕的印第安人試圖趕走不速之客，農耕文化反而成了日裔居民稱據美國、落地生根的象徵。住子的花園、モト氏（Mr. Moto）的果林、其他日裔居民的良田，一再指向日裔居民雖然身陷囹圄，他們的農耕文化卻將文化深植土壤，促進文化與環境的相互融合。仔細分析，日裔居民已然將環境改造視為

種族伸張的途徑，在勞役中體現文化，種植出屬於日裔居民的文化價值，彰顯他們以農立國的角色。正如陳福仁與游素玲呼籲的「重新審視美國西南」，日裔居民透過開墾土地找到歸屬感，使遷徙營中環境與種族結合的議題重新浮現，進而能將國族認同具體寫入美國西部拓荒史中。早期學者曾指出，大自然與歸屬感之間的心心相印是環境文學的重要特色，環境改變了國家與個人認同的關係。故此，改造不毛之地的遷徙營環境使得遷徙居民成為愛民建國的拓荒者。進一步來看，遷徙營環境的美化以及經濟化，不單只是改善種族關係與環境關係，同時也是日裔居民提升其與國家權力之間的關係，使遷徙營敘事由「邊緣」文學變成「主流」文學。小說中，花園景致就說明了遷徙營成功將沙漠變成綠洲的文化力量。尤其在與法蘭克熟識之後，住子得知，在遷徙營建立之前，原住民保護區完全是一片荒原，沒有水電的供應，無法改善印地安人貧困的原始生活。然而，遷徙營的建立帶來了文明與經濟，不但改善了環境，同時也代表他們戰勝環境。小說中住子如數家珍，帶著原住民友人一個個造訪日裔居民締造出的「勝利花園」（victory garden）。這些沙漠中的盎然綠意見證日裔居民出類拔萃的拓荒能力，透過環境改造凸顯其堅忍不拔的民族性，日裔族群成了美國少數民族中唯一可冠上「拓荒者」的族群。

　　在美國殖民的脈絡下，日裔居民似乎難以逃脫取代原住民的經濟作用。小說中，送往遷徙營的日裔居民，就像是送去太平洋當兵的原住民，兩者都是殖民鞭策之下的犧牲品，幕後黑手正是美國白人殖民勢力不斷分化剝奪有色人種的結果。遷徙營背後的日裔拓荒者的故事道出的是少數族群由「移民」轉變成「國民」的殖民過程。小說中的一個場景中就提到，遷徙營的設置地點不但不為保護區的原住民考量，而且還是為取代原住民而設。當住子同意引薦她的家

人給予法蘭克和他的兄長約瑟夫（Joseph）認識，以便傳授灌溉之術和農耕技巧，約瑟夫透露，原住民事實上不同意遷徙營建築在保護區，且此一決定是部落會議投票一致反對的結果。聽聞此言，住子天真地問：「難道投票不是民主的表現？」，法蘭克的回答則是，法律規定原住民的投票是不具法律效用的，故原住民的反對並未被官方採納。此對話說明兩個種族不得不對立的情勢，縱然遷徙營建立在保護區是對印地安人的資源剝削，對官方而言，是提供了美國實現民主的契機。由住子的反應來看，遷徙營的地點與空間提供了日裔居民開疆僻壤、效忠美國契機，淡化他們有敵人血統的記憶，是一種民主的挪用。小說中的另一個場景也訴說了日裔居民取代原住民，變成保護區的主人。一聽聞法蘭克談及他的兄長在太平洋戰爭的犧牲，住子立即想起日本人是美國太平洋戰爭的敵軍，同時也觸發了日裔美國人「認同」與「不認同」美國的危機。認同了，代表住子設身處地為原住民著想，在成為盟友時，也為原住民的犧牲感到遺憾；不認同的話，她與原住民畫清界限，在當美國敵人時，不必為原住民感到遺憾。如此一來，在遷徙營和保護區交織的脈絡下，「認同」與「不認同」的問題不只是白人與日裔移民之間的問題，也是原住民與日裔居民之間的迷思。

誠然，認同的問題不只是人際關係的問題，尚涉及跨種族之間的土地爭執。少數族群論述當中，土地一直是一大問題。美國的移民政策中的異族婚姻與土地繼承的禁令就將亞洲移民敘述成非我族類，故有〈外僑土地法案〉（The Alien Land Law of 1913）的通過，間接使非白人移民喪失土地所有權；另有華裔美國人因〈白種女人通婚法案〉（The Cable Act of 1922）而被剝除國家公民權；菲裔美國人因美國撤離菲律賓的〈去殖民法案〉（The Tydings-McDuffie Act of 1934）失去留在美國的機會；原住民透過〈土地割

讓法案〉（The Dowe Act of 1887）被褫奪公權，這些法案顯示白人對土地的強取豪奪，使得亞裔居民無法安居樂業，更不可能把美國視為「家」。回到文本，遷徙營不僅使日裔居民無家可歸，原住民的「家」在日裔居民佔據之後，彷彿鳩占鵲巢，使得原住民變得更像「異己」（alienated），三者之間的關係因經濟化的移民制度而不斷惡化。小說接近結尾時，日裔遷徙居民搬離原住民保護區，兩者的關係出現轉機。時當 1942 年，政府改變政策，詔令日裔居民可選擇搬離遷徙營，以減緩勞工短缺的社會問題。住子與她的家人面臨去留遷徙營的難題，她的舅媽執意將家人搬至芝加哥工廠鄰近處，而住子則因不捨遷徙營的生活不願搬離。聽聞此事，法蘭克一掃過去對住子的成見，有感而發地說：「這世上愈多自由之身，印第安人就愈幸福。」（"The more people who are free in the world, the better it is for Indians."）（Kadohata 246）。法蘭克的這句話相當難得，目睹了遷徙營欣欣向榮的農田，法蘭克一度想要日裔居民留在保護區，協助原住民發展農耕，故欲與住子重修舊好，介紹雙方家人認識。他私心認為，日裔居民的遷入，帶來的是保護區的文明與富饒，日裔居民的留下不見得是件壞事。但是，考慮到搬離遷徙營後日裔居民可以獲得更大的自由，同時也表示印第安人可以重新伸張土地主權，法蘭克最後選擇了捍衛原住民的主權，請住子隨日裔居民離開。這個故事的發展似乎為兩個種族之間帶來了個避重就輕的結局。

六

《野草花》所描繪的跨族裔關係起因複雜，雖無法打破種族之間的隔閡，卻也帶出許多發人深省的族裔政治議題。在目前遷徙營的研究中，跨族裔認同成了學者經常忽視的課題，主要原因是大部分的學者著眼於單一脈絡、二元對立的權力關係，忽視橫向的

跨族裔與族裔內部關係議題對族裔政治帶來的反思。在《弱勢跨國主義》(*Minor Transnationalism*, 2005)一書中，語言學家李歐旎（Françoise Lionnet）與史書美（Shu-mei Shih）就提出新的橫向觀點，認為少數族群的政治面貌能夠翻轉權力的槓桿作用，從垂直的（vertical）向度改成水平的（horizontal）向度，使少數族群之間的權力關係可以多元發展（Lionnet & Shih 7）。另有亞美學者伍德堯（David Eng）從橫向理論來看種族主體形塑關係，他在〈跨國領養與酷兒離散〉（"Transnational Adoption and Queer Diasporas"）一文中，深入探討亞洲移民橫跨美洲大陸與亞洲版圖的鴻溝之下所產生的認同危機，指出不再以「稱據美國」（claiming America）為己任的亞洲移民經常介於「不認／認同」美國之間，並進一步思索亞美的身分認同危機所代表之少數族群的去國族以及去殖民現象的文化意義。縱觀這兩派學說，我們可假設：唯有透過橫向視角探討跨族裔議題所呈現的既分又合的種族權力關係，才有可能理解多元民主之理念。回到遷徙營的主題，遷徙營敘事可以掙脫二元對立的枷鎖，就在其衍生出跨種族的關係與意義。以原住民保護區為背景進行交叉檢視，日美族群的主體形塑理論與原住民的種族悍衛運動，兩者皆產生質變：拓荒經驗將遷徙居民由「外僑」轉換成「新墾民」，將悍衛主權的印第安人從「本地人」轉換成獨立自治的化外之民。遷徙營居民的由外轉內，印第安居民的由內轉外，顯示兩者之間的社會身分之互相交織是跨族裔認同之結果，更透露出美國對有色移民的控制其實就是一種殖民文化的繁殖與延展。

遷徙營和保護區重合的故事又對平反之後的日裔美國文學有什麼影響？平反運動（redress movement）之後，[4] 遷徙營的論述貌似

---

[4] 有關平反文學的興起，可見李秀娟於 2012 年刊登於《中外文學》的〈歷史記憶與創傷時間：敘述日裔美國遷徙營〉一文。

已成為日美族群立功建國的途徑。日美文學的理想是在美國領軍發聲，而遷徙營的敘事道出了日美居民的美國拓荒經歷，使日裔美國人成為少數族群中建國的重要指標。此外，平反之後，日美文學不再把訴說遷徙營的傷痕歷史當作敘事中心，而是聚焦他們成為「模範少數族裔」（model minority）的歷史地位。彷彿一旦成為主流聲音，透過少數經典文學徐徐道出切身的美國奮鬥史與光榮事蹟，就可忽視他們曾經也是（還是？）受剝削「底層」（subaltern）的一方。本文透過「種族三角關係」（racial triangulation），鬆動遷徙營脈絡之下白人階級、日美族群、原住民之間的輵輵，一則說出日美族群的種族經濟化的由來，二則點明他們與其他族群之間的互相指涉。筆者想強調的是，遷徙營的敘事不只是日美族群的「洗白」（whitening）論述，也不只是白人的殖民論述，也是其他族群的記憶。在當代的比較文學中，種族與種族之間的聯動一再呈現互相牽動、分合難捨，使得跨族裔之間的權力看似移轉，卻仍是無法跳脫權力在美國殖民主義之下的固有窠臼。而除了處理種族之間權力關係的僵化，我們是否應跳出美國的框架，試想作為一個跨國現象，遷徙營主張了什麼關係？在跨國脈絡之下，遷徙營如何寫下不同時間、空間、族群的歷史記憶？在美國之外的遷徙營如何驛動遷徙營的敘事方式？日裔遷徙營的故事包羅萬象、橫跨大洲，我們應該繼續挖掘那些尚未說出、鮮少人知的歷史，再現族裔政治中權力關係的更迭與起伏。

引用書目

陳福仁、游素玲。〈重繪美國西南：從空間詩學探討日裔美國文學裡的集中營書寫〉。《中外文學》35 卷 1 期（2006 年 6 月）：41-57。

李秀娟。〈歷史記憶與創傷時間：敘述日裔美國遷徙營〉。《中外文學》41 卷 1 期（2012 年 3 月）：7-44。

Adachi, Nobuko. *Japanese Diasporas: Unsung Pasts, Conflicting Presents, and Uncertain Futures*. London and New York: Routledge, 2006.

Day, Iyko. "Alien Intimacies: The Coloniality of Japanese Internment in Australia, Canada, and the U.S." *Amerasia Journal* 36.2 (2010): 107-24.

Eng, David. "Transnational Adoption and Queer Diasporas." *Social Text* 76, 21.3 (Fall 2003) 1-37.

Fujikane, Candace, and Jonathan Y. Okamura. eds. *Asian Settler Colonialism: From Local Governance to the Habits of Everyday Life in Hawaii*. Honolulu: U of Hawai'i P, 2008.

Hayashi, Masaru. *Democratizing the Enemy: The Japanese American Internment*. Princeton: Princeton UP, 2010.

Hayashi, Robert T., and Wayne Franklin. *Haunted by Waters: A Journey through Race and Place in the American West*. Iowa City: U of Iowa P, 2007.

Heise, Ursula K. "Ecocriticism and the Transnational Turn in American Studies." *American Literary History* 20.1 (2008): 381-404.

——. *Sense of Place and Sense of Planet: The Environmental Imagination of the Global*. New York: Oxford UP, 2008.

Jodi A. Byrd. *The Transit of Empire: Indigenous Critiques of Colonialism*. Minneapolis: U of Minnesota P, 2011.

Joy Kogawa, *Obasan*. Garden City, N. Y.: Anchor Books, 1994.

Lionnet, Françoise, and Shu-mei Shih, eds. *Minor Transnationalism*. Durham & London: Duke UP, 2005.

Lye, Colleen. *America's Asia: Racial Form and American Literature, 1893-1945*. Princeton: Princeton UP, 2009.

Lynch, Tom, and Glotfelty, Cheryll. *The Bioregional Imagination: Literature,*

Ecology, and Place. Athens: U of Georgia P, 2012.

Kadohata, Cynthia. *Weedflower*. New York: Atheneum Books for Young Readers. 2006.

Ozeki, Ruth. *All Over Creation*. New York: Penguin, 2002.

Silko, Leslie Marmon. *Ceremony*. New York: Penguin, 1977.

Takezawa, Yasuko, and Gary Y. Okihiro, eds. *Trans-Pacific Japanese American Studies: Conversations on Race and Racializations*. Honolulu: U of Hawai'i P, 2016.

Trask, Haunani-Kay. *From a Native Daughter: Colonialism and Sovereignty in Hawai'i*. Honolulu: U of Hawai'i P, 1999.

Wong, Sau-Ling C. "Denationalization Reconsidered: Asian American Cultural Criticism at a Theoretical Crossroads." *Amerasia Journal* 21.1-2 (1995): 1-27.

Woo, John Yu-Sen [吳宇森], dir. *Windtalkers* [獵風行動]. 20th Century Fox, 2002. Film.

5
從神人到牲人：
論李昌來《滿潮》的生命政治*

張瓊惠

> 沒有了你，「我」是誰？當我們跟一些形塑自己的成分失去連結之後，我們就不知道自己是誰或自己該做甚麼了。就某種程度而言，我認為因為失去「你」，才發現「我」也不見了。
>
> Judith Butler, *Precarious Life* 21

一、引言

李昌來（Chang-rae Lee）的小說《滿潮》（*On Such a Full Sea*, 2014）是個移民故事，場景設在離今天大約一兩百年後的美國，訴說中國流民逃出受環境汙染的家鄉之後，漂泊到美國尋求庇護的境遇。由於受到名為「C」的瘟疫肆虐，當時美國的人民得居住在三個管區當中：「勞工區」（labor colonies）住民的任務是耕種及養殖，

---

* 本文原以英文書寫發表，原題為 "Examining Biopolitics and Thanatopolitics in Chang-rae Lee's *On Such a Full Sea*"，原刊載於《英美文學評論》（*Review of English and American Literature*）41 (2022): 63-94。

確保農作及漁產不受汙染,小說主要的事件發生於一個以中國移民為主的勞工區「B 摩」(B-Mor);「特區」(charter cities)圍以高牆,其間居住著隸屬不同族裔但都極為富裕的資產階級,得倚靠勞工區提供的作物存活;「開放區」(open counties)則是化外之地,罪犯搶匪及各種宵小之徒在深受汙染的環境裡苟活,缺乏政府治理及法律保護。當十六歲的主人翁「小凡」(Fan)為了尋找男友「瑞格」(Reg)而離開 B 摩進入特區及開放區時,三個地區原本以界線防護所維持的平衡穩定狀態面臨挑戰。因為瑞格對 C 具有免疫力,製藥公司企圖利用他的身體去研發解藥,致使瑞格無預警地人間蒸發。再者因為製藥公司發現小凡已懷有身孕,導致她也成了有心人士追捕的目標。小說最後,小凡在許多人的幫助之下逃出魔掌,帶著眾人的祝福,有望與瑞格團聚。全書是由住在 B 摩的居民「我們」以「複數形第一人稱」(a first-person plural voice)作為敘事的觀點。

《滿潮》描繪一個人們在生態日益敗壞的環境中掙扎求生的敵托邦(dystopia),統治者施展管轄權力,以健康及安全考量為理由,規定各族群所居住的區域,並限制相關生存的權利與義務;人類的生存繫於三個面向:治理、人口及安全,而這三個面向也正是傅柯(Michel Foucault)在提出生命政治的理念時所關照的重點。[1] 傅柯如是解釋他所提的「治理」(governmentality):

「治理術」(gouvernmentalité)一詞有三個意思:(1)由制度、程序、

---

[1] 縱使傅柯本人沒有發明「生命政治」這個名詞,他在 1978 年到 1979 年之間、在法蘭西公開學術院(Le Collège de France)發表了十二場系列演講,身後經人集結成冊,於 2004 年以法文出版,書名為 *Naissance de la biopolitique*,本書並於 2008 年以英文出版,書名為 *The Birth of Biopolitics*,無疑是二十世紀開啟生命政治討論最重要,也最具影響力的著作。其實傅柯早在 1978 年的系列演講《安全、領土與人口》中就已開始討論生命政治。而 Marius Gudmand-Høyer 以及 Thomas Lopdrup Hjorth 在 2009 年為 *Michel Foucault, The Birth of Biopolitics: Lectures at the Collège de France, 1978-1979* 一書撰寫書評,詳細評比傅柯在不同階段對生命政治所作的各種陳述。

分析、反思、計算和策略所構成的總體,使得這種特殊而複雜的權力形式得以實施,這種權力形式的目標是人口,其主要知識形式是政治經濟學,其根本的技術工具是安全配置(2)。很久以來,整個西方都存在一種趨勢和戰線,不斷使這種可被稱為「治理」的權力形式日益佔據了突出地位,使它比其他所有權力形式(主權、紀律等)更重要,這種趨勢,一方面形成了一系列治理特有的裝置(appareils),另一方面則導致了一整套知識(savoirs)的發展(3)。「治理術」這個詞還意味著一個過程,或者說是這個過程的結果,在這一過程中,中世紀的司法國家(État de justice)在15世紀和16世紀轉變為行政國家(État administratif),逐漸「治理化」了。(Security 108;《安全》91)

事實上,「治理」一詞最初是羅蘭・巴特在《神話學》(Mythologies, 1957)一書所提出的,指政府之為一具意識形態的國家機器,會「藉著國家新聞局來展現其效能」(130)。傅柯在受到啟發之後觀察到:原來政府當局可以用確保人民生活福祉的堂皇名義,操弄行政力來制約人民的行為,將治理視為控制人口、製造生命的手段,是一套展示各種文化表徵的系統,因此「治理」就是一個「邪惡的名詞」(Security 115;《安全》100)。他相信政府經由諸如「選舉、教育、宣傳、態度轉向、承諾」等,就可以控制人民,尤其是關於「意見及信仰、處理事務的方法、風俗及習慣、行為及活動的模式、資格、恐懼及偏見等」(Gudmand-Høyer 106)。為了讓治理發揮效能,「安全」成了首要條件,有了安全才能讓治理

> 不再光只是確定和劃定領土,而是允許流通,控制流通,挑出好的和壞的,使它不停運轉,不斷移動,總是從一個地方轉移到另一個地方,但是要消除這種流通的內在危險。不再是君主及其領土的保障,而是人口的安全,因此也就是說,是那些被統治居住的人的安全。(Security 65;《安全》53)

傅柯相信自十八世紀以降，至少在西方社會裡，人民的生活已經進入生命政治的時代，因為政府當局「會結合其他不同的勢力，以確保人民生活福祉為由掌控所有法令及人民，以施行管理」（Rose 1）。

假若生命政治現在是如此，而未來生命政治的模式及管理範疇又會是如何？《滿潮》敘述一個人們的居住環境已經因為人類對生態的濫用及糟蹋而幾乎破壞殆盡的末日景況，治理者必須規劃疆界，讓不同經濟條件、社會地位的人口居住在高度隔離的不同區域，以保障人民的生命。在這裡，當氣候轉趨極端、環境日益敗壞時，治理者可以拿延續物種存活為理由，實施嚴厲的管理，將人民的行為及作息框限在嚴格的規範中，且沒有任何權宜的餘地。《滿潮》是一部敵托邦的小說，葛特麗（Erika Gottlieb）在《東西敵托邦小說》（*Dystopian Fiction East and West: Universe of Terror and Trail*）一書中，給敵托邦小說下了如是定義：「敵托邦小說以極權獨裁政體為主要關照的原型，呈現一個將所有人口都納入不斷考驗的社會，以集中營的要素為本質，也就是說，剝奪人民的權利，管控所有的階層，以正當化並宣揚合法暴力來坑害自己的人民」（41）。生命政治及敵托邦的視角一方面凸顯《滿潮》所呈現人民離散及生命危脆的問題，另一方面也激發讀者去思考：作為一部亞裔美國文學文本，以漂泊離散為主題，《滿潮》裡中國移民的境遇與他們十九、二十世紀的前輩從中國移民到美國的經驗有何異同之處？而種族的意涵在環境政治的論述之下又呈現出什麼樣的演進？作為一個瘟疫小說，《滿潮》揭露了人類生存中哪些危機？政治勢力與生態勢力兩造在小說中的角力又是如何？國家機器可以炮製規範人口的手段來控制環境生態嗎？作為一部敵托邦小說，一旦保障生命安全的承諾變為渺茫，政府還有何正當性來持續保有治理人民的權力？當環

境變為險惡，人類意識到未來只有越來越黯黑的同時，人類該如何面對一波接著一波的生態浩劫，繼續奔走有力？當確保安全、健康、生活榮景的努力變得越來越像薛西弗斯的神話，人們到底要採取甚麼樣的策略才得以追求永續的生命？將《滿潮》放在亞裔美國文學、瘟疫小說及敵托邦的脈絡之下檢視，會發現其共有的焦點正是人類移動與環境的密切關聯。本論文將從生命政治的觀點出發，以《滿潮》為主要研究文本，探究瘟疫時代下生命政治及死亡政治的操作，審視人類移動與環境的關係，以重新檢討我們對亞裔美國文學、瘟疫小說、敵托邦文學的評斷，以及這部小說對二十一世紀的生命政治可能提出的修正及建議。

二、生命政治與離散生活

在《滿潮》中，人類因為環境惡化而被迫移動，甚至淪落漂泊離散的境地。「離散」一詞在現今的討論中，已大大擴展並幾乎無限制地應用到各種群體、情境當中，導致意義變得模糊甚至產生爭議。因此，葛斯曼（Jonathan Grossman）針對社會科學及人文資料庫裡高度被引用的論文，以歸納推理的研究方法，有系統地進行跨學科的內文統計及分析，最後整合出「離散」的定義如下：「離散是**跨國社群**的成員（或是他們的祖先）**遷出或遭驅離原有的家鄉，**但依舊心繫故里，而且保留一種**群體共有**的屬性」（1267；原文粗體）。《滿潮》裡，B 摩的華人當初是因為逃離受汙染的鄉土才離開中國，移居到美國之後仍呈現出社群共有的文化及觀念，然而與葛斯曼的「離散」不同的是，這些華人對家鄉毫無懷舊的情愫；他們說：「大家都知道我們打哪裡來，但這種事現在再也沒有人在意了。想想，何必呢？⋯⋯那裡茶色的河流靜止不動，是一條黑烏烏的帶子。糊弄其上的是一團你幾乎聞得到的、一種氣味，一種你不

想吸進自己身體裡的氣味」（*On Such A Full Sea* 1）[2]。環境惡化導致瘟疫的流行，「防疫」因此給了當權者正當的理由，開始設定人移動的權限、施行地域區隔的生命政治管理。與他們十九、二十世紀，由於經濟拮据、政治專橫而從中國移民到美國的前人相比，B 摩的華人是因為自己造成的生態問題而必須離鄉背井。此時的中國早已變成不適人居的荒原，由於本身種下的惡因，人類讓自己淪為生態的難民，為了尋求安身之處而不得不拋棄祖先的家鄉。

《滿潮》在「領導人」（the directorate）的主事之下，人們被分配到不同的區域居住：特區留給超級富豪，生產區給勞工，而開放區則充斥著作奸犯科、四處流竄、不受管訓的亡命之徒。以人的價值高低去決定區域的分配，這是強制施行生命政治的結果。李昌來在一次訪談中坦承，他對當今貧富不均的經濟現狀感到憂心，因此寫出這種以地理區隔不同屬性人口的故事：「我擔憂這種不平衡，不管是在美國還是在其他地方，都漸漸變成我們生活裡常期的病態。我們得誠實以對──我認為大家都能感受到，社會上那些『有』的人和那些『沒有』的人，他們過的生活真是天壤之別。或者現在還有第三種人出現，是那些『甚麼都有』的人」（Lee, "The Chorus of 'We'"）。樊嘉揚（Jiayang Fan）把這種經濟觀點再推一步，提出一個整體性的批判，他說：「假如特區代表高聳的天堂，生產區就是光有系統秩序但了無生氣的地球，而開放區則是碎裂成眾多無法整治的惡土，是無政府治理的人間煉獄」（227）。再更深推一步，會發現住在特區的人過著猶如「神人」（*homo deus*）般的生活，這些享受特權、超級富裕的權貴，奢求得到如神般不死的生命。他們不計代價，希望可以對 C 病免疫：「特區裡多數的人都付得起最先進的

---

[2] 此後簡寫為 *OSFS*，中文譯文為論文作者所翻。

醫藥以及各種介入式的治療，所以極少人會因為得病而死亡。……沒有人能對 C 病免疫——沒有人——這對 B 摩和開放區的人來說是無可轉圜、必須同意的真理，但是特區的人恐怕永遠也不願接受這個事實，因為他們被無可計數的財富所蒙蔽，根本看不到真相」（*OSFS* 75, 117）。他們成了不死仙丹的追逐者。當發現來自 B 摩的瑞格竟有 C 病的抗體，「領導人」把瑞格叫了去，接下來瑞格就被消失了。其他還有許多人也類似失蹤，老少皆有，全都無預警地不見。在得知瑞格的女友小凡懷孕之後，小凡也成了有心人士綁架的目標。C 瘟疫令人聞之色變，而瑞格及小凡所擁有的基因免疫力卻讓他們成了製藥公司意圖拿來製造疫苗及解藥的獵物。整個特區就是操弄生命政治的大本營，施展天神般的治理權，誠如傅柯所提到，在現代社會裡當權者可以無所顧忌地運用「使其生，置於死」（to make live and to let die）的權力，因為「人民的生與死完全由統治者的意志所掌控」（*Society* 240）。此番可以決定人類的生存、死亡及壽命等「制約的力量」（power of regularization, *Society* 247），在傅柯看來，都是「奇怪的權力」（a strange right）。[3]

相較於特區的人過著像神人一般的日子，在開放區的人就變得宛如「牲人」（*homo sacer*）一樣，他們是被排斥、隔離的人口，法治社會裡人本該有的各種權利全都遭到剝奪，被放逐到天然環境險惡的區域當中，任由自生自滅。那裡「雜草叢生，長得又高又密，中間的空隙還經常被一些流浪漢和小偷拿來當作藏身之處。有人待的地方樹大多被砍光了，所以天氣一暖，在空氣凝滯無風的日子裡，

---

[3] 傅柯在 1975 年到 1976 年之間，發表了一系列演說，批判在文明演進的過程中所產生的權力結構及掌控系統。十一場演講之後集結出版，書名為 *Society Must Be Defended*。此書與 *Security, Territory, Population* 以及 *The Birth of Biopolitics*，公認是傅柯思考生命政治的三部曲。在 *Society Must Be Defended* 中傅柯首次討論生命權力（biopower），陳述有關規訓的權力、死亡政治、生命權力及種族等觀念。

雜草花粉臭氣沖天，讓人幾乎不敢呼吸」（*OSFS* 39-40）。阿岡本（Giorgio Agamben）認為現代社會裡實踐生命政治最標準的例子是集中營，但開放區的情境與阿岡本討論牲人裸命的狀況又稍有不同，因為開放區的人並沒有被囚禁起來；相對的，他們可以四處流竄，既無資源也無安定的居所，過著沒有尊嚴、價值的生活。至於勞工區，人們算得上是「智人」（*Homo sapiens*），因為生活還可有維持人基本生存的食物、空氣、水等等：「是啊，這裡總是有足夠營養的食物可以吃、乾淨的水可以喝，碰到特殊的節慶場合，例如婚禮或喪禮等等，食物上還有奢侈的抹醬；是啊，只要堪稱身心健全，就確保有活可以幹，既使身體狀況不好，也可以受到合理的照顧」（*OSFS* 56-57）。B 摩的祖先從中國移民而來，他們在這裡靠著一成不變的日常作息得到穩定的生活：「你若是好好想一下，會知道沒有比有個時間表還重要的事，更好的是，你完全可以照表操課；這樣的生活讓人睡得安穩，照著排班規律工作，甚至還可以吃上豐盛的一餐，最後好好享受剩餘的自由活動時間」（*OSFS* 2）。他們為特區辛勤耕殖，這種上工、下工的日常作息似乎是一種甘心情願的自我奴役表現，然而生活的無聊單調又同時指涉一種如同機器般的生存樣貌，因為「規律的作息是生活的方法，是生活的理由，也是生活的回報」（*OSFS* 190）。這些移民，按照李瑞秋（Rachel Lee）所提的觀點，是趨近於「殭化」（*zoe*-ification）的邊緣，處於即將由智人淪為牲人的地步。李的觀點亦是出自生命政治的理念，她認為「生命」（*bios*）指的是有政治價值的生命，而「殭」（*zoe*）則是指最低等、不值得受到保護的動物生命（47），任何人一旦「被降級到與昆蟲、嚙齒動物、鳥類、或微生物同一等級」，便是淪入「殭化」的地步（48）。對住在 B 摩裡的人來說，因為生態環境的敗壞、生存空間的縮小、資源的減少，以及改進生活樣態的希望日漸渺茫，

生命的歷程與殭化的歷程幾乎可以畫上等號。開放區裡「人類定居所散發出的腐臭惡氣」（15）不時提醒勞工區的人這極可能就是他們未來的命運：

> 我們不該把現在居住環境的安全和舒適視為理所當然，不該認為我們可以一直開著窗子不鎖門、沒有任何遭闖的顧慮。或許我們可以相信我們有攻不破的門戶，有固定的作息可以讓我們高枕無憂。但誰能預料，難保哪天有個不測風雲，把我們變得像隻老鼠一樣、在早已耗盡資源的路徑中苦苦覓食？（15）[4]

他們對未來並不抱任何奢望。他們說：「我們已經習慣不要想得太遠，這當然是因為長久以來過慣了太平日子所致。我們全心投入固定的生活作息，工作之外就是宅在家消磨時間」（279）。沛祈（Amanda Page）注意到 B 摩（B-Mor）這個名字裡藏著蹊蹺：「B 摩裡的人一心只想乖乖工作度日，沒有其他索求；只要不失去受保護的有限安全空間、落入開放區，他們就謝天謝地了。」B 摩的人要的不是「更多」（more），他們要的其實是「更少」。眼見環境日益惡劣的事實，能夠維持現狀已是上策（"Less is more"）。

許多學者也為 C 瘟疫這個名稱提出不同詮釋。例如范恩（Christopher Fan）就說：

> 雖然作者從沒解釋 C 這個名稱的意義，C 不只強烈暗示「癌症」（cancer），還引發諸如「衝撞」（crash）、「氣候」（climate）、「資本」（capital）、「中國」（China）等聯想。這些 C 病讓小說與現在各種「毒物論述」相結合，引用布爾（Lawrence Buell）的話，中國已經和環境浩劫、汙染外溢、中毒、末日啟示這些觀念連結在一起了。……C 病

---

[4] 另一個人類淪入動物般的景況的例子是：在開放區有個魁哥（Quig），原本是獸醫，在特區執業，專門幫寵物看病，因為發生動物瘟疫而失去了工作、沒了優渥的生活，之後竟鋌而走險，把原本用在寵物的麻醉藥賣給有錢人當安眠鎮靜劑使用，東窗事發後淪落到開放區討生活。見 *OSFS* 139。

反映當前對中國的論述，認為中國崛起讓資本勢力與環境破壞的勾結更加嚴重，任何要討論環境破壞對地球影響的人都非得提到中國不可。（680-681）

然而在決定把《滿潮》讀做是「中國威脅」的文本之前，應再三思。《滿潮》一開始便呈現了一種怪奇（uncanny）的空間觀及時間觀，也就是：昨日的中國就像今日的美國，同樣是宜人的居住環境；然而今日的中國正是明日的美國，成了受汙染的有害環境；換言之，美國與中國無異，現在即是未來。小說敘述者以中國後代的身分發言：「你可以打賭：我們現在住的地方，從前也曾經有人哀嘆抱怨過。說起來有些匪夷所思，既使我們早已看出這裡的缺點，但未來還是會有人懷念現在這個地方，說這裡是個好所在」（*OSFS* 2）。B 摩從前的名字是「巴爾的摩」（Baltimore），正是美國馬里蘭州的首府。在 B 摩的華人移民很清楚：現在的安身之處其實是被巴爾的摩市民拋棄、離開後所留下的地方，他們是因為覺得環境已經糟得住不下去才走的。所以巴爾的摩市民與中國移民離開本地本家的原因竟是相同的。哈特（Matthew Hart）斟酌 B 摩名稱的由來，他將住在 B 摩的華人與當初在巴爾的摩的非裔居民的情況相比較，分析說：「我們可以確定，華裔在被非裔丟棄的城市重建家園，住在其中戮力工作，這裡可是歷史上與奴隸和種族隔離相關的地點」（114）。哈特的評語給了兩點啟示。首先，將華裔勞工的移民經驗與非裔奴工的遷徙歷史相連結，《滿潮》訴說的不只是華裔、也是眾多美國弱勢族裔人口的故事，因此我們應該以跨越種族的思維來考量不同族群的福祉。再者，巴爾的摩在美國獨立革命的歷史上有其獨特的地理意義，讓華裔遷居在此，無疑是讓華裔戴上了「開國先驅」的光環，賦予他們「認據美國」的身分。換句話說，將華裔移民遷徙到巴爾的摩，《滿潮》其實已經超越了種族的分野，讓

華裔擁有了憲法的公民權及土地的所有權。反諷的是，在這個遷徙至美國的「成功」故事中，亞裔移民所預期的不是光明的未來，而是一個越來越幽微、越來越不適人居的有害環境。然而，來自環境汙染的威脅暴露出原來中國和美國同屬一命。這樣的思維跳脫了刻板印象，不再把中美關係侷限於冷戰對峙的敵對框架，而是將中國和美國共同納入追求人類永續生存的網絡中。

到美國後，這些移民並沒有從此過著快樂幸福的日子。而住在 B 摩的人，生態浩劫是造成他們夢想幻滅的主因。此時，我們又再次被提醒了書中所呈現的怪奇的時空概念，因為已經確知環境只會越變越壞，所以今天令人無法忍受居住的地方，明天有可能變得令人懷念，如同 B 摩的人說的：「我們祖先剛來的時候，……覺得空氣聞起來是新鮮乾淨的，像牆上畫裡那棟沒有屋頂的排屋一樣，當他們走出屋子的時候，一定大大地吸了一口氣，為從港邊吹來微微的海味深深著迷」（*OSFS* 19-20）。可居與否，實際上是主觀的判斷，而不是憑藉客觀的數據。種種敘述暗示，中國和美國同屬一命，因為兩地所遭遇的問題以及所需面對的未來完全相同。照著思子（Julie Sze）的說法，「中國其實是我們心理上的替身與分身」（26）。中國漠視環境保育及永續發展的名聲或許給了李昌來靈感，讓華人成了《滿潮》的主角[5]，然而《滿潮》批評的對象既非中國亦非美國。B 摩的華人負責、勤奮、生活井然有序；反觀特區，雖然多元族裔居住其間，但在這些有錢有勢的人身上，見到的卻是虛榮、貪婪、腐敗、甚至殘暴。職是之故，以東方主義論述來閱讀《滿潮》並非完全合適。與其將中國視為傳染病源及禍害全球的恐怖分子，

---

[5] 李昌來自承，選擇中國作為本書的場景，這個決定「反映了美國對中國崛起以及自身國力減退的憂慮，這兩項都是我關注的焦點，所以跟我自己思考的議題相吻合，也就是美國的未來、中國的影響，以及美國的現狀」（Lee, "The Chorus of 'We'"）。

《滿潮》啟發我們以不同的觀點思考，若以傅柯所觀察的新種族主義來分析，將會有不同的評斷。傅柯指新種族主義是許多現代國家都在操弄的基本權力運作。他的系列演講《必須保衛社會》（*Society Must be Defended*）指出現在的種族主義有一種新的政治面向：

> 在權力承擔生命責任的領域引入斷裂的手段，是應當活的人和應當死的人之間的斷裂。……簡單說，就是在生物學領域內部建立生物學類型的區分。這將導致權力把人口當作各種族的混合體來對待，或更精確地說把它承擔責任的人分為次集團，它們就是種族。（*Society* 254-255；《必須保衛社會》194）

傅柯還說：「種族主義保證了生命權力經濟學中死的職能，根據他人的死亡就是對自己的生物學鞏固的原則，因為我是種族或人口的一部分，因為我是活著的多樣的統一體中的一份子」（*Society* 258；《必須保衛社會》196-197）。以傅柯的新種族主義來看《滿潮》裡的生命政治，會發現血統無法決定命運，膚色相異不再是關鍵，因為族裔政治已經被生命政治取而代之，成為統治的原則。派特森（Christopher Patterson）和張依蘭（Y-Dang Troeung）在他們的論文中指出，《滿潮》是一部亞裔離散推理小說，未來以「後種族」的感性來評斷人類將成為主流，而《滿潮》「對於種族屬性的關切，著重在純粹亞裔美國主體的意圖較輕，專注在超越種族、族裔、國族疆界的創傷暴力、剝削以及權力結構的部分較重」（75）。因此，只要環境惡化的趨勢無可扭轉，人類不管是神人、智人或牲人，不管是亞裔或非亞裔，最後都不免遭遇漂泊離散的命運，過著勞碌奔波、不停從一處遷徙到下一處、永遠在尋覓可居之地的生活，而這全都是為了躲避「殭化」的悲慘結局。其中的弔詭是：縱使離散成了眾人無可避免、共同的宿命，因為所有的移動都是取決於環境是否可居而定，所以凸顯出來的並不是人類自由遷徙的行動自主權，

相反的,是人類受制於環境、被迫移動的行動不自主。

三、死亡政治與危脆生活

羅斯(Nikolas Rose)在〈生命本身的政治〉("The Politics of Life Itself")一文中說,當前的生命政治是「風險政治」(risk politics):

> 二十世紀下半葉,為了將危害健康的風險降到最低,生命政治所做的事——例如環境污染的控制、意外機率的減少、身體健康的維護、兒童營養的加強等——變得不只是專注內部如健康組織及社會服務的強化,還請來專家去關注社區規劃、建築設計、教育訓練、組織管理、食物行銷、救護車的調度等等許多舉措。也就是說,風險思維成為生命政治的核心理念,早就超過一百五十年。(7)

羅斯的觀察與《滿潮》所呈現的情況相吻合,凸顯人類在不同區域所面對的各種風險。同時這些風險往往透露出政府如何介入人民的生存及死亡,引導我們去思考「死亡政治」(thanatopolitics)對人民生活的影響。事實上,當傅柯在解釋生命政治的時候,他也同時在闡述死亡政治的意義,說明當權者可以利用促進人類健康及生活福祉為名義,施行殺害個人或滅絕某一族群的權力。在《滿潮》的開放區,生活條件惡劣,不僅有極端的氣候、乾旱、饑荒,還有罪行、暴行充斥其間,得死的機率遠大於得生的機會。這些遭社會賤斥、不受法律管轄的亡命之徒,過著如同「坐監」般的日子(*OSFS* 13),沒有生存的權利,倒有死亡的選擇。在勞工區,縱然擁有保命的基本配備,死亡的意義仍頗為詭譎。其中一例是人們在家人離奇失蹤後,接到正式通知時的反應。像瑞格一樣,其他許多人也不見了。不同的是,這些人的家屬有陸續接到公部門的正式信函,通知他們:消失的人是被「*正式派遣*」("*officially dispatched*",*OSFS* 2;

原文斜體）。這個術語充滿曖昧。一者 "officially" 的意思是「正式」或「官方」；再者，"dispatch" 的意思是「被指派去執行某一任務」或「遭到殺害」，此番隱晦的意涵讓整個事件顯得更加詭異，因為失蹤的人既是被交付任務的行動者，也是被結束生命的犧牲者，是行動的主體，也是行動的客體。在生命政治的操弄之下，人類可能既是死亡政治的執行者，也是死亡政治的犧牲者，成了主體／客體合一的怪奇現象。另一件同樣令人不安的事情是，接獲正式通知之後，因為知道家人再也不會回來，家屬還正經八百地舉行追思會，一切行禮如儀，只缺了瞻仰儀容，因為沒有遺體：「進行的氛圍，一切彷彿在說，生與死向來就是不斷發生的事，不須特別凸顯他們是否有受到命令或指示去執行這些儀式，不須追究他們是否有受到強迫才同意或配合」（*OSFS* 23）。他們知道這一切都是為了要研發 C 病的解藥，家人才會遭到綁架或犧牲。面對親人的變故，他們既無抗議也沒抱怨，反而默許政府高層的作為，對親人的逝世表現漠然。這種空有形式的「偽葬禮」不只正當化政府對人民可以執行死亡的治理，還證明在死亡政治之下人命的脆弱，以及政府對人民的生命可以任意隨時予取予求的專制。

另一個表徵死亡政治的例子是關於自殺。在勞工區裡，沒有「群體免疫力」，倒有「群體自殺傾向」。生活沒有具體目標，有的只是無止盡的工作、經濟的拮据，以及駭人的瘟疫。人們必須努力避開生命的各種風險：他們日復一日工作，以避免自己變成機器；生活已是充滿意外與不幸，他們要避免淪為像老鼠之類的動物；因為人可能被利用製成藥劑，他們要避免自己變成物品。這樣的日子，對生活無力、對未來無望，難怪有人考慮要「採取毀滅性的手段」（*OSFS* 219）來「了結自己」（*OSFS* 217）。問題是，在 B 摩自殺是一件很困難的事。《滿潮》以一種怪奇的幽默口吻，解釋 B 摩的

人其實根本沒法子自殺，例如槍枝是受到管制的，人也沒有汽車可以利用來製造一氧化碳中毒，甚至想跳樓也找不到夠高的地方等等。在這裡，日子就是「一種沒有意義的生活方式」（*OSFS* 219）。這是個病入膏肓、滿是創傷的地方：「我們得承認，我們的社會，不是病得不輕，就是傷得很重」（*OSFS* 219）。癥結是，這裡沒有個人色彩，只有群體形象。外在的瘟疫威脅以及內在的心靈鬱悶，兩相交互衝擊讓勞工區壟罩在死亡的陰影下。傅柯討論死亡政治時說道，科學、醫學的進步加上新種族主義的興起，政府當局不僅有舊的權力可以「取人性命或讓人活命」（to take life or let live），還增加了新的權力可以「使人活命及讓人死亡」（to make live and to let die, *Society* 241）。瑞格及其他失蹤的人，都是為了製造解藥而被取走了性命；而那些不想活的人因為得繼續貢獻勞力，反倒被剝奪了死亡的權利而過著雖生猶死的日子。在這樣的社會裡，死亡政治證明了：是生、是死並不是個問題，而是個當權者所下的決定。這樣的生命樣貌，完全符合漢娜・鄂蘭（Hannah Arendt）對納粹集中營的描述，認為科學已經幫助極權政治「達到全面統治的權力效應，將強迫性勞動和大量生產做了最極端的實踐，……更可怕的是，『人類』被化約成一成不變的樣態，成了失去所有人類標記──像是『自由』、『自發性』、『個別性』、『團結』等──的生物性存在，人類（如果還算人類），隨時可以被替換、被丟棄，顯得可有可無」（黃涵榆 311-12）。[6] 在《滿潮》，被政府消失的人口是在法律上已

---

[6] 其實鄂蘭在〈我們難民〉（"We Refugees"）一文中，便以半感嘆、半嘲諷的口氣，論及一些遭到納粹欺壓，逃離原鄉，移居到歐洲各地的猶太人以及他們的集體自殺傾向，說這些難民總有一種不太對勁的樂觀，認為那些自我結束生命的人值得別人為他們高興，因為可以就此脫離苦海。但是鄂蘭也說，自殺的人執行的是一種「負面的自由」（"negative liberty"），他們擺明了在說：生命不值得活下去，他們也不值得得到世界的庇蔭（268）。

被除籍、但生死未卜的「死活人」，而登記有案、但不想活命的勞工區人口則是苟延殘喘的「活死人」。「偽葬禮」與一成不變的日常作息一樣，都是儀式，都是虛空，呈現人如何從智人淪為牲人的境遇。

在《滿潮》，人不管住在哪一區，生命都是危險脆弱的。在特區，殘酷的社會競爭及駭人的瘟疫讓人無一刻鬆懈；勞工區的人有殭化的威脅；而開放區的亡命之徒則因為人為的或自然的險惡而鎮日惶惶不得安寧。巴特勒（Judith Butler）有兩本書陳述她對生命危脆的看法，分別是《危脆的生命：哀悼與暴行的力量》（*Precarious Life: The Powers of Mourning and Violence*, 2004）以及《戰爭的框架：生命何時可以得到悲憫？》（*Frames of War: When Is Life Grievable?*, 2009）。依巴特勒之見，沒有人獨立生存：「危脆的狀態暗示在群體中生存，也就是說，一個人的生命總是操之在別人手中」（*Frames* 14）。因此，「生命的本質是危脆的，在刻意或不小心的情況下，可以一下子就被刪除了。沒能保證可以永遠存活。某種程度而言，所有的生命都是如此，別想有例外，當然若是幻想就是另一回事，特別是軍事上的幻想」（*Frames* 25）。關於危脆的光景，她解釋：

> 危脆是政治因素所引起的，其結果就是某些人口會因為失去了社會經濟連結的奧援而陷入困境，以不同程度受到傷害、暴行及死亡。這些是遭遇疾病、貧窮、饑餓、流離失所的高風險人口，暴露在暴力之下，完全沒有任何防護。危脆還有一個特點，由於政治因素而引起的最嚴重的危脆狀態，就是那些暴露在國家專斷暴力之下的人口，這些人多半沒有其他選擇，只能向對他們施暴的政府求助。換句話說，他們向政府尋求保護，保護他們不受政府的暴力。（*Frames* 25-26）

柯爾（Alyson Cole）延續巴特勒的闡述，她說：

> 危脆是用不安全性、可替換性、無關緊要、用完即丟的一次性等等，讓

我們功能停擺的狀態⋯⋯危脆表示因為無法定居下來而永遠處於動盪不安的狀態,是一種不眠不休地在移動,但卻「老是傾斜或向下沉淪,而無法向上提升的尷尬狀態」,⋯⋯這些不停改變方向的流動讓主體性變得支離破碎、四散紛飛、四分五裂,跨越了、也改變了界線。(78)

換言之,危脆的生命代表的是精神或身體都沒有安寧穩定,既無安全也無防護,只有憂慮及恐懼,是非常脆弱的生命樣態,因此岌岌可危。雖然巴特勒觀察的重點是戰爭情境中的危脆生命,但所敘述的樣貌完全符合人類遭遇環境浩劫時所呈現出來的狀態,因為兩者都可能導向人類生存的終結。在《滿潮》中,危脆因生活中極為不自然的時間觀及空間觀而暴露出來。在時間方面,過去與未來都是疏離的,因為過去是無法再繼續忍受居住、不堪回首的家園,而未來既不可知,也未可待,下場就是人們被困在當下,因為階級的隔離、焦慮與躁動,以及無所適從而惶惶不安。在空間方面,人們從一處游移到另一處,不是為了尋覓更好的住處,而是為了逃離無法忍受的居所。這種移動不是象徵行動的自由,而是暴露人類如何受制於環境而缺乏自主權。此時人類,如史坦丁(Guy Standing)所說的,已經變得危脆(precariatised),意為:「完全受制於各種壓力以及讓生命變得危脆的各種經驗,只能活在當下,沒有穩固的身分,既使透過工作或是生活型態,也不覺得未來有任何發展的可能」(16)。在《滿潮》中,危脆是受到瘟疫的激化,在遷徙、健康、預防疾病、分化、以及勞役配置等脈絡中產生的,這個敵托邦世界預告未來即將由死亡政治來統轄治理,生存或死亡非由人民的自由意志去決定,而是由當權者主宰生殺大權。

四、危脆生命與傳講生活

巴特勒認為「危脆」讓我們看到有些人的生命是被歸屬於「可

毀壞」（destructible）、「可犧牲」（lose-able）、且「死不足惜的」（ungrievable, Frames 31）。為了要避免人命淪落到危脆的田地，巴特勒提議我們應該好好想想「我」的本質，或者更精確地說，想想「我們」的本質。她一直強調人與人之間應維護相互依存的關係，因為我們的主體建構裡本來就有與生俱來的群體性。她說「危脆暗示我們本來就是群居的，也就是從某種意義來說，一個人的生命總是掌握在其他人手裡，這是事實」（Frames 14）。她又說：

> 沒有生命不是由各項支撐生活層面的種種狀況所組成的，而這些狀況全都與社交、群居相關，為的不是要建構個人單獨的本體，而是建立人與人之間相互依賴的關係，包含去建立能維繫、再製各種社會連結的關係，以及廣泛來說，跟環境及人以外的生命形式建立連結的關係。（Frames 19；粗體後加）

巴特勒所關懷的生命樣貌，已開始延伸到人以外的生物，以及生物以外的無生物的範疇。此外，她認為縱使危脆讓我們體認到生命本質的脆弱以及生活缺乏安全感，危脆也啟示我們建立互通互聯（interconnection）的必要，而且這個網絡不能只納入人類。霍格（Emily Hogg）和賽門森（Peter Simonsen）觀察到危脆的矛盾模棱（precarity's ambivalence）：「正因為大家覺察到缺乏安全感是眾人的遭遇且最終無可避免，這樣才有可能與他人創造出新的社群樣式」（6）。因此，互通互聯是建構在了解生命危脆的認知上的，危脆是威脅，但可以是轉機，是詛咒，但也可以化為祝福。

以建立互通互聯來對付危脆，這樣的策略解釋了為何《滿潮》以「複數形第一人稱」作為敘事的觀點。小說的敘事者是「我們」，是 B 摩一群未具名的居民，為讀者報導了世界瀕臨崩潰的景況，也讓小凡冒險犯難的事蹟成了眾人奔相走告的傳說。李志恩（Ji Eun Lee，音譯）稱這樣的安排「確認了離散社群總會漸漸發展出與歷史

相連的群體意識」的現象（221）。《滿潮》全書都是經由這個複數形第一人稱的視角來告訴讀者發生的事件，在這個集體敘事者的眼中，小凡是他們的楷模，是末世世代的希望。《滿潮》的主角是小凡，但主體是這群無名無姓的 B 摩居民，因為主宰整部作品的意識並非出自小凡，而是「我們」。這個盡責的敘事者，不僅努力報導小凡的行蹤，在資訊未能及時更新的時候甚至會用自己的想像將斷訊缺漏的部分添補起來：「我們不得不用已經知道的訊息去把故事建構起來，我們並非憑空捏造或存心造假，而常常是基於我們對她的殷殷期盼，還有對自己的期許」（*OSFS* 38）；「我們不得不加一點我們自己特有的想法，這裡修一點，那裡變一些，有時要是感覺強烈一點就改得更多」（*OSFS* 243-44）。對 B 摩的人而言，傳講小凡的故事是他們為悲慘無聊的生活創造意義所採取的行動，而小凡和瑞格的愛情故事更是支撐他們活下去的力量：「大家都說，見到這對小情侶的畫像讓我們對未來燃起希望，激起的熱情讓我們相信我們可以翻過高牆，甚麼障礙都不怕」（*OSFS* 27）。「我們」非常清楚：他們傳講小凡的故事不是為了她，乃是為了自己：

> 在一個社區當中，為什麼某件事或某個人的經歷會變成傳說的事蹟？……我們會注意這些成就的歷史意義是甚麼，思索其中的光榮事蹟，我們自然想了解這些事可以展現我們這些人那些最佳的優點……所以在面對緊急狀況時，我們不會焦慮，而是懷抱希望。希望在生活日漸拮据之時，我們可以學到該做甚麼。像是再開拓出下一個新地方，再有下一個選擇，永遠能有下一個。而且偶爾的偶爾，我們會想，我們跟小凡一樣自由。（*OSFS* 215; 226）

換言之，在 B 摩的人，他們說故事，因此存在。創造故事以及傳講故事讓他們得以抗拒危脆、反轉一個敵托邦的境況，把危脆的生活變為「有潛能可以形塑一個不受制於人的群體存在，挑戰當

前處處受到限縮、破壞、令人無法忍受的生活」（McCormack & Salmenniemi 4）。故事傳講不僅展現了敘事的力量，也呈現了故事作為見證文本及抗議文本的社會意義。《滿潮》以複數第一人稱的敘述角度來證明：若想在似乎無望的敵托邦世界存活，靠個人的能力是沒有辦法成功的，集結群體的力量才是正途。

在人們不斷遷徙、漂泊的脈絡下，《滿潮》裡說故事的人宛如史詩時代的吟遊詩人，而且他們不僅訴諸於口耳相傳，還藉由圖像來記錄、傳揚小凡與瑞格的愛情故事。自從小凡離開 B 摩去尋找瑞格之後，人們開始以塗鴉的方式畫出他們的行蹤及遭遇，各種有關小凡與瑞格的故事以「打游擊」的方式「在 B 摩各地的牆面陸續浮現出來」（OSFS 248），而且逐漸變成大家在 B 摩散步時所殷殷期盼看到的事物。不僅如此，人們還會不斷塗去舊有的圖樣、畫上更新的故事。李昌來在一次訪談中說：「跟小凡來自同一勞工區的人發現，他們可以經由這些壁畫還有其他公共藝術的作品來發洩沮喪的情緒。我認為這是我們了解自己存在的唯一方法，……藝術讓人可以朝著所希望的方向前進、演進」（Brada-Williams 8-9）。圖像魅力最佳表現的例子就是在「賽內佳」（Seneca）特區裡、富豪凱茜小姐（Miss Cathy）所豢養的七個小女孩。這些女孩不僅給凱茜小姐作伴，也提供娛樂，而且經過整容後全部長一個模樣：「他們都有大大的眼睛，形狀全部相同，半月形對齊直線，像貝殼，不過黑一些，是棕色的眼珠子」（OSFS 242）。這些女孩的長相是依卡通人物的模樣整容出來的，沒有名字，依號碼稱呼，從一到七。然而縱使被剝奪了個人特質及自由，這些女孩卻從壁畫創作中重建個人特色。她們做了一幅高四公尺，覆蓋整個牆面的大壁畫，畫的是「她們的生活，有個人、也有一夥的」（OSFS 249）：「這幅畫是這樣的，可以反映出當時發生的事情。小凡從頭開始看，就能追蹤出她們生

活的軌跡,知道她們是何時加入,其間發生甚麼有趣或要緊的事,所以這幅畫在修改、演變的過程中就成了反映她們心靈發展的一幅錯綜複雜的地圖」(*OSFS* 255)。范恩論道:「雖然這些女孩像俘虜,她們卻認同一種後歷史的自由」(690),因為她們使自己成為時間及歷史的記錄者,以此推翻生活的禁錮及單調。這個壁畫就是她們的圖像日記,是她們用以記錄過去、登錄現在、而且避免未來遭到殭化的努力。這些女孩也彷彿是吟遊詩人,只是用的媒介是圖像而非文字。《滿潮》裡沒有「臉書」,但是這些游擊式出現的塗鴉以及凱茜小姐宛如寵物的女孩們所完成的壁畫十足就是「圖像書」,實體留下人們的歷史及意識,以對抗危脆的生命存在。

在《滿潮》中,以藝術作為記錄歷史載體的不只有圖像,還有音樂。迥異於歌頌英雄輝煌事蹟或人類傲人成就的史詩傳統,《滿潮》傳講的是人類世影響下,人們糟蹋環境生態的後果以及對未來的憂慮。然而小說也並非全然悲觀,毫無迴轉的餘地,因為李昌來在小說的書名及引言已暗示了希望之所在。本書開始時引用了莎士比亞的戲劇《凱撒大帝》(*The Tragedy of Julius Caesar*),劇中第四幕第三景勃魯托斯(Brutus)所說的話:

> 處在頂峰的我們卻會盛極
> 而衰。世事的變化猶如波浪起伏,
> 一旦趕上潮流,就能使你福星高照;
> 若是坐失良機,生命的航船就會
> 擱淺,以至於抱憾終身。我們此刻
> 正漂浮在滿潮的海洋,一定得乘著
> 潮水順流而下,否則就會使我們的
> 風險投資毀於一旦。(ll. 222-224)

這也是書名《滿潮》的由來。勃魯托斯說這段話的本意是要鼓吹

卡修斯（Cassius）把握時機、立即行動，因為拖延的後果將導致戰事潰敗及士兵傷亡。《滿潮》的第二段引文是《旅程》合唱團（Journey）在1984年所發行的一首歌：〈年輕才算〉（"Only the Young"），歌曲原是為了要鼓勵一位患了囊腫性纖維化的十六歲男孩而寫的。瑞格非常喜歡〈年輕才算〉，所以十六歲的小凡想念瑞格的時候便經常播放這首歌。[7] 歌曲中說：

在金色年代的陰影下
有一個世代正在等待黎明的到來
個個膽大強壯
勇敢接力

只有年輕的才能說
他們有相同的盼望
可自由飛去
如野火燎原

〈年輕才算〉歌頌青春純潔的歲月，展現對未來的期盼，暗示年輕的世代即將擔起大任，在最佳的時機採取最好的行動，並改變世界。這兩段書前的引文成了作者的提醒：我們現正處於人類世的滿潮，面對日益敗壞的自然環境以及難以控制的瘟疫蔓延，我們必須趁勢乘浪疾行，否則將錯失良機。而人類世的黑暗面，得寄望於年輕的世代來扭轉。

五、二十一世紀生命政治

環境與生態是《滿潮》一書中的核心概念，所以「自然」在這

---

[7] 李昌來把《滿潮》一書獻給他的三個孩子，寫這本小說的時候他有一個女兒正好十六歲，在一次訪談中，李昌來說女兒給了他靈感，而且他想要寫出一個女兒們可以認同的女主角。見Brockes。

部小說中扮演了重要的角色。在西方文學中,「自然」的形象已歷經了幾番演進。浪漫時期自然和善可親,是人類寄情山水、抒發情感的載體;維多利亞時期自然像凶神惡煞,爭強好鬥,人類宛如在自然的專制掌控下求活的螻蟻;現代時期自然多災多難,惱人不斷;從二十世紀以降,自然再也不是被動、靜態的地景,而是由各種活生生的物種集結起來、複雜好動、對人類生存有著基進影響的綜合體。黃涵榆在《閱讀生命政治》一書裡,檢視生命政治在二十世紀所經歷各階段的發展,以評論人與自然的關係。他認為在 1970 和 1980 年代,學術研究「界定的政治就是統御自然或順應自然發展,也因此沒有什麼討論政治建構和變革的空間,這無疑是第三波生命政治論述的侷限」(16)。《滿潮》在二十一世紀初出版,此時故事中的人類再也無法好整以暇、琢磨到底要馴化自然還是放任自然。相反的,人惶惶如落魄世界盡頭的遊民,時時煩憂自身的安全,導致確保生存策略成了首要課題。因此要處理黃涵榆所提第三波生命政治的侷限,勢必要將人類所處的自然及生態納入考量,並且關注到環境倫理的面向。

當巴特勒呼籲我們要跟環境及人以外的生命形式建立連結的關係時,已點出「互通互聯」的觀念不該只應用在人與人之間,也應該延伸到人與自然之間。這點在麥克梅(Donna McCormack)和薩孟米(Suvi Salmenniemi)的研究中有特別強調;他們在〈危脆與自我的生命政治〉("The Biopolitics of Precarity and the Self")一文中讓傅柯的生命政治與巴特勒的危脆生命進行對話,指出:

> 危脆生命把我們藉以生存的方法和需要都暴露出來,還有基本說來我們就是非得仰賴他者不可的事實,這些必定會促使我們重新檢討我們與他者的關係。因此,這不光是關於我們身為人的條件是如何,更是關於我們應該如何透過人與人之間、人與環境之間、人與動物之間、

以及人與其他所有任何事物之間的關係,思考我們的倫理責任。(6)

麥克梅和薩孟米聲明,互通互聯的網絡不僅是串接人與人,也連結人與環境,以及人與環境中的其他生物。所以人類若要善盡對環境的倫理責任,首先必須清除以人為中心的獨斷思維,並且將人與非人、生物與非生物、本地與外地,全數納入解決問題的行動網絡中。人類因為病毒所引起的瘟疫而惶惶不安,但同理,環境也因為人類所造成的汙染而面目全非。職是之故,假若我們可以翻轉人類與自然主、客體的關係,將人類對環境的濫用視為人類帶給自然的大疫,那麼我們的抗疫之道,就不只是處理「人類染疫」的問題,同時也要改善人類世以來人類文明讓「自然染疫」的問題。《滿潮》探究瘟疫時代下生命政治及死亡政治如何操作,生態浩劫如何讓人類從智人淪入牲人的處境,以及在人類世裡,人命的危脆以及無止盡的離散漂泊如何可能成為人類永世的命運。假如這不是我們所樂見的未來,那麼生態環境意識就應該是二十一世紀的生命政治論述在第三波之後所不可或缺的一環。

《滿潮》是一部離散文本,但並非亞美離散,而是全人類離散的故事,正如李昌來在一次訪談中說:「這不只是中國——在這本書裡,其實所有國家都是這樣」(Wong)。從亞裔美國歷史的面向觀察,十九、二十世紀時,華人由於經濟拮据、政治專橫,不得不拋棄祖先的家鄉從中國移民到美國,成了離散的子民。在《滿潮》,由於環境的敗壞以及瘟疫的蔓延,不僅中國已不適人居,更暗示美國也將重蹈中國的厄運,讓人類成了生態難民,為了尋求安身之處而不斷移居。觀察《滿潮》所提出的遷徙模式,會發現瘟疫重新界定了人類移動的意義,與其說是為了追求更好的環境,倒不如承認人是為了逃離難以存活的現狀。

《滿潮》是一部敵托邦文學。所有敵托邦文學的起心動念都是

對於現狀的不滿,即使《滿潮》的場景設在未來,但它所批判的對象是一個當今的世界,訴說的是一個眼前已經在發生的故事。李昌來在一次訪談中已明示:「所有的移民小說都是敵托邦小說」(見Kachka)。而從亞裔美國文學的面向觀察,亞美文學在 1970 年代,因為弱勢族裔論述及多元文化主義的推波助瀾,一時眾聲喧嘩,文壇豐沛的創作帶動學界熱烈的評論,讓亞美文學正式進入美國文學經典的殿堂。當時激發亞美文學生產的主要動能,與移民經驗、種族扞格、性別歧視、文化差異密切關聯,而敘事風格則多為寫史、寫實,少以未來、奇幻的素材呈現。因為怪奇的時間觀及地理觀、主體／客體合一的現象,《滿潮》明顯超越了亞美文學固有的文學內涵,雖然仍是處理移民問題,仍以亞裔為主角,但其社會與政治脈絡已經轉換成傅柯所稱的新種族主義時代,由生命政治取代族裔政治成為治理的原則。早期的中國移民被限制在美國唐人街活動,同樣的這些後期的移民也被管控在勞工區裡,一樣都是社會的邊緣人口。早期的移民是因為恐華情結或恐外情結而遭受歧視、孤立、隔離,也就是因為種族的緣故;然而《滿潮》的移民被侷限在勞工區是因為生命政治的治理,讓他們成了為有錢有勢階級服務的勞役。歧視的根源非關膚色,而是端看人的經濟能力,而觸發這種新式歧視霸權的正是瘟疫危機,畢竟瘟疫及環境污染對所有的人都會一視同仁,無分種族。

在生態危機以及環境批評的啟發下,《滿潮》指出人與自然的關係早已非關馴化或是放任,因為這樣的觀念沒有跳脫人類中心主義的高傲姿態;環境的問題不是只牽涉到當下,因為這樣的視角顯露出人類急功近利的態度,沒有顧慮到未來會造成的後果以及對後代人類的影響;生態的危機也不只是影響到部分區域或特定族裔,因為這樣的思維凸顯本位主義的偏頗,沒有體認到人類生命危脆,

且共屬一命。《滿潮》書寫自然對人類文明的反撲,環境的一切,舉凡空氣、水源的嚴重汙染、口蹄疫、禽流感,以及無法診斷的神祕傳染病等,已成所有階層人類無法免除的日常。《滿潮》對環境的關照,跳脫了亞裔美國文學固有的範疇,更新亞裔美國文學的核心議題,超越寫史、寫實的層面,再探文化差異及移民經驗,指出人類與環境同體共生的事實,具體將自然及生態納入了第三波生命政治的考量。因此在第三波生命政治的治理中,人類與自然將重新定位,所有生命╱無生命、自我╱他人、現在╱未來、此地╱他地、甚至生命╱死亡之間將不再是壁壘分明,而巴特勒所提的「互通互聯」將成為我們的重要提醒,誠如她所說的:「我認為因為失去『你』,才發現『我』也不見了」(*Precarious Life* 21)。

引用書目

米歇爾・傅柯。《必須保衛社會—法蘭西學院演講系列，1976》。錢翰譯。上海：人民出版社，2010。

米歇爾・傅柯。《安全、領土與人口—法蘭西學院演講系列，1977-1978》。錢翰、陳曉徑譯。上海：人民出版社，2010。

莎士比亞。《居里厄斯・凱薩》。汪義群譯。台北：木馬，2003。

黃涵榆。《閱讀生命政治》。台北：春山，2021。

Agamben, Giorgio. *Homo Sacer: Sovereign Power and Bare Life*. Trans. D. Heller-Roazen. Stanford: Stanford UP, 1998.

Arendt, Hannah. "We Refugees." *The Jewish Writings*. Ed. Jerome Kohn and Ron H. Feldman. NY: Schocken, 2007. 264-74.

Barthes, Roland. *Mythologies*. 1957. Trans. Annette Lavers. NY: Hill & Wang, 1987.

Butler, Judith. *Frames of War: When Is Life Grievable?*. London: Verso, 2009.

——. *Precarious Life: The Powers of Mourning and Violence*. London: Verso, 2004.

Cole, Alyson. "Precarious Politics: Anzaldúa's Reparative Reworking." *Women's Studies Quarterly* 45.3 & 4 (2017): 77-93.

Fan, Christopher T. "Animacy at the End of History in Chang-rae Lee's *On Such a Full Sea*." *American Quarterly* 69.3 (2017): 675-96.

Fan, Jiayang. "New America and Old China in Dystopian Novels." *Virginia Quarterly Review* (2014): 227-30.

Foucault, Michel. *Security, Territory, Population: Lectures at the Collège de France, 1977-78*. Ed. Michel Senellart. Trans. Graham Burchell. New York: Palgrave MacMillan, 2007.

——. *Society Must Be Defended: Lectures at the Collège de France, 1975-76*. Trans. David Macey. New York: Picador, 2003.

Gottlieb, Erika. *Dystopian Fiction East and West: Universe of Terror and Trial*. Montreal: McGill-Queen's UP, 2001.

Grossman, Jonathan. "Toward a Definition of Diaspora." *Ethnic and Racial*

Studies 42.8 (2019): 1263-82.

Gudmand-Høyer, Marius, and Thomas Lopdrup Hjorth. Review of *Michel Foucault, The Birth of Biopolitics: Lectures at the Collège de France, 1978-1979*. Ed. Michel Senellart. Trans. Graham Burchell. *Foucault Studies*, no. 7, September 2009, 99-130.

Hart, Matthew. *Extraterritorial: A Political Geography of Contemporary Fiction*. NY: Columbia UP, 2020.

Hogg, Emily J., and Peter Simonsen. "The Potential of Precarity? Imagining Vulnerable Connection in Chris Dunkley's *the Precariat* and Amy Liptrot's *the Outrun*." *Criticism* 62.1 (2020): 1-28.

Kachka, Boris. "Pigging Out with Writers Gary Shteyngart and Chang-rae." *Vulture*. 7 Jan. 2014. Web. 20 Jan. 2022.

Lee, Chang-rae. Interview. "Chang-rae Lee on His Tale of Migrants from an Environmentally Ruined China." By David Wong. *New York Times*. 23 May 2013. Web. 24 Oct. 2022.

——. Interview. "The Chorus of 'We': An Interview with Chang-rae Lee." By Cressida Leyshon. *New Yorker*. 6 January 2014. Web. 20 Mar. 2021.

——. Interview. "Interview: Chang-rae Lee." By Emma Brockes. *The Guardian*. 18 Jan. 2014. Web. 20 Mar. 2021.

——. Interview. "On Such a Full Sea of Novels: An Interview with Chang-rae Lee." By Noelle Brada-Williams. *Asian American Literature: Discourses and Pedagogies* 7 (2016): 1-15. Web. 27 Jul. 2021.

——. *On Such a Full Sea*. NY: Penguin, 2014.

Lee. Ji Eun. "Collective 'We' and the Communal Consciousness of Diaspora Identity in Chang-rae Lee's *On Such a Full Sea*." *American Studies* 37.2 (2014): 217-40.

Lee, Rachel C. *The Exquisite Corpse of Asian America: Biopolitics, Biosociality, and Posthuman Ecologies*. NY: New York UP, 2014.

McCormack, Donna, and Suvi Salmenniemi. "The Biopolitics of Precarity and the Self." *European Journal of Cultural Studies* 19.1 (2016): 3-15.

Page, Amanda M. *Understanding Chang-Rae Lee*. South Carolina: U of South Carolina P, 2017.
Patterson, Christopher B., and Y-Dang Troeung. "The Psyche of Neoliberal Multiculturalism: Queering Memory and Reproduction in Larissa Lai's *Salt Fish Girl* and Chang-rae Lee's *On Such a Full Sea*." *Concentric: Literary and Cultural Studies* 42.1 (March 2016): 73-98.
Rose, Nikolas. "The Politics of Life Itself." *Theory, Culture & Society* 18.6 (2001): 1-30.
Standing, Guy. *The Precariat: The New Dangerous Class*. London: Bloomsbury Academic, 2011.
Sze, Julie. *Fantasy Islands: Chinese Dreams and Ecological Fears in an Age of Climate Crisis*. Berkeley: U of California P, 2015.

6
「霧霾人生」：
穹頂之下的生命反思*

張嘉如

一、前言

柴靜在 2015 年的《穹頂之下》紀錄片裡帶著歉意地談到，身為一名環境記者，卻未能正確認識到，霧霾是導致 2004 年北京首都機場班機嚴重延誤的主因。對此「霧非霧」天氣現象認知的猛然一悟，可以視為「人類世」醒鐘時刻之一。[1] 也就是說，工業文明下產生的霧霾已開始讓人類切身意識到其自身活動對地球、海洋或大氣層系統帶來的深刻變革。空氣，此為萬物賴以生存的基本元素，也因其大規模人為變異，進軍中國現代性話語。當代霧霾意識進入大眾媒體成為公共話語，如網路上大量的霧霾橋段和笑話，在文化領域也促發了所謂的「霧霾藝術運動」，許多作家、視覺藝術家、表演藝術家，甚至搖滾樂團也都加入行列，幫助提高霧霾毒物意識（toxic consciousness），如搖滾樂團《鳥撞》的〈藍〉歌詞裡呈現對霧霾的

---
* 原文刊載於《中國現代文學》36 期：7-28。
[1] 「人類世」（Anthropocene）一詞最早在 1980 年代由美國生物學家 Eugene F. Stoermer 提出，後來由諾貝爾獎得主、大氣化學家 Paul Crutzen 將之普及化。基本上，「人類世」為一地質概念，認為人類活動已導致地球進入一個新的地質年代。

不滿與批判。同時，未將霧霾以科學認知方式來對待的民眾，往往成為眾矢之的批評、嘲諷的對象。當前中國空氣污染所衍生出來的「空氣話語」（air discourse）呈現出一個科學主導的現象。不以科學認知空氣的民眾多半被視為無知、落後，甚至是不文明的愚民。本文所探討的擁抱「霧霾人生」的民眾即屬此類。所謂「霧霾人生」，就是以一種非批判式、甚至是審美的態度來面對霾，並沒有特別把霾當作特例恐慌事件，讓它主宰日常生活的作息。此類奉持「霧霾人生」的民眾在面對空汙或霾這個「超級物體」（hyperobject）之際，多半呈現出一個超然「霾」外的態度。

此「霧霾人生」與下面將會提到的「霧霾前衛藝術」呈現一個對比。霧霾前衛藝術屬於菁英文化之範疇。這裡的「菁英文化」指的是具有環保、科普意識的中產階級份子、藝術家、作家們所生產出來的文化話語。他們的霾藝術創作動機多半出於一個批判和行動式的，將藝術媒體作為一個提高環境保護意識的媒介。不同於菁英份子的霾批判意識，抱持「霧霾人生」生活態度的民眾則傾向於非批判式的審美態度來面對霧霾天候事件，並將自己的生活融入其中，如在霧霾天打太極拳。這裡首先可以探問的是，對霧霾的豁達態度背後之正當性，除了蓋棺論定認為這些過著無視霧霾存在的人們只是一群缺乏毒物意識的愚民，必須不斷繼續用科普宣導來加強霾的科學式認知。本文想探究的是，不管此「霧霾人生」態度背後是否帶有「霧霾阿Q」的精神勝利法意味（如藉由吸霾或霧霾天在戶外運動來以毒攻毒地增強抵抗力），「霧霾人生」背後是不是還反映出某種被現代性壓抑下來的、更深層的集體文化無意識？此集體文化無意識在當前霧霾現代性話語下代表著什麼意義？本文以此「霧霾人生」現象作為一個「霧霾文化研究」的個案來思考「霧霾現代

性」[2]裡面的反現代性內涵,以及建構一個超越科學式的生態話語的可能性。

無疑地,當前的空污議題是全球、跨國環境的話語,理當從公共健康和環境正義等面向來審視,認可其科學話語和霧霾生態批評應用之正當性。[3] 調查研究也顯示出大多數中國人事實上非常關心環境議題,尤其是嚴重危及呼吸健康和日常生活作息的空污問題(Harris 2014)。因此,西方生態批評自有其正當性。從一個西方生態批評視角來看,擁抱「霧霾人生」的民眾正好可以拿來當作 Timothy Clark 所闡述「再現危機」的例證,因為像 PM2.5 這樣肉眼無法看見的「毒物」是無法經由感官經驗無法感知到的,因此環境危機同時也是再現(或感官經驗)的危機(2013: 19, 23-24)。[4] 這裡,我們可以將「霧霾人生」的現象(也就是在霧霾天裡打太極拳或慢跑)視為視覺再現危機。事實上,華人的生態批評研究普遍把西方批評理論當作一個普世批評範式(paradigm),將其應用在華人文學或文化研究上。雖然此般西方生態批評的應用在一個全球環境危機的語境下有其合法性,然而,華人生態批評學者們在運用西方生態批評論述之際,鮮少回歸到東方主體,對西方論述進行一個後設的批判或辯證,或者去思考西方論述背後隱藏的以西方主體出發的假設、種族中心主義,以及其他論述盲點。對此東方批判聲

---

[2] 「霧霾現代性」一詞為國立中興大學林建光教授在閱讀初稿時提出,在此銘謝。

[3] 例如,Ralph Litzinger and Fan Yang 從中國視角探討全球語境下的「中國霧霾論」。詳見 Ralph Litzinger and Fan Yang, "Eco-Media Events in China: From Yellow Eco-Peril to Media Materialism." Edited by Chia-ju Chang, *Chinese Environmental Humanities: Practices of the Margins*. New York: Palgrave, 2019, 209-236。另外,還有一篇研究指出,南韓的霧霾不能全部歸罪於中國,全球氣候變遷也加劇霧霾的嚴重性。詳見 John Eperjesi, "Fine dust and fossil capital in Korea," *Climate and Capitalism*. May 16, 2019。

[4] 對於氣候變遷如何成為一個文化再現的危機,參見 Timothy Clark, "The Deconstructive Turn in Environmental Criticism," *symploke* 21, 1-2 (2013): 19, 23-24.。

音或主體性缺席的問題，本文欲另闢蹊徑，與其將再現危機、活力物質、毒物意識、慢暴力、超級物體、生態含混等這些西方物質生態論述直接套用在中國「霧霾人生」文化現象的分析上，我嘗試從一個非西方、後殖民的生態視角來切入，進而建立一個超越（不是拒絕）西方主流科學式的生態批評論述。霧霾引發的文化現象邀請我們在科學認知的前提下，去探索其他認知空氣的可能性，以及思考「霧霾生存哲學」的可能性。如果我們將「霧霾人生」放在傳統中國的文化脈絡，或者說，放在後殖民的視角來觀察，我們不難看出一個與西方科學導向大相逕庭、被壓抑下來的生態思維與實踐。我認為，「霧霾人生」一方面可以看作是一個自發草根運動，同時，它也為當前的「生態含混」提出一個另類論述的空間（Thornber 1）。[5]最後，「霧霾人生」可視為對當今的科學思維延伸出來的「科學主義」（scientism）的批判和抗拒。

換句話說，與符合官方空污邏輯的前衛霧霾藝術相較，霧霾人生雖然違反當前的科學話語，但它所潛藏的傳統生態內涵，更能夠顛覆科技現代性宰制生命的合法性。一來，「霧霾人生」凸顯出一個非理性的美學思維，可將之視為對環境污染話語下過度強調「危機意識」（不斷提醒毒物）的反動。這裡，我們可以反思生態批評裡的「危機式」論述或修辭如何深化民眾與自然的孤離感。加上媒體傳播與渲染，此類危機式的論述加速民眾對環境（或任何）議題的恐懼和疲乏，如美國有線電視新聞網（CNN）的新聞分分秒秒地不斷以「重大新聞」（"Breaking News"）聳動聽聞的形式出現。強調環境危機或毒物的話語，雖然可以喚起民眾的環境意識，但同時

---

[5] 這裡我挪用唐麗園（Karen L. Thornber）的「生態含混」（ecoambiguity）概念，但側重從一個非環境主義式的視角來挖掘含混背後潛在的顛覆性與本土意涵。詳見 Karen L. Thornber, *Ecoambiguity: Environmental Crises and East Asian Literatures* (Ann Arbor, MI: University of Michigan Press, 2012), 1.

也容易產生訊息疲乏,進而產生生態溝通的反效果。

二來,「霧霾人生」反映出「親生」(biophilic)的生活態度與審美衝動(aesthetic impulse)。民眾藉由通過「意應物象」(objective correlative)的表述方式,(如將心境、意境投射到自然界中的一草一木,甚至是大氣現象)來抒情地表達物我相融的境界(如霧霾天賞霧或打太極拳)。這樣的美學衝動(不管是反映在視覺或是身體美學)實為對科技現代性理性秩序(如用電腦化、數位化的「應用程式」來宰制、測量、規範我們日常生活的食衣住行和呼吸)的反動。換句話說,此美學衝動是一種針對生命異化和科技化的無意識抗拒。

最後,在抗拒生命異化之餘,霾太極並非一個打著政治免疫旗號的文化活動。譬如說,Susanne Weigelin-Schwiedrzik 和 Andrea Riemenschnitter 認為「霾太極」是抵制官方空污邏輯,以及強化空汙議題的一個極有力的草根運動。「霾太極」不僅對抗西方「科學主義」,同時也對抗官方科學式霧霾警告背後的偽善態度。不管霾太極是否是對抗官方的草根政治運動,還是被官方收納成為一種宣揚中國文化的的軟實力,在世界各地大規模地霧霾天打太極拳的活動除了健康強身、宣揚國粹(如河南省焦作市委員和市政府籌劃的「一帶一路」太極拳活動)之外,它其實更弔詭地突顯出空汙議題。[6]

「霧霾人生」揭示霧霾話語裡的兩種意識和時間性:一個是當代主流科學話語下的毒物(或「霾」)意識,另一個則是被科學話語壓抑下來的、不可說的前現代「霧意識」(或「氣意識」)。後者往往被排除在當前生態論述之外。我認為,若要走出身陷囹圄的

---

[6] 我感謝 Susanne Weigelin-Schwiedrzik 和 Andrea Riemenschnitter 兩位教授在維也納大學的 "Decentering the Anthropocene" 工作坊裡為霾太極提出具有啟發性的解讀。此評論來自 Riemenschnitter 和我的電子郵件通信。

「人類世」,其方案不是更深入科技,將其視為人類文明的唯一救贖。從生態文明建設的視角觀之,當前首要之務,是重新發掘被現代人所遺忘的、以氣為道本的生態生存智慧,不讓此被壓抑的「前文化幽靈」,在當前霧霾鎖國的全球科技現代性氛圍裡,成為無法喚回的民族生態記憶。當然,本文不否定科學,或者科學家在解決「人類世問題」上所做的貢獻,本文也不是在全盤否認環境主義行動藝術家們在營造可持續性、平等、跨物種生態社區上所做的努力。而是,這樣的環境科學研究與行動藝術還需要與本土的精神生態不斷辯證,進而幫助提醒科學現代性、科技導向的永續發展意識形態的盲點。

二、霧霾意識、含混弔詭性與生態批評

雖然中國早在 1990 年代就發現霧霾,但是霧霾開始被大眾認識始於 2008 年。那年,美國大使館裡開始利用儀器持續監測北京空氣的品質,並公布當年無人所知 PM2.5 的污染指數,使得人們了解到「北京咳」(或中國咳)的元凶。霧霾也開始成為人們日常生活作息考量的環境因素。霧霾到了 2013 年, 首次成為年度關鍵詞。微博的 PM2.5 在 2011 年一月時出現兩百次,到了 2013 年一月竟出現三百萬次,北京也因而被稱為面臨「空氣末日」(airpocalypse)(Kaiman 2013)的城市。有學者指出,在 2012 年到 2013 年間,二氧化硫(SO_2)、二氧化碳(CO_2)、PM2.5 和 PM10 已成為城市和許多農村地區家喻戶曉的術語,而生態、環保等用語也廣泛出現在眾多語境下,來解釋行為對錯、文不文明、先進落後等(Hansen & Liu 2018)。由這裡的霧霾意識,我們可以看到現代性之下被壓抑的自然(也就是空氣)重新以一個無法感知到的化學符號形式和抽象的科學話語出現在文化和日常生活裡。對 PM2.5 和 PM10 的認知彷

佛成為一個現代性流行指標。

對霧霾的科學認知自當無可厚非。霧霾的產生與石化能源（尤其是煤炭）有密切關係。它既是能源、環境議題，也是極端氣候、全球暖化議題。從開採和煤礦井排放出的煤氣、煤矸石（也就是採煤隨之產生的廢石）自燃所造成的溫室氣體，到燃燒煤炭的過程中無不是造成空污的原因。霧霾的產生除了與人口密度、都市化、重工業等有關，也與非人為因素有關（如地形、氣候和季節等）。如北方冬季的煤炭消耗增加，加上其他各種因素如濕度、地勢所造成的大氣滯留和大量高樓建築物阻止氣體流動以及逆溫現象等；霧霾滯留期也與污染的程度、風力和風向有關。

然而，作為生態批評研究的天候現象主題「怪天氣」（strange weather），霧霾凸顯出來的特徵是一個人為和自然現象的雜糅含混現象（Cai, et al. 2017），如「霧霾」為自然（霧）和非自然（霾）現象的混合而成的詞。霧霾的英文為 smog，也呈現同樣的自然與人為的雜糅。smog 為一混成詞（portmanteau），由 smoke（煙）和 fog（霧）組成，結合天氣現象與人造煙霧如工廠或汽車排放出來的氣體。不管是霧霾或是 smog，他們皆揭示出人和自然互動（尤其是工業文明）所產生的異化產物。傑西・泰勒（Jesse Oak Taylor）在《我們的人造天空》裡探討倫敦的霧霾時，提出了 abnormal 的概念，將此雜糅認為是不正常或變異的（abnormal）（Taylor 2016）。此變異的自然代表著前現代的自然已不復存在。

「霧霾含混」作為一個自然與人造雜糅的變異天候現象可視為中國「霧霾現代性」的主要特徵。所謂的「霧霾現代性」指的是工業與都市現代化進程下所產生的環境變化的表徵，最主要顯現在空污，以及相繼的社會、文化、經濟等模式的改變，如霧霾天車輛單雙號行駛措施的實施、禁止施放煙火或露天烤肉、口罩文化的流行，

以及與空氣相關的經濟產業鏈的興起等等。霧霾意識作為一文化面向的現代性表徵，首先挑戰西方科學啟蒙意識形態下無限發展的信念與線型時間觀；作為一個文化話語，霧霾意識體現在霧霾前衛藝術以及「霧霾人生」裡面。[7]

這裡要指出的是，以霧霾含混性為表徵的「霧霾現代性」，凸顯的不只是現代「霾」的毒物意識，同時也是被壓抑的前現代「霧」意識。它以一陽（主流論述）一陰（看不見、被壓抑，多半以空間美學的形式）同時出沒在當代中國社會文化裡。[8] 如文末將會探討到的「空氣」一詞的翻譯與文化殖民問題，在科技現代化進程裡，「空氣」由一個原本近乎無意識混沌、無所不在的「氣」（qi）的整體性（holistic）概念，逐漸過渡到一個化約式的化學物質概念，如我們現代人對「空氣」（也就是英文的 air）的認知為地球大氣層裡的氣體，由氮氣、氧氣、二氧化碳等混合而組成。有過之無不及地，在環境危機意識高漲下，日常生活中令人提心吊膽的污染源更以高度技術性的科學性話語表述，以凸顯其權威性，進而成就了科學主義生活範式的合法地位。然而，弔詭的是，此科學主導的「霾話語」和「科學主義人生」同時也激發出前現代「空氣」記憶，如空（宗教範疇）、氣（形上、養生範疇），以及霧（美學範疇）。這些本土的空氣記憶仍舊保留在民間日常生活的「霧霾人生」裡。所以，霧霾的雜糅含混性，除了霾毒意識之外，也必然有作家楊文豐在〈霧霾批判書〉一文裡所提到的「純淨的空氣」的前現代元素（楊文豐

---

[7] 針對現代性的負面效應（如人與自然異化、科技對自然的控制）的論述頗多，這裡不著墨贅述，詳見 Anthony Giddens, *The Consequences of Modernity* (Stanford, CA: Stanford University Press, 1991), Max Horkheimer and Theodor W. Adorno, *Dialectics of Enlightenment* (Stanford University Press, 2007), Ulrich Beck, *Risk Society: Towards a New Modernity* (New Delhi: Sage, 1992).

[8] 當然，這不是說前現代社會裡沒有霧霾此類的天候現象，早先農業社會裡的霧霾缺乏現代工業裡的致命化學物質和毒物意識，它的規模也相對小些。

2007）。然而，做為工業現代化下的異化物或變異物，霧霾必首當放在現代性裡出現的環境論述框架下來考量。由於現代化和現代性這個題目過於龐大，它不僅牽涉到西方歷史發展進程，也觸及全球化的問題。這裡我先簡單地將「現代化」狹義地指涉中國脫離農業社會，進入工業社會的一個過程（Roddy 2019）。[9] 與現代化緊密結合的「現代性」概念，可以解釋為社會、經濟、政治、文化與環境等各個層面，在生產模式轉型過程中，人與自然關係經歷改變所呈現的性質或狀態（陳立中 2001）。有些學者在探討西方文明裡的現代性時，又將社會經濟面向的現代性與文化層面的現代性區分出來，並將後者稱之為「現代主義」（Calinescu 1977）。[10] 在中國，以霧霾為主題的前衛藝術裡的批判性霧霾話語也呈現出此類現代主義特徵。下面我先簡述一下霧霾前衛藝術（Calinescu 1977）。[11]

三、前衛霧霾藝術與霧霾書寫

工業現代化進程下所產生的霧霾，在文化領域裡促發了所謂的「霧霾前衛藝術運動」（China's 'smog art' movement 2014）。此運動的興起實為霧霾現代化的反動。各式各樣與霧霾相關的藝術作品紛紛出籠，許多藝術家和作家運用不同媒材如紀錄片、繪畫、攝影、表演藝術，或者自己的身體來記錄、再現霧霾，有的甚至將 PM2.5 當成創作的原料。這裡的前現代「霧美學」，為前現代烏托邦的符碼（如青山綠水雲霧繚繞的純淨大自然，用來凸顯理想）與現實之間（烏煙瘴氣的霧霾圍城）的差異。在文學和藝術的領域裡，

---

[9] 此過程始於清末民初。
[10] 由於此文化的「現代主義」將以非文化部分的現代性作為批判的對象，因而成為一個「後現代」話語，對現代性進行一個重新評估。
[11] Bauman 認為此文學、藝術的現代主義實為一個後現代計畫（project of postmodernity）。

不少作家與藝術家將霧霾當成一個象徵，表徵現代社會裡的心靈異化或精神疾病。例如，「精神霧霾」一詞，將當前的環境污染用來指涉精神和文明危機。最早書寫霧霾的陳楸帆在一篇叫做〈霾〉的短篇小說裡，最早將霧霾與心理創傷（如憂鬱症）連結起來。徐則臣的小說《王城如海》以前衛現代主義的寫作策略來書寫霧霾（徐則臣 2017）。作家運用文本互涉的雙敘事描寫方式來刻畫中國特有的現代化軌跡。除了將霧霾象徵性地影射歷史鬼魅（揮之不去的心靈霧霾），作者同時也深刻地描述當前霧霾現代性下出現的各種徵狀，帶出中國在全球化工業經濟發展後引發出來的社會環境問題與疏離等主題。同樣地，格非在《江南三部曲》最後一部《春盡江南》裡也運用霧霾來呈現中國現代化進程裡出現的環境異化（格非 2012）。如同哈伯瑪斯和傅柯的現代性和現代性意識定義（即將現代性視為是一種對古典、傳統的對立，以及將現代性意識視為是一個具有批判意識的時代精神的現時性），這些作品裡所呈現的霧霾現代意識也同樣地具有批判意識的現時性。霧霾所代表的意義不僅是環境導向文學裡的極端氣候主題，在中國現代化語境下，它同時象徵 80 年後的時代精神和文明危機。此精神危機往往以「霧霾圍城」、「霾伏」等各種雙關語來表述空污與當代物質主義對個人生活的雙重囚禁、異化、戕害與所導至的無力感。[12] 楊文豐的〈霧霾批判書〉將當代霧與霾的混雜視為一個現代社會的信任喪失的問題，即是對大自然，甚至是工業社會下對人類基本生存空間（即楊文豐所稱的「霧霾恐懼場」）無法再產生艾德華‧威爾森（E. O. Wilson）所謂的與生俱來「親生」（biophilia）的衝動，取而代之的，是一個無所不在的對生存場域的恐懼或對自然的「懼生」（ecopho-

---

[12] 此外還有其他霧霾文學，如李春元的《霧霾三部曲》（《霾來了》、《霾之殤》、《霾之謠》）（北京：中國文聯出版社），2014 年。

bia）。由於不再信任自然，親生能力的喪失不僅是環境危機的根源，同時也是一個精神危機病兆，於是「生存倫理開始坍塌」。楊文豐寫道：「不消除『精神霧霾』，不建構綠色『空氣倫理』，焉能天明地靜，氣正風清」（晉文 2013）？[13]

以霧霾為主題的紀錄片或行為藝術多半以行動（activist）為導向，其目的在於提高民眾的環境意識。在紀錄片方面最著名的包括柴靜的《穹頂之下》（2015）和賈樟柯的《人在霾途》（2015），此兩部紀錄片的表述方式迥然不同。《穹頂之下》運用許多不同生態紀錄片修辭策略（如田野調查採訪、中產階級生態女性主義式的媽媽環保修辭、科學敘事、數位視覺化，以及鼓吹科學主義式的生活方式）來達到生態溝通的效果。《人在霾途》此短片則呈現出一個詩意性、無言（完全沒有對話）的表意方式來勾勒出當代社會城鄉的「霧霾日常生活」。在行為藝術上，最著名的是「堅果兄弟」。他花了 100 天的時間在北京國家體育場附近，用一個工業吸塵器來吸大氣中的塵霾，然後做成「霧霾磚」。然而，有意思的是，在倡導環境主義之餘，他卻表達出行動家對霧霾的妥協，「塵埃代表着人類發展的副作用，包括霧霾和建築工地的揚塵……我第一次來北京之後，戴了幾天口罩，但後來我不戴了。這種霧霾是無法逃避的」（儲百亮 2015）。女性藝術家孔寧 2014 年的《嫁給藍天》，由九百九十九個 3M 口罩製成的婚紗，化身「霧霾新娘」出現在北京展覽館與央視大樓前，表達了與藍天結合的願望（沈湜 2015）。最後，劉勃麟的作品《冬至》拍攝了七位模特兒在在霧霾瀰漫的森林裡舞動的影像。劉勃麟將模特兒的身體畫上與背景相同的形象與色

---

[13] 耐人尋味的的是，前現代對霾的態度也出現一致的道德化、政治化的詮釋。前現代多半視霾為天譴，而非自然天氣現象。例如，漢代的「天人感應」思維把霾（多以「蒙氣」一詞表述）視為「災異譴識」的政治事件。因而在史書上顯少出現霾對當時社會的具體描述，特別是農業生產造成的霾災。

調，使他們的身體融入背景裡去，來反映「中國人的生存現狀，表達他們恐懼、無能為力的感受，只能試著掙扎」（邱家琳 2015）。除了上述這些作品之外，尚有許多霧霾行動表演和攝影，這裡不一一列舉。

除了前衛霧霾藝術之外，霧霾天候事件也促發網路大量湧現與霧霾相關的話語。文化研究批評學者朱大可將這些與霧霾相關的書寫稱之為「霧霾敘事」，他寫道，「『霧霾敘事』成為微博和微信的基本內容，正在匯入城市敘事，成為中國城市現代化進程中的一個負面聲音，它包含了手機段子、微博、微信和各種媒體報導與評論」（〈霧霾敘事〉n.d.）。霧霾引發的文化現象也促發文化研究學者的美學思考，美學進而成為批評的刀口，如朱大可針對戴口罩所產生的奇觀（spectacle）提出的「口罩醜學」一說。朱大可將民眾戴口罩與非典時期相比，寫道：「但跟當年[非典（薩斯）時代]一度流行的『口罩美學』不同，重返中國街頭的口罩，失去了當年展示各種紋飾圖案的樂趣。鑑於款式向帶濾嘴的防毒面具靠攏，霧霾口罩具有輕度猙獰化的特點。『口罩美學』就此轉向了『口罩醜學』，仿佛是一種嚴厲的視覺警告，懸浮於夢魘般的工業迷霧之中，為互聯網平台提供細小到 2.5 微米的負面主題」（2014）。這裡，朱大可的「口罩醜學」將霧霾的含混性更明確與膠著地定位在吸霾主題與霧霾視覺經驗上。

事實上，朱大可「口罩醜學」裡所運用的反諷口吻為一普遍而菁英式的霧霾美學修辭策略，並非中國特有。例如，德國攝影師 Benedikt Partenheimer 的攝影作品《空氣品質指數 430》（*Air Index 430*）即為一例。Partenheimer 用一個詩意的風景意象（攝影作品本身）與科學認知（反映在作品的名稱上）的組合來凸顯「人類世」下生態含混裡面的毒物意識。此「生態反諷」（eco-irony）的美學

策略利用內容與詮釋之間的反差創造出一個反諷效果,是一種提昇觀眾的環境意識的方式。

總的來說,不管是霧霾前衛藝術家或者是一般具有科普知識的民眾,多半以覺醒者、批判者的姿態,運用嘲諷的手法或口吻來表達對霧霾現代性的不滿。雖然這些作品在某種程度上,「瓦解現今既定的思維秩序,製造出一些新的社會政治可能性」(Lo & Yeung ed. 2019)。然而,這裡首先要質疑的是:一個菁英式的霧霾現代性批判,是否突破啟蒙時期以降的二元(即人與自然對立)的思維方式?一個科學話語出發的生態論述如何批判羅貴祥所稱的「貧瘠人類世」(impoverishing Anthropocene)?這裡值得繼續追問的是,在這樣的貧瘠的(或者說,「使生態體系貧瘠」的)「人類世」下,菁英們對霧霾毒物意識的批判有沒有可能適得其反地強化了霾毒意識,加深人類對生存的無力感,以及深化人與自然之間的距離,進而使得人與自然或其他物種的關係更貧瘠?菁英們所倡導的環境保護主義,是否無意間鼓吹一個不適合社區營造的「鄰避」(NIMBY: not-in-my-backyard)行動主義,以及中產階級核心家庭的價值觀?最後,文學、藝術,甚至是草根文化運動有沒有可能站在一個更高的人文精神格局或視野上來引領我們看到走出「貧瘠人類世」的可能性,即使那個視野帶著某種程度的唐吉訶德式的理想主義?

四、霧霾現代性下對生態含混的另類解讀: 分歧時間性和被壓抑的霾與霧

當行為藝術家企圖運用科學知識來凸顯毒物意識,作品本身美學的非敘述性(non-verbal)元素往往背叛了論述中的科學認知。因而,藝術作品或身體藝術具有打開不同維度的生態思維的潛力。這裡我轉向「霧霾人生」的文化和美學現象來探討霧霾現代性裡潛藏

的前現代本土生態意識與親生衝動。在眾多的霧霾人生裡，有人戶外賞霧、郊遊，有人追求一個山水情趣，有人則大打「霾太極」。這些過著霧霾人生的民眾，並沒有將霧霾當成一個將生命囚禁在「穹頂之下」的藉口。許多關於霧霾攝影的網頁裡，霧霾為一審美對象，而非環境毒物。在承認霾的危害性為前提之下（就好像徒手攀岩前先對參與者告知其危險性一般），「霧霾人生」的擁護者鼓勵民眾到戶外去進行霧霾審美活動（〈小白學攝影：霧霾天怎麼樣拍好照片〉，2015）。在一個霧霾攝影教學的網頁上，網主甚至以霾代霧地闡述中國傳統的霧美學（〈霧霾天：12 招教你拍出比平時更好的照片！別錯過了〉，2017）。

然而，這些擁護「霧霾人生」的民眾往往被認為是缺乏科學教養的愚民，因而成為嘲諷的對象。例如，網上有一篇嘲諷霧霾天打太極拳的貼文，由一系列照片組成，這些照片放的多半是霧霾天廣場上練太極拳的民眾（大多數是中老年人）。與上面提到的德國攝影師貝內迪克·帕頓錫莫所運用的生態反諷手法一致，每一張照片下面皆放置了短句（如「一個人的霾太極，是一種大境界！」、「霧霾朦朧終有時，太極悠悠不停休！」）來呈現出一個生態反諷，甚至是嘲諷的效果（〈霾太極：一個超越所有太極拳流派的流派，火爆了！〉，2016）。

若從科學話語導向的生態批判視角來看，我們可以很輕易地將生態批判論述，如布爾（Lawrence Buell）的毒物意識、尼克森（Rob Nixon）的慢暴力、唐麗園（Karen L. Thornber）的生態含混等，應用在「霧霾人生」上。然而，從另外一個角度來看，霧霾人生的「明知故犯」或阿 Q 精神在最根本的層面上，很有可能是一種批判霧霾現代性下官方和菁英的偽善，或者中產階級「科學主義」的生活範式。如上面提到過的藝術家堅果兄弟的《塵埃計畫》，開始的時候

藝術家還以身作則地帶著口罩在戶外用工業吸塵器吸北京的霧霾，後來自我矛盾地決定以不戴口罩來完成他意欲提高霧霾意識的環保行動藝術。試問：此舉跟在霧霾天打太極拳的「明知故犯」（也就是，明知有害健康，仍堅持打霾太極）的民眾有什麼不同？再者，堅果兄弟用的工業吸塵器所耗的能源正是造成空氣污染的原因，這裡，打著環境主義旗號的菁英藝術家的行為恰恰暴露出自身的共犯性。

如果從一個非西方的視角來審視深究，霧霾人生事實上觸及到一個更深層集體文化無意識的東西，必須用後殖民批評學者薩依德（Edward W. Said）的糾纏重疊的歷史觀（intertwined and overlapping histories）和黑人民權運動家杜波依斯（W. E. B. Du Bois, 1868-1963）的「雙重意識」（double consciousness）來幫助超越西方線性現代性的思考模式（Said 1994）。

首先，「霧霾人生」暴露出霧霾現代性裡的時間線分裂。與「氣候變遷現代性」不同，二十一世紀的氣候變遷話語下的現代性意味著一個線性往前的現代性的終結，多半以「世界末日」（apocalypse）的話語與奇觀式環境事件出現（如超級颱風或大規模森林焚火）。而霧霾現代性，雖然也可以歸屬於氣候變遷論述的一部分（可從「空污末日」airpocalypse 一詞看出），但是，在全球化下的霧霾現代性裡面的時間觀更為複雜。就霧霾現代性而言，文化研究學者林建光指出，全球霧霾現代性裡有「往前」與「往後」兩種時間性。此兩種時間性「一方面可以批判亞洲現代性往前看的問題，另一方面也可以用來探討霧霾作為西方現代性的某種不可思議的東西，也就是他們的無意識」。[14] 他的意思是，霧霾現代性裡對時間的想像大致上包括往前和往後兩條反向的時間線：一條時間線是往前進的，象徵

---

[14] 來自與林建光的電子郵件。

「未來」、「進步」、「發展」與「文明」,往往以科技科學領導的西方社會為代表;另一條則為往回走的時間線,象徵「過去」、「落後」、「原始」與「野蠻」,往往以傳統或未開發(以及開發中國家)為代表。此往回走的時間線為西方社會現代化進程中必須去除或壓抑下來的無意識。所謂的「先進」、全然消毒防疫的西方社會無法承認此被壓抑的意識,因為這會把他們拉回到象徵「落後」的地位。就霾在現代性時間線論述裡的介入功能而言,林建光寫道,「當前亞洲國家往往只看到現代性未來進步的時間線,但霾概念的介入可以讓我們注意到現代性神話裡災難和原始的那一面。」若將林建光的邏輯應用到中國本身,我們也可以說,霾是中國工業現代化進程與經濟發展裡被壓抑的無意識,代表著中國的「現代性神話裡災難和原始的那一面。」由此觀之,前衛藝術家曹斐的「殭屍」類型短片《霾與霧》即是以「殭屍」形象來表達現代性神話裡的一場生態災難。在霾都成群出沒的失魂活屍身不僅象徵霧霾現代化的異化,同時也象徵發展至上意識形態裡被壓抑下來的某種不可言喻的集體原始無意識。

然而,本文要強調的是,除了毒霾意識之外,霧霾裡的「霧」意識,也同時是中國現代化進程裡被壓抑的無意識,為「人類世之風裡面遊蕩的鬼魅」(Tsing, Swanson, Gan & Bubandt 2017)。[15]「霧」作為被壓抑的生態意識(多半體現在審霧美學裡),它指涉現代性下被驅逐出境的前現代原始記憶。此記憶不是以一種感傷、不可名狀的生態鬼魅或「鄉憂」[16] 情緒出現(如《穹頂之下》裡柴

---

[15] 此為 Anna Tsing、Heather Swanson、Elaine Gan 和 Nils Bubandt 的詞語。這裡的鬼魅,在多物種研究的視角下,指涉「超出人類」(more-than-human)的歷史,此歷史創造的同時也毀滅生態。

[16] 「鄉憂」的英文是 solastalgia,即「明明在自己的家園,卻感受不到家園應有的撫慰感,反而更覺痛苦的心理現象」之意。

靜對不復存在的四季的緬懷），就是以一種魚目混珠式的生態含混形式（如網上霧霾攝影教學，主張以霾代霧地宣揚傳統霧美學）。換句話說，林建光所提出的「霾」作為「往回走的時間線」出現了另一條以「霧」為中心的「往回走的時間線」，此為前現代「親霧」的美學無意識（aesthetic unconsciousness）。此「親霧」美學衝動，直指「超出人類範疇」（more-than-human）的天人合一形上想像，同時也反映出當代人的元素疏離症（elemental alienation）。

由上可看出，中國霧霾現代性下的霧霾意識背後存在兩種分庭抗禮的本體論：現代科學本體論和古代氣本體論。霧霾本身的含混性，首先包括以「霾」為代表的科學認知及其背後科學本體論。此外，霧霾意識背後尚有以「氣」（*qi*）出發的宇宙本體論。因此，在論及「霧霾人生」之際，我們必須辯證地攝納現代與前現代此兩種本體論。這樣的辯證過程幫助解構一面倒的科學認知，進而挖掘「霧霾含混」（smog-ambiguity）裡另類思考霧霾的方式，喚回現代性科學話語下被壓抑的生態鬼魅。如前所述，一部視覺作品本身是開放性的，其非敘述性的（non-verbal）元素往往能夠辯證地超越或背叛任何既定認知，進而顛覆主流生態批評的侷限詮釋。就上述的「以霾代霧」攝影美學來說，此類作品裡存在上面所提到的兩種時間線：第一個是當今的霧霾現代線，必須先從一個環境主義、毒物論述的框架下來審視其「生態含混」（也就是「錯誤地」把霾當霧，不將科學警示當成規範一切日常生活的準繩來奉行，包括審美活動）。但若從本土的視角觀之，對科學警示的「背叛」，事實上指向了霧霾現代性裡面的被壓抑的前現代「空／氣」形上認知。在前現代的語境裡，所謂的「空氣」作為氣的一種，是宇宙萬物的本體，世界之本源，也是銜接天地的媒介。基本上，中國本體宇宙論是奠基於氣論思想，即「氣（陰陽）——天地——萬物」的架構

上（李存山 2012）。再現的大氣（空氣）現象，如雲雨霧露，可將之視為是氣的不同具體形現，常出現於傳統「縹緲虛無」山水意境美學裡。「霧」為「有形之氣」，即氣的具象化；「霧美學」實為形上氣論的美學話語。然而，此傳統形上話語在主流生態批評和「毒物論述」話語下仍然必須以「鬼魅」（或魚目混珠）的形式出現。

　　總之，作為現代化語境下出發的生態批評話語，對生態含混的解讀，必然是先從一個環境（行動）視角出發，由批評話語達到環境意識提升的目的。雖說如此，西方生態批評裡面也出現一些超越倡導式的環境主義生態批評聲音。一個深刻的生態批評論述應該反思其論述裡缺席的東西，如女性主義者所指出的「女性的缺席」（Cubbit 2013）。這裡，美學的貢獻（或者我們可將之延伸到整個文學、文化研究）幫助思考當前西方生態批評視野的不足或盲點。在跨文化、比較文學的視角下，非西方生態批評學者的任務，在於指出西方學者認知到西方生態論述中的盲點，並扭轉當前全球生態話語裡西方「認知帝國主義」（Cognitive Imperialism），並在其縫隙中尋求本土生態話語建設的可能性。接下來，我以「空氣」一詞的翻譯，來暴露出現代性背後隱含的帝國文化殖民過程。此殖民過程不僅告訴我們科學話語如何在歷史化的過程中被建構與合法化，在合法化的過程中，它又如何將本土生態思想泯除。

五、「空氣」一詞的翻譯與文化殖民

　　「空氣」一詞在 1850 年間被挪用來當作英文字 air 的對應詞。漢學家魯納（Rune Svarverud）的文章指出，在中國，「空氣」作為現代性的符碼是以一個科學表述的方式呈現（2014）。以科學方式表述空氣實為中國自明清以來殖民內在化的延續。另一位漢學家羅芙芸（Ruth Rogaski）指出，在中國空氣的科學化表述（即將空

氣化約成化學元素）背後存在以傳教為目的帝國殖民企圖。在〈空氣／氣的關係和中國霧霾危機：一些科學史筆記〉一文中，羅芙芸提到西方科學認知下的空氣與中國的氣的概念首次相遇的過程。明朝年間，西方傳教士利瑪竇（Matteo Ricci, 1552-1610）發現，他所接觸的新儒家學者認為氣是「一個渾沌的『存在基礎』」（Rogaski 2019），為超越、無所不包的道體。利瑪竇因此認為中國人的氣論充滿混亂和異端邪說。由於氣被視為是銜接人與宇宙的橋樑，「以至於他們幾乎不需要神」（Rogaski 2019, 59）。利瑪竇認為這樣的思維對傳教不利，於是想出一個解決方案：讓中國菁英將化學概念的「空氣」取代本土的氣論。也就是說，藉由將「氣」（qi）降格成為西方四元素裡的 air，成為中文的等效翻譯（Rogaski 2019, 59），進而使氣失去其形上超越的權威性。

回觀「空氣」（air）一詞的誕生，利瑪竇的傳教目的，將新儒家的氣論貶為非基督教世界觀裡的異端邪說，其混亂性（即「不知名的模糊事物」）須經由科學化認知，來將之固定成為一個「特定認知狀態」，使其失去其漢學家杜贊奇（Prasenjit Duara）所稱的能夠為權力提供合法性來源的「超越性」權威（transcendental authority）（2014）。氣為天人間鴻溝的橋樑，故將氣世俗化或科學化就可將之去魅，削去其科學規範之外的動能和超越性，進而保留基督教上帝的唯一神權。

羅芙芸此篇論文帶來的啟發至少有兩個層面。首先，氣的神秘性被取代。中國前現代的氣被化約成西方科學認知上的化學成分；氣的神格地位被貶降的同時，科學卻被升格到本體論的層面上。拉圖爾（Bruno Latour）在一本檢討現代性的著作《潘朵拉的希望》（*Pandora's Hope*）中提到，同樣的手法如何依法炮製地應用在南美洲的亞馬遜雨林地區。他用土壤作為一個例子，來說明亞馬遜的土

壤如何藉由「翻譯」、「中介」被西方科學家由一個原本「不知名的模糊事物」（如混沌的氣）轉換成現代意識裡具有某種化學物質的「特定認知狀態」。此過程為「土壤的本體論事件本身」（雷祥麟 2012）。實證科學建構出的本體論架構加強其普世性權威以及（西方為主的）人類中心主義。而在殖民與全球化散播的過程中，它更展現出相對於其他文化的優勢力量。學者雷祥麟寫道，「在此過程中，現代主義的成就一方面成功地除魅，破除前現代思維中對各種異質行動能力的『想像』，另一方面則藉此更明確地將人置於世界的中心」（36-37）。所以，從這樣的後殖民視角來看當前霧霾美學裡的生態含混（如霧霾攝影），一個顛覆性解讀就更顯出其重要性。在強勢西方科學現代性話語中，尤其是「科學主義」當道之下，當今中國主流社會對空氣的想像與認知已不再是一個非物質的精神體或前現代的「道」或「悟」的載體。所以，「霧霾人生」裡面的本土意涵在於：霧霾裡面的「詠霧」或身體美學意識延續中國傳統前現代的混沌「未開化」的氣本體思維，強調人與自然的「不二」整體性，不管時代如何變遷，都無法改變人與氣的相融關係。

現代霾毒科學意識與傳統霧美學意識的雜糅為中國（或東方）特有的霧霾現代性表徵。它為拉圖爾提供了一個「我們從未現代過」（we have never been modern）的東方例證。如果現代性代表的是現代化過程中自然與人文的全然二分式劃分，最終將自然排出人類文明之外的遂願（即天真地相信科技可以把我們帶出對自然的依賴），那麼，當今含混的霧霾現象告訴我們，這樣的一個願景實為假象。所謂的現代世界實際上仍舊是奠基於現代性與前現代性雙重時間線相互雜糅之上。前現代的「生態鬼魅」並沒有完全消失；它以一種變色、隱性、矇騙（甚至是阿 Q）的方式繼續遊蕩於民間文化裡。因而，要建立一個本土的生態美學和倫理論述，其策略之一是繼續

辯證現代與前現代的自然觀,以及顛覆當前一面倒的「科學主義」生活範式。在了解到現代性願景(通過線型現代化進程來達到科技烏托邦理想境界)本身的荒謬與不可能性,我們就能夠啟動一個有別於唐麗園(Karen Thornber)環境主義式的「生態含混」(ecoambiguity) 論述(2012)。[17] 這裡後殖民式的「生態含混」,指涉一個更複雜的認知和認識論上的分歧(epistemological dissonance),可以對科學現代性進行批評與解構。這樣的視角下,「霧霾人生」不再只是一個環境主義意義下的生態含混概念(即科學認知與行為上的差異/偽善),而是一個雙重現代性時間線下的概念,其弔詭性足以顛覆科學中心話語,以及將「科學主義」奉為日常生活圭臬的正當性。

由此視角來看,值得讓生態批評學者深思的倒不是毒物本身的不可見性,以及繼之大做文章的「如何看見」各種不同的污染物質或「如何感知」氣候暖化的技術和方法上的問題。值得深思的,反而是如何召喚在科學知識建構下被壓抑的傳統知識。這是東方環境人文學者在面對強勢西方科學話語時必須反思的問題,也是東方學者可以為全球環境人文做出的貢獻。正如羅芙芸最後提醒我們,在霧霾無處可逃的環境下,也許我們可以開始思考的是,「我們呼吸進去的東西不僅僅是空氣而已」(73)。

在此,我們可以進一步深究國學或傳統中醫對當今霧霾或能源的看法與詮釋,譬如將《爾雅》裡面「地氣發」的「地氣」重新詮釋為當今大規模的煤、石油、天然氣開採,並將之進行加工、燃燒所排放出氣體和熱量。此過量的地氣(「地氣發」)造成「天氣不

---

[17] 唐麗園所定義的生態含混,基本上,指的是環境認知和行為不一致,如關心氣候變遷的環境主義者明知畜牧業對全球暖化影響力勝於工業、交通、發電所燃燒之石油、煤、天然氣等石化燃料,卻繼續開休旅車或坐飛機去欣賞自然風景等的批評。

應」或天地之氣無法運化，進而導致「天地之氣痞塞」，也就是在天地間聚集的霧霾（中醫思維十 2018）。此外，我們也可以採納史奈德（Gary Snyder）的建議。他說，當我們在談能源（energy）的時候，我們不僅僅只是在談石油、風力等能源以及相關的生活方式，同時也要將「氣」納入思考，將它視為是一個另類能源概念和生活方式（Snyder & Lyndgarrd 2015）。

誠然，傳統中國思維雖然沒有以科學認知的方式來審視霧霾的毒物污染性，但是，我們仍舊可以提出一套與中醫或國學結合的生態與環保思想。如中醫師劉希彥說道，「冬天主閉藏，樹要長根，人體閉藏好了就是在滋養自身的元陽之氣。大家冬天不要過於貪圖暖和，尤其是北方很糟糕，現在整個北方的屋裡都是春夏天的溫度；南方過量用空調也不好」（n. pag.）。這裡，四季運作的生態觀、節約能源和養生話語是連貫一起，並不是各個獨立、互相排斥或衝突的。若將環保和養生視為兩件不相干的事，生態批評只會淪為束之高閣的菁英空談。將空氣化學元素的認知擴大到氣論，除了提供一個結合前工業氣本體論的可能性，同時，也幫助建立一個從東方出發的後現代空氣美學與倫理學。

六、結語

當今「人類世」（或更準確地說，「資本主義世」Capitalocene）暴力地以「人類特例主義」（human exceptionalism）之名，將世間萬物物化，納入全球消費資本主義體系，進行剝削與利用。西方生態批評裡各式各樣的環境論述紛紛出爐。本文意欲尋求科學環保話語與中國本土精神生態思想之間互容、對話的可能性。以「霧霾人生」為例，嘗試建立一個後現代的東方生態論述，以辯證和陰陽互補的方式來挖掘中國霧霾現代性裡被壓抑下來的本土生態思維。

傳統霧意識為一形而上的空間（陰性）思維，在繪畫裡多半以留白的方式呈現出來，保留了超越人類（more-than-human）的生態精神與價值。然而，在霧霾現代性下，這樣的一個超越性「空氣」本體論，以及以氣為道統的「天人合一」精神本體與實踐全盤地被舶來的科學本體／認識論取代，成為現代性思潮裡的變異鬼魅。從這個角度來看，中國或東方回歸式（regressive）的文明想像，無論是佛教裡的空觀（梵文為 Śūnyatā）、道家無為閒逸的樸素人生觀，還是生態書寫裡面呈現出的不可名狀的鬼魅情緒（affect），如生態憂鬱，甚至是練練氣功、寫寫書法與打打坐等，可以幫助停下腳步，重新思考、調整與重建人類與自然（陰陽）的失衡關係。此前現代原始「不知名的模糊事物」在當今科技或科學主義盛行的社會裡是極富建設意義的，並非消極避世的思想。如果像中國環境史學者伊懋可（Mark Elvin）所說的那樣，傳統道家豐富的生態思想以及樸素觀實為當時已破壞殆盡的環境的反動（2004），那麼，在這個意義上，中國傳統佛道裡面崇尚陰性空間的美學與人生觀就更顯其積極的環境和政治意義。

　　總之，當前對空氣的科學認知在霧霾意識高漲的現代社會裡已經成為主流，中國官方也因空污問題，將環境議題視為第五個文明（即「生態文明」）的目標，民間更是不斷進行科普教育，教導民眾認識空氣裡面的各種有毒成分，如 PM2.5。在這樣的科學導向、政治正確的話語中，被壓抑的霧意識，必須以民間傳統美學和武術（如太極拳）的形式呈現出來。霧霾現代性裡的「霧」意識不斷被邊緣化，不是被當成阿 Q，就是以鄉愁或鄉憂的姿態出現。想想我們當中有多少人躲在密封不堪的高樓大廈裡，抱著空氣淨化器，嘲笑大媽們霧霾天在廣場上做早操的無知。在此，我要感激台北家的一位鄰居阿姨，她每天早上準時 6 點在關渡知行公園裡跳元極舞，

有一次我邊跳邊跟她抱怨空氣品質太差，對身體不好。她回答道，「生活還是要繼續下去啊，不能因為有一點霧霾就不要活了吧！」此來自草根民眾的一番話促使我萌生此「霧霾人生」的想法。

如前面所提示到的，本文的用意並不是反對使用科學儀器來幫助理解複雜的空污現象、反對提升環境污染意識、反對採取減碳措施，亦不是鼓勵大家在霧霾最嚴重的時候去戶外活動。本文的目的，在反思霧霾鎖國下草根民眾集體生存（survive）的應對機制（coping mechanism），以及幸福人生（eudaimonia）的定義。凸顯空污固有其正當性，此為嚴肅的公共健康和環境正義的問題，必須訴求科學家和科學知識來幫助理解和解決。然而，在鼓吹環保意識和抵抗國家或跨國資本主義、發展主義至上的意識形態之餘，人類根本的存在與價值等問題，更值得我們環境人文學者去反思的是霧霾現代性下的人生意義和價值？每年有無數意欲征服自然或挑戰自我極限的人在攀爬聖母峰的途中死亡，但是他們仍然願意冒險去做他們想做的事情，即使賠上生命也無悔。為什麼只要一貼上環境污染標籤，我們的生命就馬上變得膽小萎縮，將自己關起來，再也不去做一般日常生活裡給我們帶來愉悅或生活中具有意義的事？對中老年人來說，在生命慢慢進入終點之際仍走不出此個人無法掌控的人類世霾途，在廣場裡與其他夥伴一起打打太極拳、練氣功有沒有可能看成是一種應對此當前環境共業的心理機制？相較於科學主義式自我囚禁於人造空間的生活方式，「霧霾人生」是不是更具有某種社會功能（如社區營造與集體空污見證）、深層生態意識，或者其他抗爭的政治意義？最後，此應對機制是不是可以視為是一種對生命電腦化（cyberization）或程式化的對抗，捍衛著某種無法以應用程式來衡量或計算的存在價值？也許那些頑固地擁抱「霧霾人生」的民眾正以他們的身體來抗議科技對生命的入侵與掌控。他們同時在告訴

我們拉圖爾所揭示的「我們從未現代過」的名言：**我們無法脫離原始的「氣」而生存**，即使鼓吹科學主義的人們不斷告訴我們那個所謂的「不知名的模糊事物」已不復存在。

引用書目

格 非。《江南三部曲：春盡江南》。上海：上海文藝出版社，2012 年。
李春元。《霧霾三部曲》（《霾來了》、《霾之殤》、《霾爻謠》）。北京，中國文聯出版社，2014。
徐則臣。《王城如海》。北京，人民文學出版社，2017。
楊文豐。《自然筆記：科學倫理與文化沈思》。上海：上海教育出版社，2007。164-74。
雷祥麟。〈中文版序〉。《我們從未現代過》。余曉嵐、林文源、許全義翻譯。台北，群學出版社，2012。5-24。
李存山。〈氣論對於中國哲學的重要意義〉。《中國哲學》2012 年第 3 期。38-127。
陳立中。〈「現代性」及其相關概念詞義辨析〉。《北京大學學報》（哲社版）2001 年第 5 期第 38 卷，25-32。
陳楸帆。〈霾〉。《新幻界》2010 年 1 月刊，38-43。
楊 劍。〈2019 年「一帶一路」太極行活動在陳家溝啟動〉。《大河網》，2019 年 9 月 2 日，網路。2019 年 11 月 13 日。
邱家琳。〈北京霾害危機 劉勃麟「隱形人」發聲〉。《非池中藝術網》，2016 年 1 月 9 日，網路。2019 年 10 月 13 日。
儲百亮。〈行為藝術家吸塵百日製「北京霧霾磚」〉。《紐約中文時報》，2015 年 2 月 15 日，網路。2019 年 10 月 9 日。
晉 文。〈漢代靠懲治貪腐應對霧霾〉，《人民論壇》，2013 年第三期，76-77。
劉希彥。〈如何將霾毒排出體外？〉。《壹讀》，2017 年 1 月 10 日，網路。2019 年 10 月 9 日。
好機友攝影。〈霧霾天：12 招教你拍出比平時更好的照片！別錯過了〉。《搜狐》，2017 年 6 月 2 日，網路。2019 年 10 月 9 日。
未錄作者。〈霧霾敘事〉。《百度百科》，網路。2019 年 10 月 9 日。
太極療。〈霾太極：一個超越所有太極拳流派的流派，火爆了！〉。《搜狐》，2016 年 12 月 27 日，網路。2019 年 10 月 9 日。

沈浥。〈藝術家穿口罩婚紗亮相霧霾天 呼籲綠色出行〉。《鳳凰藝術》，2015年12月2日，網路。2019年10月9日。

未錄作者。〈怎樣在霧霾天中，拍出好的外景照片？〉。《知乎》，2015年3月10日，網路。2019年10月9日。

未錄作者。〈小白學習攝影：霧霾天怎麼樣拍好照片？〉。《南方網》，2015年12月，網路。2019年10月9日。

中醫思維十。〈霧霾日，陰陽逆亂。這個能量場，天地都運化不開了〉。《微文庫》，2018年11月17日，網路。2019年10月9日。

朱大可。〈朱大可：2013「十小」文化事件〉，《大紀元》，2014年1月21號，網路。2019年11月9日。

"China's 'smog art' movement." *ChinaDaily.com.* 4 March 2014. Web. 10 Nov. 2019.

Beck, Ulrich. *Risk Society: Towards a New Modernity.* New Delhi: Sage, 1992.

Bauman, Zygmunt. *Modernity and Ambivalence.* Cambridge: Polity P, 1993.

Calinescu, Mateo, *Faces of Modernity: Avant-garde, Decadence, Kitsch.* Bloomington: Indiana UP, 1977.

Cai, Wenjun, et al. "Weather conditions conducive to Beijing severe haze more frequent under climate change." *Nature Climate Change* 7 (April 2017): 257-63.

Clark, Timothy, "The Deconstructive Turn in Environmental Criticism." *symploke* 21.1-2 (2013):11-26.

Cubbit, Sean. "Everybody Knows This Is Nowhere: Data Visualization and Ecocriticism." *Ecocinema Theory and Practice.* Ed. Stephen Rust, Salma Monani, and Sean Cubbit. New York: Routledge, 2013. 279-96.

Duara, Prasenjit. *The Crisis of Global Modernity, Asian Traditions and a Sustainable Future.* Cambridge: Cambridge UP, 2014.

Elvin, Mark. *The Retreat of the Elephants.* New Haven, CT: Yale UP, 2004.

Eperjesi, John. "Fine Dust and Fossil Capital in Korea." *Climate and Capitalism* 16 May 2019. Web. 12 Nov. 2019.

Giddens, Anthony. *The Consequences of Modernity.* Stanford, CA: Stanford UP, 1991.

Hansen, Mette Halskov, and Zhaohui Liu. "Air Pollution and Grassroots Echoes of 'Ecological Civilization' in Rural China." *The China Quarterly* 234 (June 2018): 320-39.

Harris, Paul G. "Environmental Values in China." *Values in Sustainable Development.* Ed. Jack Appleton. New York: Routledge, 2014. 182-92.

Horkheimer, Max, and Theodore W. Adorno. *Dialectics of Enlightenment.* Stanford UP, 2007.

Kaiman, Jonathan. "Chinese struggle through 'airpocalypse' smog." *The Guardian,* 16 Feb. 2013. Web. 9 Nov. 2019.

Lo, Kwai-cheung, and Jessica Yeung, eds. *Chinese Shock of the Anthropocene: Image, Music and Text in the Age of Climate Change.* New York: Palgrave, 2019.

Partenheimer, Benedikt. *Particulate Matter.* Web. 10 Nov. 2019.

Roddy, Stephen. "The Nakedness of Hope: Solastalgia and Soliphilia in the Writings of Yu Yue, Zhang Binglin, and Liang Shuming." *Chinese Environmental Humanities: Practices of Environing at the Margins.* Ed. Chia-ju Chang. New York: Palgrave, 2019. 59-79.

Rogaski, Ruth. "Air/*Qi* Connections and China's Smog Crisis: Notes from the History of Science." *Cross-Currents: East Asian History and Culture Review* 30 (2019): 55–77.

Said, Edward W. *Culture and Imperialism.* New York: Vintage, 1994.

Snyder, Gary, and Lyndgaard, Kyhl. "A Human Experience of Energy: A Conversation with Poet Gary Snyder." *Currents of the Universal Being: Explorations in the Literature of Energy.* Ed. Scott Slovic, James E. Bishop, and Kyhl Lyndgaard. Lubbock, TX: Texas Tech UP, 2015. 6-10.

Svarverud, Rune. "The terminological battle for 'air' in modern China."《或問》/WAKUMON 26 (2014): 23-44.

Taylor, Jesse Oak. *The Sky of Our Manufacture: The London Fog in British Fiction from Dickens to Woolf.* Charlottesville. VA: U of Virginia P, 2016.

Thornber, Karen L. *Ecoambiguity: Environmental Crises and East Asian Literatures.* Ann Arbor, MI: U of Michigan P, 2012.

Tsing, Anna, Heather Swanson, Elaine Gan, and Nils Bubandt, eds. *Arts of Living on a Damaged Planet.* Minneapolis, MN: U of Minnesota P, 2017.

7
培育怪親緣：
拼接人類世中的宜蘭友善農耕 *

蔡晏霖

一、序言

圖 1 蘭陽平原的拼布地景，攝於 2015 年。圖片出自聯合新聞網。

---

* 本文為 Tsai, Yen-Ling. 2019. "Farming Odd Kin in Patchy Anthropocenes." *Current Anthropology* 60.S20: S342-S353 的中譯版，由蔡孟潔進行中文初譯，蔡晏霖審定並視台灣學術語境進行部分增改寫，並於註腳中提供較英文版本更多的細節與參考文獻。此外，中譯版第四節的前三段取自蔡晏霖（2019: 318-319），第八與第九段部分文字取自蔡晏霖（2016: 62）。從發想、寫作到改寫的漫長過程中，感謝 Isabelle Carbonell、Joelle Chevrier、Anna Tsing、江芝華、方怡潔、連瑞枝、沈秀華、陳偉智、黃于玲、洪廣冀、周旭樺、蔡侑霖、何欣潔、廖彥豪、林芳儀、林欣綺、黃雅璇、林雅敏、陳怡如、楊淑華、吳紹文、Hugh Raffles、黃應貴、林瑋嬪、莊雅仲、陳淑卿等人的鼓勵、啟發、諮詢，或評論。我也要感謝 Joelle Chevrier、廖芷瑩、林雅敏、謝傳鎧、林芷敔諸君提供出色的研究和編輯協助。本文是科技部專題研究計畫「當福壽螺蔓延時：瀕危年代的多物種共生可能（110-2410-H-A49-037-MY3）」的部分成果。所有文責由我自負。

位於台灣島東北方的宜蘭，原本以雪山山脈與台北盆地相隔而有其自成一格的生態人文地景與發展經驗。[1] 2006 年，穿越雪山山脈的國道五號通車，也由是啟動了宜蘭與台北城鄉關係再結構化的變遷過程。從本文頁首的空拍照片（圖 1）可見，宜蘭的田園風光正快速消失中，水田地景夾雜著一棟棟以「農舍」名義起造、實際上卻作為「鄉村住宅」買賣與使用的獨棟建物。[2] 與此同時，蘭陽平原上的新農民也持續增加中。相較於傳統農民，這些新農更傾向於採用友善環境的農耕方式，儘管她們的經驗與耕地普遍不足。這些新農也更傾向不只將「農」視為生計，而強調「農」是他們所選擇的生活方式。[3]

2012 年，我加入這波 21 世紀的返鄉歸農潮，與三位朋友共同成立一個名為「土拉客實驗農家園」的女農合作組織（以下簡稱土拉客）。一開始的五年間（2012-2017）我擔任幫農並協助文宣工作，後來則隨著組織變化而參與越深：2018-2020 年間，我擔任一塊約 1/4 公頃水稻田的管理員；2021 年起，我成為土拉客水稻部門的主要生產者與行政負責人。[4] 在這段超過十年的從農期間，我清楚看見

---

[1] 關於宜蘭的漢人墾殖歷史，請參見施添福 1996；黃雯娟 1998；古偉瀛與陳偉智 2004。關於宜蘭經驗，請見李素月 2003。

[2] 2000 年農發條例修訂開放農地自由買賣，全台從此興起不以農業經營為目、而是作為田園住宅、花園豪宅、不動產炒作商品的「假農舍」歪風。據統計，2001-2021 年間全台縣市農舍建照核發件數第一名即為宜蘭，總計二十年間增加 7402 間農舍，比排名第二的苗栗縣多出 3008 件，蘭陽平原平均一天長出一棟農舍。而在這 7402 間農舍中，94.5％都是在國道五號開通後起造的（楊語芸 2022）。

[3] 「友善耕作」這組原本起源於宜蘭新農社群的用語，原本指涉的是不靠有機認證，而強調以對環境友善、對消費者友善、對農人友善等綜合考量的農作精神。後來則泛指較慣行農法強調生態考量、但未經有機認證的農業施為。關於友善耕作的語意轉換過程與在宜蘭的社群歷史，請見蔡晏霖 2016。

[4] 「土拉客」的華語發音有女同志（拉子）以土地拉近消費者與生產者距離的意涵，閩南語發音「拖拉庫」則是「農用卡車」，意在期許女人務農也像農用卡車一樣樸實有力。英文名稱「Land Dyke Farm」，則是向 1970 年代流行於歐美的女同志返土分離主義運動致敬。2023 年，土拉客的農業生產分為水果部門與水稻部門，水果部門有兩位全職女

一個深植於宜蘭水田地景的矛盾，亦即新興的小規模友善水稻種植與豪宅農舍毗鄰出現的現象。究竟該如何理解這個一方面由「假農舍取代真水田」，另一方面由「更多青壯年投入友善農耕」這兩股趨勢共同形塑的異質地景？而這個當代蘭陽平原的異質地景，又將如何啟發我們對於「人類世」——亦即，地球環境已被人類行為不可逆轉地改變的地質年代——的理解？這篇文章將嘗試回答以上兩個問題。

關於第一個問題，多位論者將台灣各地近年土地商品化與新農運動交織而成的異質地景，視為卡爾・博蘭尼（Karl Polanyi）所稱雙向運動（double movement）的表徵：資本主義將農地轉化為虛構商品（fictive commodity）；新農運動則重振農田生產價值加以反制，從而達致社會的自我保護效應（李丁讚 2010, 2011；蔡侑霖 2017a, 2017b）。這種解釋將新農運動前提性地置於資本主義之外，卻沒有解釋原因。這種解釋似乎也同時預設了「農地商品化」的內容與性質；然而對我而言，當代農地商品化的過程究竟涉及了「什麼」才應該是探問與研究的起點，而不是終點。

本文則另闢他徑，嚴謹看待農地商品化過程及其所涉及的社會脈絡，以嘗試理解宜蘭農地流失的危機。這是因為在宜蘭耕作與居住的我，時常聽見老農們的喟嘆，傳言某位鄰居或親戚售地，是為了滿足某位兒孫於都市受教、定居，或者置產的需求。我也曾聽聞某幾位省吃儉用的老農數年間賣盡家族老屋田舍，以求為晚輩解決由賭債與毒癮引發的財務危機。換言之，這些老農地主並非不認同農地農用的倡議，只是他們更重視晚輩的需求與親緣關係的維繫。也因此，本文大膽提議將「宜蘭農地流失危機」置於一個更大的

農，在宜蘭員山鄉的大礁溪地區共同經營 13.8 分的果園。土拉客水稻部門則有三位兼職女農，在宜蘭員山鄉的上深溝地區共同耕作 5.7 分的水田。

「台灣家庭農場危機」脈絡來理解，主張我們必須肯認老農之所以出售農地，至少有部分原因是緣於「後輩已無意繼承家業持續務農（等同於維繫農地的使用價值），而寧願以售地實現農地的交換價值」此一現實。正是在家庭農場後繼無人的前提下，那一棟棟不是由農民起造且居住的「豪宅農舍」，才會如 Ivette Perfecto, M. Esteli Jiménez-Soto, John Vandermeer（2019）等人文中、藉由大規模單一咖啡種植園快速傳播而終至於引發 2012-2013 年中美洲咖啡銹病大流行的咖啡駝孢銹菌（*Hemileia vastatrix*）一般，逐步「感染」了整個蘭陽平原的水田地景。而這個「感染過程」，我認為，首先涉及的是台灣農地所有權的單一化與核心家庭化，其次是家庭農場勞動力的外移與老化，以及由賣地換取「代際再生產」與「向上階級流動」的渴望，種種歷史過程加總起來，才讓豪宅農舍有機會成為一種感染當代宜蘭農村地景的流行病。與此同時，我也必須指出台灣核心家庭農場的弱化，卻同時也是前述友善歸農風潮在宜蘭壯大的有利因素：正是因為家庭農場的勞動力已逐漸老化、下一代又不願意接棒務農的窘境下，如我與土拉客夥伴們般缺乏農村在地親緣關係連結的新農，才有機會進場租用這些老農已經「顧不動」的稻田和果園。

　　本文的核心論點是：一，理解宜蘭平原當前農地「豪宅化／非農化」與「友善新農進場／再農化」兩股趨勢同時出現的關鍵，不在於將「豪宅農舍」與「友善耕作新農」視為本質上相互對立的現象——視前者作為土地商品化的具現，後者為土地去商品化的具現。因為無可否認地，「友善耕作」也參與、甚至催化了宜蘭農地商品化的過程。[5] 二，本文試圖論證「豪宅農舍」與「友善耕作」是不同

---

[5] 許多購買宜蘭農地來蓋農舍的人正是因為看上了宜蘭日漸蓬勃的友善耕作趨勢，許多房仲業也是以友善耕作作為銷售宜蘭農地與農舍的賣點。

但卻相關的「關係形式」（forms of relations）（Tsing et al. 2019）：兩者都與台灣戰後核心家庭農場的興衰有關。兩者的不同之處則在於，豪宅農舍的主人以及友善耕作新農各自與其土地形成不同的「多於人的聚合體」（more-than-human assemblage）。大多數豪宅農舍的主人並不善於照料他們所購買或身處的土地，他們以廢建材夯實農地，在農地上蓋起與土地及其周邊農田生態系缺乏關聯的鋼筋混凝土農舍。另一方面，友善小農則嘗試在他們耕作的水田中與水稻、福壽螺、鳥類、昆蟲等水田動、植物共同打造新的多物種合作關係，藉此將農作物以更好的價格賣給具有健康與環境意識的城市中產階級消費者，從而為自身與這些非人生物的多物種聚合體創造出得以立基於宜蘭農村的抓地力。本文認為，儘管這股抓地力有其脆弱與局限性，但它依然孕育了某種值得我們正視的多物種結盟政治，也帶來一些如何在人類世之下共生求存的寶貴經驗。

　　本文將陸續論證以上觀點。第二節將首先探討核心家庭農場如何在二戰後的土改過程中成為台灣最主要的農業生產單位。這段歷史回顧將告訴我們，核心家庭農場並非當前一般論述中所展現的、自始即是台灣農業生產與農家再生產所仰賴的「自然的」、「傳統的」基本單位，而是由國民政府與美國聯合推動的台灣農業現代化進程所構成的生產要素同質化效應之一。簡言之，土地改革與綠色革命等農業現代化計畫不只推廣了單一作物種植，也同時推廣了單一化的土地所有權形式。其結果便是今日極為普遍的、由漢人父系異性戀親屬邏輯與資本邏輯所交纏而控制的台灣農村地景。然而一旦台灣的核心家庭農場陷入存續危機，由核心家庭農場所控制的農地也隨之岌岌可危，這即是本文第三節的主要內容。與此同時，另一股新的人地關係邏輯也在此危機中逐漸成形。本文第四節所嘗試展現的，即是這股我稱為「怪親緣（odd kin）」的非血親、非姻

親、由跨物種親緣紐帶長出的抓地力。這兩股不同人地關係／抓地力模式的並存與張力，則又進一步指向本文所參與的「拼接人類世」（patchy Anthropocene）討論。

拼接人類世是由 Anna Tsing, Andrew Mathews, Nils Bubandt（2019）三人參考景觀生態學（landscape ecology）所創造的一組思考工具。景觀生態學將地景（landscape）視為一幅由不同嵌塊（patch）組合而成的馬賽克鑲嵌畫（mosaic），也像是一塊由不同花色的碎布（patch）拼接而成的拼布被（quilts）。由此出發，Tsing 等人視嵌塊為地景的基本構造單位，不同的嵌塊（如：森林、種植園、城市）對應的則是不同的地景結構（landscape structures），亦即自然與社會元素如何在宇宙觀、生態模式、政治經濟模式等具結構化力量的系統性影響下，以特定方式組裝起來。[6] 與此同時，寓居於特定地景嵌塊的人類與非人類行動者，亦持續以他們的生活與意志，交互參與著特定嵌塊的形塑與變遷。關照一個地景上各種嵌塊交織並陳的拼接性（patchiness），因此有助於我們看見不同結構化力量之間、結構與個體之間、以及人類與非人類行動者之間，或共構或拮抗等更為複雜的多層次與多物種關係。可以說，Tsing 等人巧妙地將人類學擁抱複雜性、特定性與關係性的學科傳統，與地景生態學對於生態與社會的整合性研究觀點，以及藉由嵌塊概念所強調的空間異質性（駁雜，但有序）等學科視角結合在一起，藉此幫助我們看見長時限的全球化過程對各地與各種「多於人聚合關係」（more-than-human assemblages）的影響：一方面，全球化帶來許多生產關

---

[6] 在此必須說明，由於拼布比嵌塊更能從字面傳達視覺上的鑲嵌感，我選擇以「拼接人類世」作為 Patchy Anthropocenes 的中文翻譯。但拼布這個意象並未出現在 Tsing, Mathews, and Bubandt（2019）一文中。此外，Tsing 等人藉由理論對話賦予 patch, structure, system 等一系列概念十分特定的意義（Tsing et al. 187-92），敬請讀者參酌理解。

係的「模組性簡化」（modular simplifications）；歐美殖民帝國在熱帶打造的單一作物種植園、跨國農企精密控制的大規模畜牧場、遍佈第三世界港口的加工出口區，皆以簡化一地的生態與社會關係為手段大量搾取人類與非人類物種的勞動價值。[7]另一方面，這些必須仰賴殖民、國族與性別暴力所達致的模組性簡化，卻又往往引發許多生態性與社會性的複合災難，例如前述在種植園中快速傳播的咖啡銹病、在集約型畜牧場中不斷變異的人畜禽共通流行病，以及近年每逢乾季即影響許多南北半球城市的大火（因林相或草相過於單一而難控制）。這些源於人類行為、但人類本身卻無法預期與控制的多物種生態社會效應，即是 Tsing 等人所謂的「野性生長」（feral proliferations）（Tsing et al. 189-91）。[8]

綜合言之，拼接人類世同時呈現「模組性簡化」與「野性生長」、人類對於非人物種的操控與失控，以及全球化資本主義的許諾與失落。藉此，Tsing 等人對方興未艾的「人類世」對話提出修正。源自於 1980 年代以降地球系統科學家對於全球環境變遷的觀察，人類世概念強調人類作為單一物種的發展進程已無可逆轉地改變了地球運作的系統性模式。此說法在 2000 年代隨著氣候變遷意識的普及化獲得歐美知識社群廣泛的注意，但是在地質學界仍然沒有共識。[9]人類世以全稱性大寫的人類來定義當代，固然有助於提醒人

---

[7] 關於模組性簡化的精彩民族誌研究，可參見 Blanchette 2020；Li and Semed 2021；Chao 2022。關於種植園如何成為模組的概念化討論，可參考 Haraway 2015；Haraway and Tsing 2019；Wolford 2021；Barua, Ibáñez Martín, and Achtnich 2023。

[8] 關於野性增長的民族誌寫作，可參見 Keck 2020；Stoetzer 2022；Swanson, Lien, and Ween 2018；Tsing, Deger, Saxena, and Zhou 2021，以及台灣的精彩作品：黃瀚嶢 2022。

[9] 國際地層學委員會（the International Commission on Stratigraphy, ICS）於 2009 年起授權人類世工作小組（the Anthropocene Working Group, AWG）評估「人類世」的證據，亦即一個在地球地表各地均找得到的主要標記，以區分「全新世」（Holocene）與「人類世」（Anthropocene）的分界點。2023 年 7 月，AWG 進一步宣布加拿大安大略省的克勞福湖（Crawford Lake）湖底沉積物完整保存塑膠微粒、石化能源飛灰、氫彈

們負起對地球環境變遷的知覺與責任,卻忽略了人類內部的異質性與不對等關係,也因此在人文社會學界引發質疑與批評(Malm and Hornborg 2014;Moore 2015)。然而,有別於 Jason Moore (2015) 呼籲以大寫的資本主義取代大寫的人類,Tsing 等人採取不同的介入戰略。他們以人類學最擅於覺察的異質性來拆解「人類世」主流敘事可能投射的統合性幻象,強調「希望是拼接的,正因為資本主義與生態結構自身也是拼接的」(Hope is patchy because capitalist and ecological structures themselves are patchy)(Tsing et al. 8)。與此同時,他們反對將此拼接視為無止盡或不可解的混亂,亦不停駐於地方經驗的特殊性與相對性。他們勇於接受人類世給予人文社會學者的挑戰,亦即,該如何同時以屬於個人生命的經驗尺度與屬於地球行星式的尺度(planetary scale)來正視問題、理解問題,並重新評估一切?[10] 也正是基於對以上問題的思索,我書寫此文,期待藉由凸顯個人尺度的做親屬(kinship-making)實踐與宏觀尺度的地景變遷(landscape-making)兩者間的關係交織性,來探問台灣當前的農地危機,以及走出相關危機的可能路徑。

二、冷戰製造:核心家庭農場在台灣

1949-1953 年間,台灣省政府陸續公布三七五減租、公地放領、耕者有其田三項土地改革政策,啟動了戰後台灣最大規模的社會工程(social engineering project),也深刻影響了台灣農地、農村與農業的未來。透過國家的強制性手段,台灣過半數的出租耕地在十年

試爆殘渣且易於到達,適合作為標記「人類世」的全球界線層型剖面和點位(Global Standard stratotype section and point,或 GSSP,又稱 golden spike)。但是在 2024 年 3 月,AWG 的上層組織「第四紀地層小組委員會」(Subcommission on Quaternary Stratigraphy, SQS)否決了此提案(Witze 2024)。

[10] 相關看法請參見 Chakrabarty 2021

內從原本的農村地主轉移為佃農所有。肯定土改的相關研究者強調此舉奠定了台灣農村的均富基礎，也成功促使台灣鄉村的土地所有權個體化與現代化，有助於資金流通與工商業發展。持保留態度者，則認為土改是國民黨政權在台軍事戒嚴高壓統治的一環，是其打擊台籍菁英、控制全台糧食、搾取農村資源的有效機制。[11]

近年的檔案與訪談研究則進一步顯示了土改的複雜。廖彥豪與瞿宛文（2015）的研究指出，國民政府曾經對以省議會為主的台籍菁英做出政治妥協，於土改施行前夕將「個人地主」保留地從兩公頃放寬至三公頃。另一方面，缺乏政治代理人的「共有地主」土地則不分面積大小全部被徵收，以滿足國民黨設定的土改目標。徐世榮（2010）因此指出，土改在強調所有權「單一化」的同時，連帶使得許多曾經依賴那些鄉村共有土地維生的諸多共有業主們陷入了生計困境。

何欣潔（2015）的研究則協助我們進一步理解，所謂「共業地」所涉及的人與土地、以及人與人之間的關係本質究竟是什麼。簡單來說，十八至十九世紀間，一波波的漢人移墾殖民者（settler colonialists）不斷地從台灣南部移民到北部，也從西部移往台灣東部，持續壓縮台灣原住民族的世居領域，也為國家權力的介入鋪路。從那時到日殖時期以前，台灣漢人社會的土地所有權制度是「業佃制度」：「業」是業主，「佃」是佃戶，佃農要向業主繳納地租，業主則有義務和佃戶一起共同開設埤圳、分擔建廟祭祀費用，並共同承擔與原住民爭奪土地、防衛鄉庄的風險。換言之，台灣傳統漢人社會的業佃關係不只是土地所有權的隸屬關係，也是以鄉庄為單位的生計、祭祀與生活共同體的自治基礎，涵納了鄉庄居民的宇宙觀、

---

[11] 關於土地改革的學術評價，可參見瞿宛文的專書（2017）第三章的討論。

生業型態與經濟福祉。這也是為什麼，當耕者有其田條例於1953年實施時，台灣仍有相當高比例的土地屬於村庄、村廟或宗族共有之土地，卻在改革過程中被徵收，並繼之被放領給單一自然人現耕佃農。綜言之，台灣土改的其中一個重大且不預期的效應，是讓漢人農村原有的鄉庄團體正式失去了它們所依附的土地，以及土地生產收益所帶來的在地社群的照顧功能（何欣潔 167）。

何欣潔因此認為，土改的關鍵意義在於將台灣的土地從前現代鄉庄社會的社群關係中解放出來，隨之奠定個人化、而且具有排他性的現代產權概念的土地所有權制度。但我認為，更準確地來說，土地改革所真正奠定的個人化土地所有權中的「個人」並不是西方自啟蒙時代以降自由主義想像中原子化的個人，而是身處於「家庭」中的個人，而且是一種非常特定的「兩代親子核心家庭」中的個人。可以說，台灣土地改革，雖然如同何欣潔指出的、成功排除了宗族、村庄、宮廟等社群共同體，但卻凸顯了另一種共同體，使得以親子血緣為主的兩代核心家庭成為戰後台灣農鄉個人生計與生活依附的主要單位。

再者，這個經由戰後土改所普及化的、作為農地單一所有權持有者的兩代核心家庭，同時具有高度的性別化意涵。二戰後，美式核心家庭想像位於美國在世界各地推動的人口計畫與土地改革的計畫核心。尼克・庫拉瑟（Nick Cullather）的研究即指出，中華民國土地改革計劃的美籍顧問雷正琪（Wolf Ladejinsky）曾刻意將「從佃農變地主」的亞洲自耕農與傑佛遜式的自耕農，一種在美國政治史中被理型化、象徵獨立、自主、自給的理想美國（白男）人形象給連結起來（Cullather 2010）。雷正琪對於如何通過在亞洲複製美國「自耕農」家庭農場來取得冷戰氛圍下的反共勝利，有一套清楚的願景，這在他引用湯瑪斯・哈特・本頓（Thomas Hart Benton）於

1826 年所說過的名言「小自耕農……理所當然地是自由政府的支持者」這句話表露無遺（Ladejinsky 1977：287）。而前述台灣土改允許每位自耕農擁有三甲地的設計，也正是奠基於「一個男人當時可以三甲地養活一個家庭」的預設而定出來的標準。也就是說，台灣土地改革計畫所預設的「個人」不僅是指身處於「核心家庭」中的個人，其實更是一個指涉著特定性別與族群身分的個體：一位自耕、已婚的漢人男性農民。[12]

同樣值得注意的是，土改所帶來的影響，不僅限於那些由上往下的強制性措施，也包含了由下往上的社會動力。例如，由於預期未來會被施以每人所有地三公頃為限的改革，許多地主採取了預行性分家，也就是將名下土地在土改實施以前即拆分給兒子們。學者因此指出土改的效應之一在於加速原本台灣傳統農村漢人家族的解體（意即由採財產共有制的三代同堂家族，提前分家為數個核心家庭）（瞿宛文 2015：153）。土改的另外一個效應是讓國民政府成功改制日治時期的「農民組合」為「農會」，並以其作為台灣農民的政治代言者。直至今日，農會會員資格皆是以「家庭農場」為單位，僅授與單一家庭農場的戶主（2015 年，台灣八成的家庭農場戶長為男性）正式的會員資格，從而先是限縮了絕大多數與男性農民並肩參與農業勞動的農村女性與農村青年參與農民政治的機會，同時再循美國模式將女農與青農收編於「家政班」或「四健會」之下，並對其施予刻板化的農村推廣活動。質言之，兩代親子核心家庭是台灣戰後土改與相關農業制度設計的基本預設。也可以說，藉由土地改革的強力實施，兩代親子核心家庭農場及其背後的漢人中心與父權中心設計，從 1950 年代起即被各種有形、無形的土地與農業組

---

[12] 感謝洪廣冀幫助我注意到，此一制度與日本殖民時期為每個台灣原住民家庭分配 3 公頃森林領地的相似之處（個人通訊）。

織原則給普及化與自然化了。

總的來說,以上過程集體形塑了台灣戰後的「小農體制」:亦即由一群具有高度小頭家精神的自耕農、在跨代分家後持續破碎化的零細農地上進行農業生產,也依憑著家庭農場的人力與土地資源,審時度勢地在台灣戰後快速現代化的發展路徑上求取生存。在許多社會學者與人類學者的研究中,這些核心家庭農場首先在 1950 年代成為國府透過綠色革命(包括與耕者有其田配套實施的肥料換穀政策)推動農業部門大量生產,從而成為推動台灣戰後經濟快速復甦並賺取外匯的主力。在台灣總體經濟由農轉工的過程中,這些家庭農場也透過家庭勞動力與農地空間的彈性化運用撐起無數個全球代工商品鏈中的衛星(客廳)工廠,從而打造了 1970-80 年代間所謂的台灣奇蹟經濟。[13] 而隨著分包化的資本主義為了尋求廉價勞動力而往東南亞和中國再次轉移,1990 年代之後台灣家庭農場的主要收入來源也從農由工後再度轉移,高度仰賴子女們投身城市服務業部門的收入。誠然,這樣的轉變反映的更是台灣戰後持續選擇重工輕農、重城輕鄉,亦即以農鄉為「犧牲體系」的發展道路,導致在台灣純務農所得普遍偏低,以至於在 1960 年代以後非農業部門的收入已經成為台灣農家的主要收入來源。1976 年,台灣農家的農業收入依存度僅有 38%,之後更逐年下降,2010 年僅存 21.8%,意味著即便是在家庭農場中,來自農業的家戶所得也僅佔整體家戶收入的五分之一。這也導致在台灣的家庭農場中,兼業農戶的數量一直遠高

---

[13] 見 Greenhalgh 1989;胡台麗 1978, 1991。瞿宛文也指出,土改後現代化、單一化且廣泛分佈的土地產權,配合以家庭為單位的運作方式,一方面為農民提供替代性社會福利,另一方面也提供龐大的增值與資本化空間,成為促進台灣中小企業蓬勃發展的重要因素(2015:153-157)。只是這些助農轉工的過程,長期而言都對農業生產造成極為不利的影響。1970 年代作為政策口號的「客廳即工廠」,成為今日嚴重農地工廠問題的濫觴。2000 年開放農地自由買賣並可起造「農舍」之後,更鼓勵個人加入都市開發與工業等非農部門一起競用農地。

於專業農戶，且專業農戶的占比已從 1990 年的近 1/4 降至 2010 年的 8.5%（徐世榮、李展其、廖麗敏 2016）。2005-2015 年的農民漁牧普查資料的分析結果也指出，台灣中高齡農業從業者所佔比例已經接近八成，農村勞動力的老化趨勢嚴重，青年投入農業的意願低落（徐雅媛 2021）。

換言之，當代台灣農村絕大多數的水稻田早已不再如當年雷正琪所驕傲想像的由獨立、自主、積極的「自耕農」們辛勤耕種，而多半是外包給有著最新型進口大型農業機械的水稻機工包工農（＝水稻代耕業者），後者利潤則來自台灣獨特的「公糧收購制」所墊高的水稻市場交易價。也因此，對於那些走過 1950 年代土地改革的自耕農地主來說，在 21 世紀的當下，擁有一塊農地最切身的意義不再是農業生產，而是讓他們能夠領取老農津貼與享有受政府補助的農保，以及讓下一代創業融資或者在都市成家所需的基金（在老農們點頭同意讓農地掛出「售」字招牌而將其轉化其「交換價值」後）。在交換價值明顯大於使用價值的情況下，台灣（尤其是北部）許多農地，就像在法律上持有它們的老農地主，已經離實際的農業生產現場越來越遙遠。

三、險境中的核心家庭農場

目前為止，本文敘事中的「家庭農場」看起來都像是一個同質性的整體。然而在實作上，一個台灣自耕家庭農場的存繫，很大程度是來自於其內部成員間的強制性別分工。無論是在宜蘭員山鄉的深溝與內城村，或者在彰化二林的相思寮，我所熟悉的農村女性長輩在全職務農之餘都還是家中的主要育兒與家務勞動者，也都無一例外地曾經離鄉至高山果園或菜園擔任季節性的農業勞工（林樂昕與蔡晏霖 2011）。然而，儘管這些女性對於家庭農場的勞動參與度

完全不亞於男性（其實加上育兒與家務勞動後應該更多），她們對於台灣農業生產的貢獻卻極少獲得公開承認。當土拉客成員們剛搬到深溝村時，常有好奇的村民對著田裡工作的我們探問，想知道我們是誰的女兒或妻子。這背後固然有著嘗試確定在地關係人的意涵，但也同時蘊含某種「農村裡的女性都是從屬於男性而勞動」的預設。從統計數據來看，這樣的預設其實有著堅固的物質基礎：雖然中華民國民法自 1930 年施行以來即保障男女享有平等的繼承權，但根據 2016 年的統計，台灣男性擁有的土地總面積是女性擁有土地總面積的 2.7 倍，[14] 由男性繼承的財產總價值則比由女性繼承的財產總價值超過 3.5 倍。[15] 在農地方面，男性繼承的比例甚至高達 89%。[16]

與此相應，在農村裡生活的我也逐漸意識到一個明顯的性別差異：我常在村中鄰居阿姨阿姆們為廟宇活動義務煮菜並片刻偷閒時與她們聊天，想從她們的話語中汲取關於深溝過往的片段回憶。然而令我驚訝的是，我聽到的是一個又一個艱辛、苦役，甚至近乎受虐的故事──來自這些女性農民前半生穿梭於農務與家務勞動間雙重重擔的痛苦回憶。這類對話最後多半以淚水與「麥擱共啊～」的嘆息告終。另一個極端但卻非常有啟發性的經驗則是：一位女性長輩曾經興奮地表示要來宜蘭參觀我的水田。後來當我們抵達田邊，這位長輩卻又堅持離開，留下滿臉問號的我與同行友人。當時的我並不明白長輩的態度為何有著一百八十度的轉變。直到後來，當我與越來越多的農村年長女性熟識後，我終於可以理解並感謝當年這

---

[14] 見內政部 2017。

[15] 見財政部 2017。

[16] 行政院主計總處研究員周怡伶以農林漁牧業普查統計指出：「女性積極參與農事決策過程，惟在經營權繼承仍屬弱勢 2015 年女性擔任決策關係人（次經營者）約 29.2 萬人（占 64.3%），高於男性之 16.2 萬人（占 35.7%）；而女性農業承接者僅 1.6 萬人（占 10.2%），低於男性之 14.1 萬人（占 89.8%）。顯示農家婦女積極參與農事作業決策過程，但在農業經營權繼承上仍較弱勢」（2018：4）。

齣簡短且突兀的「重返土地」戲碼所隱含的啟示：儘管這位出身高雄農家的長輩後來成為國中老師並順利為自己打造了一個都市中產階級家庭，也儘管她對於自己的童年有著真切的鄉愁，但是那一天，當她來到闊別已久的水稻田邊，她還是被半世紀以前辛苦勞動的記憶及其所引發的身心不適感給淹沒了，只能匆匆要求離開。

　　有別於女農們的創傷回憶，我所認識的多數男性老農往往更樂於談起他們的過往。當年長女農們普遍一致認同她們現在的生活已遠比從前過得好的同時，年長男農卻習於悼念一個早已逝去的「黃金時代」。這個黃金時代大致指向土改後的二、三十年間，那時，這些前佃農們已經開始享受身為自耕農的自主性與滿足感。1960 年代起，輕型農機、化學肥料與農藥的逐漸普及也大幅減輕田間勞作的體力負擔。根據這些年長男農的說法，身為自耕農的美好時光在 1970 年代後逐漸褪色。由國家主導的農地重劃與重型農機具的引進，促使了代耕業者的興起，結果卻是小農地主與代耕業者雙輸的局面：對於代耕業者來說，由於大型進口機械過度昂貴，他們被迫無止盡地擴大承包的區域，以便在下一種更快、更昂貴的新機型上市前還清債務。與此同時，小農地主為了趕上由越來越大的農機具所推進、日益加速的插秧、收割等耕作節奏，也被迫將越來越多農務外包給代耕業者，以至於原先即已微薄的稻作收益又被進一步地分潤與削減（劉亮佑 2014；Lo and Chen 2011）。胡台麗於 1980 年代中部農村的田野研究即觀察到：耕作方式現代化後的生產成本增加，農村納入資本主義生產消費體系後的家戶物質需求也增加，然而農業收入在低糧價政策下始終偏低，使得農家普遍不期待後代繼續務農（胡台麗 1991：217-8）。

　　簡言之，土地改革和綠色革命確實一度如雷正琪當初所想像的一樣，將戰後台灣社會主流的漢人男性水稻農從佃農轉變為相對自

主的自耕農。然而綠色革命與農業現代化無止盡的「效率」追求，又導致了農民與農業勞動過程的再度脫鉤，以及土地所有權與現場土地管理的再次分離。與此同時，我們必須謹記那些歸屬於女性的種菜、採收雜糧、照料家禽家畜等工作，從未如男性所主導的水田勞動般歷經由低而高的機械化過程。換言之，相較於男性，台灣農村女性的勞動負擔整體來說較少因機械化而減輕。然而在日本，這類有助於女性工作的小型機械其實是很容易取得的。

綜合以上，我想指出，台灣的家庭農場長期仰賴著一個高度性別化的分工體制。而且，儘管農村女性長期承擔雙重的家務與農務負荷，這些貢獻卻又遭遇物質面向與象徵意義的雙重否認。也因此，我們應不難理解，當 1970 年代後期台灣西部海岸開始建造一個又一個加工出口區，許多農村女性立即快速且積極地投身其中。這些來自農村的女性勞動者除了在工廠獲得相較於家庭農場勞動更多的財務與身體自主，也開始傾向以城市、無農業背景的台灣男性為理想婚配對象。1980 年代起，與台灣農村男性結婚的東南亞移民女性人數顯著增加（夏曉鵑 2002），顯示許多年輕的台灣女性已經集體拒絕了留在、或者嫁入土改以後的核心家庭農場。進一步言，此「集體決定」或許已在三十年前預示了今日台灣核心家庭農場數量持續減少，剩餘的則持續老齡化的險境。誠然，這當然也是台灣戰後選擇以農鄉為「犧牲體系」的發展路線的必然後果，只是性別化的勞動體制依然是我們在思考台灣家庭農場問題時必須納入的考量。

必須澄清的是，陷入危機的是「核心家庭農場」而非「核心家庭」本身。梅琳達・庫珀（Melinda Cooper 2017）有力地指出，1980 年代的新自由主義改革者透過為使信貸市場民主化並拉抬資產價值的政治活動，成功地復甦了在家庭債務論述中私人家庭責任的傳統。美國越來越多的州藉由提倡教育、住房、醫療和育兒的私有化，期

望使市場力量彌補公共基礎設施的不足,並將核心家庭轉變為個人主要的安全網,使核心家庭成為那些買不起醫療服務者的最後靠山。如同湯瑪斯・皮卡提(Thomas Piketty 2014)的研究所指出,二十一世紀新自由主義式的資源分配機制,有越來越朝向私人繼承的財富轉移機制的趨勢。台灣近年有關家庭貧富收入差距兩極化的研究結果也呼應了此一觀察(李宗榮與林宗弘 2017)。同時,我們也需額外清楚,台灣的社會福利分配機制始終都與異性戀家庭的實踐與論述無法分離,尤其是在住房和醫療這兩個攸關個人長期生命福祉的重大面向。在此趨勢下,台灣的酷兒、無家者和單身人士也因而被迫處於「雙重邊緣化」的危險中——第一重的邊緣化源於他們處於異性戀家庭之外的處境;第二重的邊緣化則源於,處於異性戀家庭之外的他們,也同時因此又再度落在以異性戀家庭作為主要分配機制的社福體系之外(趙彥寧 2005, 2017)。

　　總而言之:台灣核心家庭農場的弱化趨勢,以及以異性戀家庭再生產作為主要資源分配機制的社福私有化趨勢,在此匯流出一個關鍵事態:一旦國家越是將核心家庭轉變成保障個人福利的主要安全網,原本就位居社經弱勢的農民以出售農地換取家庭福利與階級向上流動性的可能性與正當性就越高。2000 年 1 月,當時執政的國民黨在台灣戰後第一次政黨輪替的預期下,與時任反對黨的民進黨聯手推動農地市場自由化,是為兩個都意圖爭取農村選票的宿敵間的投機性聯盟(unholy alliance)。台灣的土地所有制自此從二戰後的「農地農有」政策轉變為「農地農用」政策,「非實質務農者」只要將農地留作「農業用途」就可以購買農地——然而這都只是自欺欺人的技術性修辭。果然,全台各地的農地價格在接下來的二十年開始飆升。2001 年到 2021 年間,全台各鄉鎮共起造了四萬兩千五百間鄉村住宅,反諷的是,台灣農民的人口總數卻持續下降。

這顯示曾為台灣農業支柱的家庭農場,現在正在離開他們曾經賴以為生的農業。而如同文章一開始的那張蘭陽平原鳥瞰照所顯示的:這場台灣核心家庭農場的離農危機已經使得蘭陽平原原本平疇遍綠的農田地景,逐漸變成了一棟棟豪宅農舍與農田交雜並存的拼布式地景。無法再負荷水田管理工作的老農,首先釋出農田的使用價值給在地代耕業者或者新來的友善耕作小農。而當晚輩在財務上有所求,這些老農又同意進一步賣出他們名下的農地,進一步實現這些農田的交換價值給意在建造豪宅農舍的購買者。質言之,正是因為老農離農,而他們的晚輩也不再繼續務農,外地人(包括豪宅農舍買主與外來的友善耕作小農)才有辦法接手這些家庭農場所釋出的農地。這一點正是友善小農與豪宅農舍相關連的存在基礎。然而如同我在序言提到的,宜蘭友善耕作小農社群有別於豪宅農舍屋主的獨特與重要之處,正在於他們善於透過各種「多於人」的經濟與生態聚合體以培育出新的在地生計與抓地力。要了解這一點,我們得真正踏入一塊宜蘭的友善耕作水田,並造訪水田裡的福壽螺。

四、瀕危年代的多物種求存與共生

三月初,驚蟄時節的某個午夜,我戴著獵人等級的頭燈,於半夜的水田裡彎腰撿拾福壽螺(*Pomacea canaliculata*, Lamarck 1822)。當日清晨六點,二十盤水稻秧苗剛從育苗場中被捲起、上車、正式移居到我的水田裡。今晚,這批僅二十日幼齡的秧苗正面臨一場分秒必爭的生存殊死戰:秧苗腳下的泥土裡,有超過兩萬隻福壽螺剛從冬眠裡甦醒。[17] 去年入冬後就一直餓著的他們,此刻正蠢蠢欲動地等著享用第一口秧苗。當福壽螺從田底的土層緩緩爬升而

---

[17] 來自農田生態學家和友善小農夥伴林芳儀和陳毅翰的估計(林和陳,個人通訊)。

上、接觸到水田表土的那一刻，螺殼裡探出了兩對觸角。這些觸角能精確地偵測秧苗的化學成分，讓近視的螺知道該往何方爬行。秧苗的對策，則是在三天內快快發出新根，讓苗身站直、抽高；接下來也得讓秧桿的纖維在一個月內變粗變堅韌，才能抵禦福壽螺發達的齒舌。

這場水田裡的生死鬥還有其他的參與者。插秧機翻起福壽螺也翻起小蝦、游魚、紅娘華、螻蛄、錐蜷、黃金蜆、澤蛙等田間生物。這些小生物看似對秧苗無害，卻會引來貪嘴的花嘴鴨、白腹秧雞與紅冠水雞。身軀圓胖的鴨子游泳時會碰倒秧苗，身體瘦長的水雞則會整株拔起秧苗，兩種行為都是在幫福壽螺準備晚餐。不過，鳥兒們的走動攪動田水，也攪拌了水中的微生物與有機質，有助於秧苗的根部吸收養分。「人的腳有肥」，這是教我們種田的深溝村三官宮陳主委常說的一句話；而現在的我知道，「鳥仔腳」也會出肥，差別只在鳥腳入夜後就休息，人腳卻刻意在晚上出沒田中撿螺，因為科學研究顯示福壽螺在夜晚九點到午夜之間最為活躍。而每當沈浸在夜色中獨自撿螺時，我也常常被螻蛄、澤蛙、蟾蜍的混音合唱所吸引，或者乾脆追蹤起體色近乎透明的小蝦如何在田裡游泳。對某些人來說，「午夜撿螺」只是「文青農民」自找苦吃再透過文化資本把米賣得貴鬆鬆的伎倆。對我而言，這種違反人類生理時間慣性的身體勞動，卻正是一張通往水田眾生大會的入場券，引我進入物物相連、死生交織的多物種關係網——我的「水田生死鏈」。

福壽螺於 1979-1980 年間從阿根廷引進台灣，由於養殖市場崩盤而流入台灣田間蔓延，從此成為水稻農的夢魘。儘管歷年來許多專家與農民皆研究過各種除螺法，至今，手工撿螺依舊是最具鑑別力、但同時也是勞動強度最高的福壽螺移除方式。這是因為，所謂的有機除螺藥苦茶粕、在釋出皂素殺死福壽螺的同時、也將無差別

地殺死水田與灌溉溝渠裡的水生或兩棲生物。遺憾的是，台灣有機稻作認證體系在實務上忽視此事實，為有機水田施行苦茶粕留下曖昧的許可空間。[18] 這也是為什麼，許多採行手工撿螺法的友善小農驕傲地自詡比有機認證更加友善環境，因為唯有透過手工撿螺，友善耕作農民才能在最小化農損的同時，也保全水田中多數動物的生機。[19]

此外，台灣的有機認證制度要求耕作者必須具備農地所有權狀，或者長期租借農地的正式租約。然而在土地改革後的台灣鄉村，一個外來者想要與老農地主簽署長期租約幾乎是不可能的事情。由於恐懼耕者有其田的土地重分配變革再度發生，幾乎沒有地主願意將土地所有者與租戶的關係形諸於正式的紙本契約。[20] 也因此，有機認證的物質基礎高度取決於兩個條件：(1) 能透過親屬關係而繼承或擁有一塊農地，抑或能夠藉由親族關係連結以取得一份長期土地租約 (2)。能透過市場交易機制購買一塊相當面積以上的農地，或者有機會與國營事業如台糖或退輔會等大規模土地持有者租地而取得長期的農地租約。

從這個角度來看，我們可以說所謂「友善小農」往往也包括許多那些沒辦法通過親屬關係或市場邏輯取得官方所認可的台灣農地所有權或正式使用權的人。我們甚至也可以說，正因為國家眼中只

---

[18] 實際上根據現行有機資材規定，苦茶粕具有魚毒性，是禁止使用於水域的。

[19] 關於友善耕作論述的草根發展歷史，以及早期的論述者如何藉由友善耕作論述與屬於國家治理權一環的有機農業論述對話，請參考蔡晏霖 2016, 46-48。

[20] 老農地主拒簽租約的狀況，在我剛進入宜蘭友善耕作圈的 2010 年代屬於常態。2020 年代以來，我逐漸聽聞身邊的農友找到願意簽租約的地主，顯示情況有所改善。2023 年 3 月，土拉客的兩位果農也在務農五年、商談兩年以後，正式與兩位地主簽下六分地的十年長約，從此可以自主且長期性地規劃果樹種植的空間與季節配置（土拉客 2023.1.21）。這對於任何想要以友善土地的方式長期務農的農人來說，都是必要且基本的考量。只是在宜蘭農地持續飆漲的現況下，友善耕作小農們也越來越難保對特定農地長期使用的確定性。

以明文的農地所有權或租賃使用權作為農民身份的判準,而多數友善農耕的實質租賃關係又都無法形諸於國家願意看見的形式,所以,這些無地又無租的友善小農,在國家的眼中基本上是不存在的。直到 2018 年通過的有機農業法納入「友善耕作」,國家才首度展現願意正視(與管理)友善耕作農人的努力。

有趣的是,儘管難關重重,一個友善小農社群確實在 2010 年代以後的深溝村扎根並逐漸茁壯。但為什麼是在深溝村呢?關鍵在於深溝是朱美虹與賴青松這對宜蘭友善水稻前行夫婦前者的娘家。經由美虹,青松才有辦法向美虹的親戚租到水田,即便這樣的租賃關係仍然不具書面合約。換言之,具地緣性的親屬連帶依然是友善耕作社群抓地力的起始點。而當田地多過於青松一人能獨立耕作的範圍時,這對夫婦便決定將多餘的土地提供給其他友善小農——並非透過親屬連結,也非透過商業機制,而是透過一個叫「倆佰甲」的計畫。對於一個有志加入計畫的新農來說,只要同意在不使用任何化學物質的情況下照顧水田,並經由倆佰甲計畫負責人的同意,就能在青松的名義下向老農承租一塊水田。倆佰甲計畫還會教導這些新農有機水稻種植的基本知識,包括處理福壽螺的方法。在倆佰甲計畫之下,新農無需透過親屬連帶或金錢邏輯,而是以對照顧水田眾生的承諾和實踐來近用農地。誠然,土地所有權與親屬關係依然是近用農地的最主要管道,但它們不再是唯二且具排他性的管道了;它們只是讓友善小農社群(以及小農們所在乎的水田生物)能在深溝村共同茁壯的社會生態網絡的一環。

我想進一步強調的是,宜蘭深溝的友善農耕社群是一個透過鍛造「多於人」的結盟關係而共同成就彼此(co-becoming)的故事。主流媒體常言返鄉新農從上班族生活「出走」與「逃逸」,然而我始終認為,跟隨資本主義的利益迴路跨國投資才是真正的「出走」

與「逃逸」；相較之下，選擇和老農、小學生、水田、福壽螺、白鷺鷥一起在城鄉不均發展的廢墟上生活與耕作，其實更像是從一個新自由主義的生態、勞動、與社會性廢墟移往另一個廢墟求生存的努力：上班族因外食而三高的身體、農民因農藥而洗腎的身體、菜園因過度施肥而酸化的土壤、只剩福壽螺的水圳、以及外國農產品進口後長期休耕的農地⋯⋯都是跨國工業型農食體系造成的生態廢墟；低薪過勞的都市窮忙族、年年面臨廢校威脅的小學、後繼無人的在地工藝、以外籍移民勞動力支撐的家庭再生產、田中央無人居住的「豪宅農舍」⋯⋯則是臺灣出口代工長期以農養工的發展模式創造的勞動與社會性廢墟。

　　然而當福壽螺遇見窮忙青年，當棄業上班族來到偏鄉小學，事情開始有了轉機，上班族開始將老農種的菜送進小學生的營養午餐桌，校長也邀請老農與青年帶領學生學習以友善環境的農法種稻，過程並由具文字專長的新農記錄成書出版。我看見在深溝的友善耕作社群中，各種人與非人的「倖存者」透過農技藝與農文藝的實踐，一起將各種廢墟轉譯為雖不理想但可資生存的「庇護所」──而共生，正是這些不同倖存者的集體求生之道。在短短 5 年內，超過 70 個家庭和個人在深溝及附近村莊的 200 公頃土地上展開了全新的務農生涯。而通過交換在地知識與建立跨城鄉、跨產銷鏈、跨產業與跨物種的聯盟，這些新的農業經營單位也在宜蘭打造出許多新的社會、政治、經濟和文化生活網絡（見圖 2）。

　　簡言之，本文想強調：宜蘭友善耕作正在翻新台灣漢人農村中農業經營單位與土地關係的纏結。自戰後土改以來，漢人父系親屬關係一直將農地與農業知識的近用性圈限在核心家庭農場內，只有在資本積累的考量下才將土地釋出。然而在當代核心家庭農場的存續險境中，友善小農取得了入場機會，並透過關照水田裡的生物多

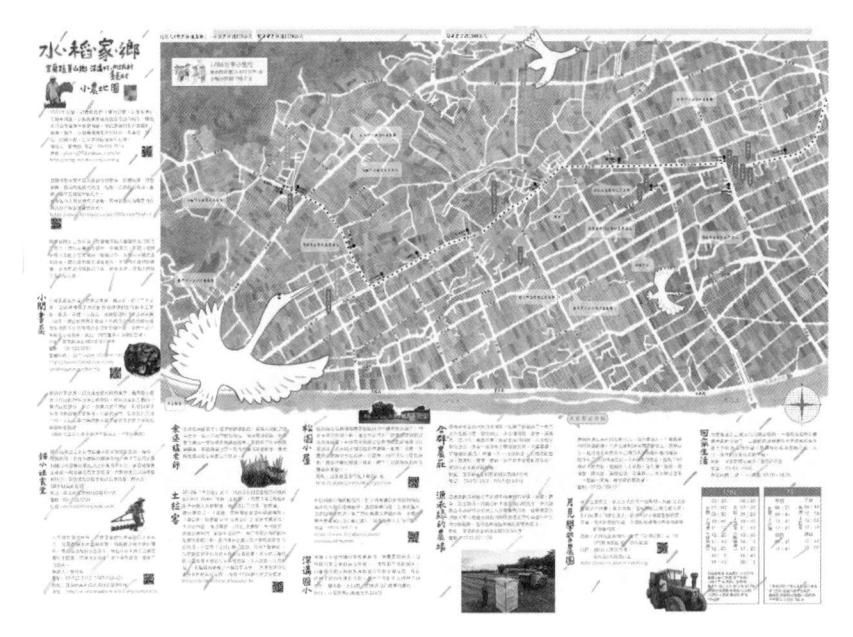

圖 2 圖片出自田文社

樣性、拒絕全面性地殺螺，將水稻生產端與具健康與環境意識的都市消費者連結起來，結合了多方行動者共同踐行出一個「多於人」的生態照顧網絡。在這個我稱為「培育怪親緣」（farming odd kin）的另類人地關係叢結中，人類的飲食與福祉高度依賴著非人動植物的福祉，而正典的血親家庭親緣關係實踐，與非正典的親緣關係實踐也各自有其重要的連結意義，兩者不必然處於對立與緊張的關係。一個有趣的例子即是：2017 年的春天，一位種植平地柑橘與高山果樹的枕山老農主動接觸土拉客，願意將其累積多年的有機果樹栽植技術全部傳承給土拉客，唯一條件就是承諾完整地學習四年。老農認為，不論是國家主導的農業推廣系統或是他的家人都無法將他累積 20 年的農業技術傳承下去，因此他主動提出一個讓青農以「勞務

換知識、按年資提高收成分潤」的計畫，很快地，這位來自台灣戰後核心家庭農場的年長男性農民就成為土拉客這個非正典新農家的果樹栽培技術導師。

我還想進一步提議：積極參與並豐富農村的在地敘事（local storytelling），無論是聽故事或者說故事，也是一種建立連結與共在的另類人地關係模式。十分巧合地，土拉客成員們有幸得知我們初期耕作的一塊水田先前耕作者的故事：她是一位備受鄰里敬重的女農，丈夫早逝的她，透過田作拉拔三個孩子長大。當夫家親戚們不斷覬覦這塊田地時，許多與她非親非故的村民常去支援她，在耕作和生活上給予協助，而她也以善於調解爭議的人格特質回報鄰里。這位意志堅定、善於合作的女農前輩典範帶給我們土拉客成員很多啟發，不僅因為她在同一塊土地上曾經做過的事情隱隱呼應著我們作為一個集體正在努力的方向，更因為她的故事提醒了我們：在常軌化、正典化的歷史敘事之外，一直都有許多人在以超越正典親屬關係的方式與土地發生關係。

另一個重要的前例發生在兩百多年前。一批又一批初次踏足蘭陽平原、操著同一方言的漢人羅漢腳群體，以「結首」制度自我組織為武裝移墾集團，掠奪原住民族的土地並帶來台灣西岸土地開發的資本與技術（王世慶 1999）。這些墾拓殖民者取代了原住民的農耕與生活方式，但也以有別於原鄉漢人以血親家族為關係常軌的「擬親屬」（fictive kin）方式來組織自己的日常生活。這呼應了近年許多歷史學家與社會科學家從華南社會開始的漢人親屬關係研究，說明所謂的漢人「宗族」其實具有相當的彈性，並非以血緣為唯一運作原則。在不同時空狀況底下，漢人常常會策略性集結在不具有血緣關係的象徵性社群中（例如同姓氏、同鄉、村廟，或者如宜蘭開墾史上獨有的「結首」），符合旅行、貿易、開墾、或者照顧老弱

孤獨者的團結性需求。換言之，儘管是在重視血緣的傳統漢人社會，也常常透過非血緣的人群組合單位來打造「擬親屬」的社群認同，並且以這些擬親屬的想像社群作為財產繼承的基礎。[21]

值得注意的是，「華南學派」歷史學家與人類學家的近期研究也指出這類虛擬的「做親屬」實踐也常常就在家中發生，不待遠求（Faure 2007；科大衛與劉志偉 2000）。透過檔案材料重新檢視華南社會裡的「宗族」概念，這些學者指出所謂在明代發展出來的「宗族」並非人類學教科書中的世襲世系集團，也不是某種漢人文化與社會特有的傳統制度。相反地，宗族概念是宋明儒者文明計畫的一部分；這些儒家治理者部署了許多「做親屬」的技術與手段——宗族譜的編纂、祠堂建造、祖先祭祀的儀式制定，都是為了在華南社會的基層與當時流行的道教與佛教競爭治理正當性。換言之，漢人原來也經常通過虛構的親屬關係相互動員，所謂的「正典血緣」關係只是漢人社會中眾多組織和選擇性凝聚的原則之一而已。[22]

在二十一世紀的宜蘭生活與耕種，身為新農的我，確實也能體會周遭生活世界中諸多外溢於正典親屬關係的連結。那些老農地主口中、每逢春耕伊始與結束都必須在田頭認真祭拜的「田頭主老大公」，正是沒有後代祭祀的亡者。據說他們喜歡四處遊蕩，也可能挑顆石頭當厝所，或者就決定棲身在水田裡。而無論住在哪裡，這些遊魂都是任何祈願豐收的農民不可忽視的力量。每當有新農發生車禍或身體不適時，老農們也會將這些意外解讀成田頭主老大公們試圖傳達訊息的徵兆，提醒我們可別「已讀不回」。我逐漸意識到，這些田頭主老大公彷彿也是某種意義上的「田間管理員」，只是他

---

[21] 此點感謝連瑞枝與我的討論（個人通訊）。
[22] 漢人親屬研究尤其華南學派的論點要特別感謝方怡潔與連瑞枝對我的指點（個人通訊），相關文獻請參見 Faure 2007、科大衛與劉志偉 2000。

們的管理對象似乎正是我們這些涉農事未深的新農——老農相信，田頭主老大公會在田裡觀察新農是否勤奮除草或將農具收拾整齊。老農也因此會督促他們的新佃農給予這些田頭主老大公們應有的尊敬。從這個角度來看，新農向老農地主租下一塊地，不只代表她或他願意接手照顧這塊田地中的作物與水土，也代表著她或他會接手照顧在這塊田區出沒的鬼魂；相對地，這些鬼魂也會以協助農民獲得好收成來回報這份照顧。漸漸地，我理解到，原來農耕勞動所產出與照顧的，從來就不只是價起價落的農作物，而是老農口中的「田頭田尾」，亦即所有水田中有形與無形的存在物。重要的是，如此的「跨本體」照顧關係始終是平等互惠的：只要我們好好地關照他們，我們自身也將會被好好地關照（Tsai et al. 2016）。

五、結論

　　面對蘭陽平原上豪宅農舍與友善耕作水田並立的拼布式地景，本文反對將其視為土地商品化與反商品化兩股抽象力量的對立，而主張視其為人類世的常態——因為人類世本身就是異質與拼接。本文建議將「豪宅農舍」與「友善耕作」各自視為不同人地關係的區塊，兩者駁雜交織的現象則呼應著台灣核心家庭農場的興衰。我主張，豪宅農舍現象是農村異性戀正典核心家庭為求自我延續而賣地離農的物質化效應；友善耕作農場則是友善耕作小農透過「多於人」的非正典親屬連結，在老農離農與農地市場化的洪流中夾縫求生的狀態。我也嘗試透過多物種民族誌式的書寫呈現宜蘭友善耕作小農的特殊之處，不在於他們之於資本主義的外部性，而在於他們擅長創造性地組裝「多於人」的生態與經濟以增益自己的農村抓地力。經由照料水田生物與崇敬田頭主老大公，新農加入老農共同守護一個除了人以外還有許多關鍵他者（動物、植物、鬼神）的鄉庄「多

於人」世界（more-than-human world），也藉此動員具健康、環境、或者文化政治意識的城市消費者。多物種民族誌不預設能動主體的本質（例如誰的能動性多或少、好或壞、是主角還是配角），而是具體追溯不同的人、非人，與非生物等異質行動者之間特定而歷史性的互動關係，從而看見同處於資本的巨大陰影下，創造性的跨物種親緣關係，與以人類單一物種再生殖為核心的漢人親緣關係，如何為當代臺灣農田地景提供不同的抓地力。而我認為，練習將這樣的駁雜地景視為不同自然文化（natureculture）實踐的摩擦場景，將有助於我們評估和思忖與各種異質他者的共生求存之道。

＊＊＊

這篇論文根基於我對於生態友善型農業的長期實踐與思考。當人類世的討論承認農業對於世界的影響（甚至提議把農業視為人類世的開端），當代的農業實踐有沒有可能提供人類世的可能出路，幫助人類重新學習與非人之物共存於世的方法？什麼樣的農業與人地關係想像，可以同時帶來更多人與非人的正義與共生關係？換言之，一個對人類世具有批判力道的農業實踐可能是什麼樣子？

身為宜蘭友善耕作農業的參與者，我不得不面對的關鍵矛盾始終是：當農業相關施為開始再度珍惜生態意義上的多元性，也就是所謂生物多樣性的同時，我們的主流人地關係模式與土地近用邏輯，卻依然還是為同一性與可複製性所把持。這意思是說，當生態農業努力在人與非人之間建立新的跨物種連結，主流的土地分配邏輯卻還是被囚禁在由資本與親屬關係所主導的再生產邏輯，不斷追求單一物種、單一我群的延續，無論這個我群想像本身具有多高的虛擬性質。換言之，當台灣農業正逐漸朝向一個尊重差異、追求生物多樣性的新範式轉移的同時，台灣農地利用的普遍邏輯卻與前者呈現

顯著的對反，反而朝著同一化與同質化的方向前進。而一旦土地的商品價值越高，土地使用的可能性基本上就越被限縮於水泥建物，也由此排除了多物種共居的空間與社會可能。

　　換言之，一套僅強調生物多樣性的新農業實踐，顯然不足以將我們從當代台灣農地流失的困境中拯救出來。我也因此想呼籲，生態多樣性的擁護者不能再忽略同時追求經濟多樣性的必要性，同時對現行具主導性的農業經濟組織進行歷史性的反思。我們必須追問，某些看似穩定的組織型態，例如家庭農場，是如何歷史性地成為理所當然？正如前述，當代台灣家庭農場是複雜歷史的副產品，是台灣脫離日本殖民後遭遇中國內戰、冷戰地緣政治和戰後美國綠色革命輸出的綜合效應。而當都市熱錢不斷讓台灣農地價格創下歷史新高，台灣的家庭農場如今又來到另一個歷史關口：「家庭農場」裡的「家庭」與「農場」，在當代是否還能繼續連結？在什麼樣的條件之下不可以？又在什麼樣的條件之下可以？宜蘭的友善耕作小農及其培育怪親緣的實踐提醒我們，當代家庭農場的危機本身，亦可能提供一些超越資本與親屬關係而打造另類人地關係的可能。

　　總言之，本文嘗試描繪的是一幅稍微悲觀但仍不失希望的、對於當代生態友善耕作的在地觀察。我相信，重點在於從友善耕作進一步想像新型態人地關係的可能之道，在其中「繼承」與「所有權」會是眾多人地關係模式選項中的兩項，而且他們不會是唯二且具排他性的選項。本文第四節即嘗試說明當代宜蘭的水田地景正在由正典與非正典親屬纏結所共同改變與塑造。來自中國華南羅漢腳移民的遊魂正被當代各種已婚、未婚、不婚等多種親緣關係實踐者的友善新農們悉心照顧著。而透過嘗試與來自拉丁美洲的福壽螺共生，嘗試照顧水田中的本土螺類、水鳥、爬行動物和多種魚類，這些都市歸農者在此聚集並形成了新的「多於人」照顧網絡，將各種形式

上的工業廢墟轉變為可居、宜居的避難所,並擴大了我們對如何透過農業打造更好世界的想像。此外,雖然有人可能傾向於將這些故事說成由某幾位超凡人物所主導的英雄敘事,我卻更覺得這更像是由來自各方的人類與非人類加上孤魂野鬼等各種意義上的平凡邊緣者相互協助、共同求生存的倖存者敘事(Haraway 2015;Latour et al. 2018)。同樣值得一提的是,這些互助求存的案例,在其草創時期,多是在沒有國家資源挹注的狀況下發生的。然而它們卻是我所知道的「農業多功能」的最佳實作案例。

這篇文章所提到的許多過去與現在正在發生的故事,事實上也都隱隱呼應著如今我已學會敬重的田頭主老大公的存在樣態。他們雖死猶生、似親非親、散佈各處卻又難以定義。這種存在,幽伏於暗處卻不斷地提醒我:宜蘭的水田地景不只是被常規性的親屬與資本關係所塑造,更多的歷史伏流與怪親緣實踐也曾經在過去與現在如拼布般地共同織就了這片駁雜但有序的農村地景。儘管表面上看似不相干,但「做親屬」與「做地景」其實是相互交織的過程。本文希望,這樣的認識能幫助我們更加了解台灣核心家庭農場代際再生產的困境及其伴隨產生的當代農地危機,從而開啟更多在拼接人類世中尋求生態與社會多樣共生可能的討論。

引用書目

土拉客實驗農家園（Land Dyke）。〈過了五年，我們終於簽了十年的土地租約。(果農)〉。《土拉客實驗農家園》(Land Dyke)。2023 年 1 月 21 日。網路。2023 年 11 月 9 日。

內政部。《中華民國 105 年內政性別統計分析專輯》105。台北：內政部。2017。

王世慶。〈結首制與噶瑪蘭的開發——兼論結首制起自荷蘭之說〉。《中國海洋發展史論文集》第七輯。主編：湯熙勇。台北：中央研究，1999。469-501。

古偉瀛、陳偉智。〈做大水的宜蘭史——天然災害、現代性與日常生活〉。《第五屆「宜蘭研究」學術研討會論文集》。主編：宜蘭縣史館。宜蘭：宜蘭縣史館，2004。491-524。

行政院主計總處。《104 年度農林漁牧業普查》。台北：行政院主計總處，2017。

何欣潔。〈由鄉莊社會到現代社會：從土地所有制度演進重看台灣戰後初期農村土地改革〉。《台灣社會研究季刊》98（2015）：147-93。

李丁讚。〈重回土地災難社會的重建〉。《台灣社會研究季刊》78（2010）：273-326。

——。〈公民農業與社會重建〉。《台灣社會研究季刊》84（2011）：431-64。

李宗榮、林宗弘。〈「台灣製造」的崛起與失落：台灣的經濟發展與經濟社會學〉。《未竟的奇蹟：轉型中台灣的經濟與社會》。主編：李宗榮、林宗弘。台北：中央研究院，2017。1-43。

李素月。〈文化治理與地域發展——九〇年代以降宜蘭的空間—社會過程（1990～2002）〉。碩士論文。世新大學，2003。

周怡伶。〈從農業普查看農家婦女角色之轉變〉。台北：行政院主計總處，2018。

林樂昕、蔡晏霖。《百年甘苦：彰化二林蔗工的飄浪流離與百變靈活》。教育部建國百年由全民詮釋歷史研究計畫成果報告 (計畫編號 B1611)，2011。

施添福。《蘭陽平原的傳統聚落——理論架構與基本資料》。宜蘭：宜蘭縣立文化中心，1996。

科大衛、劉志偉。〈宗族與地方社會的國家認同——明清華南地區宗族發展的意識形態基礎〉。《歷史研究》3（2000）：3-14。

胡台麗（Hu, Tai-Lai）。〈消逝中的農業社區：一個市郊社區的農工業發展與類型劃分〉。《中央研究院民族學研究所集刊》46（1978）：79-111。

──。〈合與分之間：臺灣農村家庭與工業化〉。主編：喬健。香港：香港中文大學，1991。213-22。

夏曉鵑。《流離尋岸：資本國際化下的「外籍新娘」現象》。台北：臺灣社會研究雜誌社，2002。

徐世榮。〈悲慘的共有出租耕地業主——台灣的土地改革〉。《改革與改造：冷戰初期兩岸的糧食、土地與工商業變革》。台北：中央研究院，2010。47-95。

徐世榮、李展其、廖麗敏。〈臺灣農業與鄉村的困境及其出路〉。《發展研究與當代臺灣社會》。主編：簡旭伸、王振寰。高雄：巨流圖書，2016。294-326。

徐雅媛。《農業勞動力運用現況研究》。台北：勞動部勞動及職業安全衛生研究所。2021。

財政部。《105年性別統計年報》。台北：財政部，2017。

黃雯娟。《宜蘭縣水利發展史》。宜蘭：宜蘭縣政府，1998。

黃瀚嶢。《沒口之河》。台北：春天出版，2022。

楊語芸。〈「宜蘭國」農舍九成違法，縣府自訂要點大開後門，立委要求「臨側臨路」應入法杜絕濫建〉。《上下游》。2022年11月21日。網路。2023年11月9日。

廖彥豪、瞿宛文。〈兼顧地主的土地改革：台灣實施耕者有其田的歷史過程〉。《台灣社會研究季刊》98（2015）：69-145。

趙彥寧。〈老T搬家：全球化狀態下的酷兒文化公民身分初探〉。《台灣社會研究季刊》57（2005）：41-85。

──。〈與之共老的酷兒情感倫理實作：老T搬家四探〉。《女學學誌：婦女與性別研究》40（2017）：5-51。

劉亮佑。〈自由的兩難：臺東池上慣行與有機稻作的交織政治（1984-2016）〉。碩士論文。國立交通大學，2014。

蔡侑霖。〈都市化地區客家「農民」的浮現：以風城科學園區周圍的客家聚落為例〉。《在地、南向與全球客家》。主編：張維安。新竹：國立交通大學出版社，2017a。103-34。

——。〈晚近科學園區週遭的反農地徵收抗爭：經濟的實質意義、無常空間與反制性運動〉。《金融經濟、主體性、與新秩序的浮現》。主編：黃應貴。台北：群學，2017b。185-245。

蔡晏霖。〈農藝復興：臺灣農業新浪潮〉。《文化研究》22（2016）：23-74。

——。〈找福壽螺拍片：邁向去人類中心的人類學田野技藝〉。《⺍反田野：人類學異托邦故事集》。主編：趙恩潔、蔡晏霖。新北市：左岸文化，2019。317-43。

瞿宛文。《台灣戰後經濟發展的源起：後進發展的為何與如何》。台北：中研院，2017。

Barua, Maan, Rebeca Ibáñez Martín, and Marthe Achtnich. "Introduction: Plantationocene." Theorizing the Contemporary. *Fieldsights*. Jan 24. 2023.

Blanchette, Alex. *Porkopolis: American Animality, Standardized Life, and the Factory Farm.* Durham: Duke UP, 2020.

Chakrabarty, Dipesh. *The Climate of History in a Planetary Age*. Chicago: U of Chicago P, 2021.

Chao, Sophie. *In the Shadow of the Palms: More-Than-Human Becomings in West Papua*. Durham: Duke UP, 2022.

Cooper, Melinda. *Family Value: Between Neoliberalism and the New Social Conservatism*. New York: Zone, 2017.

Cullather, Nick. *The Hungry World: America's Cold War Battle against Poverty in Asia*. Cambridge, MA: Harvard UP, 2010.

Faure, David. *Emperor and Ancestor: State and Lineage in South China*. Palo Alto, CA: Stanford UP, 2007.

Greenhalgh, Susan. "Intergenerational Contracts: Familial Roots of Sexual Stratification in Taiwan." *A Home Divided: Women and Income in the Third*

World. Ed. D. Dwyer and J. Bruce. Stanford, CA.: Stanford UP, 1988. 39-70

Haraway, Donna and Anna L. Tsing. "Reflections on the Plantationocene: A Conversation with Donna Haraway and Anna Tsing moderated by Gregg Mitman." *Edge Effects*. 18 Jun. 2019. Web. 9 Nov. 2023.

Haraway, Donna. "Anthropocene, Capitalocene, Plantationocene, Chthulucene: Making Kin." *Environmental Humanities* 6.1(2015):159-65.

Keck, Frédéric. *Avian Reservoirs: Virus Hunters and Birdwatchers in Chinese Sentinel Posts*. Durham: Duke UP, 2020.

Ladejinsky, Wolf. *Agrarian Reform as Unfinished Business: the Selected Papers of Wolf Ladejinsky*. Ed. Louis J. Walinsky. New York: Oxford UP for the World Bank, 1977.

Latour, Bruno, Isabelle Stengers, Anna Tsing, and Nils Bubandt. "Anthropologists are Talking—about Capitalism, Ecology, and Apocalypse." *Ethnos* 83.3 (2018): 587-606.

Li, Tania Murray, and Pujo Semedi. *Plantation Life: Corporate Occupation in Indonesia's Oil Palm Zone*. Durham: Duke UP, 2021.

Lo, Kuei-Mei, and Hsin-Hsing Chen. "Technological Momentum and the Hegemony of the Green Revolution: A Case Study of an Organic Rice Cooperative in Taiwan." *East Asian Science, Technology and Society* 5.2 (2011):135-72.

Malm, Andreas, and Alf Hornborg. "The Geology of Mankind? A Critique of the Anthropocene Narrative." *The Anthropocene Review* 1.1(2014):62-69.

Moore, Jason. *Capitalism in the Web of Life: Ecology and the Accumulation of Capital*. London: Verso P, 2015.

Perfecto, Ivette, M. Estelí Jiménez-Soto, and John Vandermeer. "Coffee Landscapes Shaping the Anthropocene: Forced Simplification on a Complex Agroecological Landscape." *Current Anthropology* 60.S20 (2019): S236-S250.

Piketty, Thomas. *Capital in the Twenty-First Century*. Trans. Arthur Goldhammer. Cambridge, MA: Harvard UP, 2014.

Polanyi, Karl. *The Great Transformation: Political and Economic Origins of Our Time*. Foreword by Robert M. MacIver. Boston: Beacon. 1957.

Stoetzer, Bettina. *Ruderal City: Ecologies of Migration, Race, and Urban Nature in Berlin*. Durham: Duke UP. 2022.

Swanson, Heather Anne, Marianne Elisabeth Lien, and Gro B. Ween. *Domestication Gone Wild: Politics and Practices of Multispecies Relations*. Durham: Duke UP, 2018.

Tsai, Yen-Ling, Isabelle Carbonell, Joelle Chevrier, and Anna Lowenhaupt Tsing. "Golden Snail Opera: the More-Than-Human Performance of Friendly Farming on Taiwan's Lanyang Plain." *Cultural Anthropology* 31.4 (2016): 520-44.

Tsai, Yen-Ling. "Farming Odd Kin in Patchy Anthropocenes." *Current Anthropology* 60.S20 (2019): S342-S353.

Tsing, Anna Lowenhaupt, Andrew S. Mathews, and Nils Bubandt. "Patchy Anthropocene: Landscape Structure, Multispecies History and the Retooling of Anthropology; an Introduction to Supplement 20." *Current Anthropology* 60.S20 (2019): S186-S197.

Tsing, Anna Lowenhaupt, Jennifer Deger, Alder Keleman Saxena, and Feifei Zhou. *Feral Atlas: The More-Than-Human Anthropocene*. Redwood City: Stanford UP, 2021.

Witze, Alexandra. "It's Final: the Anthropocene is not an epoch, despite protest over vote." *Nature* 20 Mar 2024. Web. 20 May 2024.

Wolford, Wendy. "The Plantationocene: A Lusotropical Contribution to the Theory." *Annals of the American Association of Geographers*. 2021. 1-18.

8
吳音寧臺灣農業報導文學的影音美學*

高嘉勵

一、前言：全球化當下的農業議題

　　1990年代末以來，美、英兩國為首的新自由主義經濟模式，引發了全球化的狂潮。各國政府唯恐落後他人似地，爭相加入各種國際型或區域型的經濟整合組織。臺灣政府也不例外，經常以國際競爭對手南韓為例，以謀求「經濟發展」來作為簽署各種國際貿易協議的理由。但在這股「勢在必行」的全球化集體焦慮中，從臺灣到亞洲、甚至到世界各地，卻有另一股「反全球化」力量逐漸浮現、組織和整合起來，針對跨國公司與國家主政者的權力運作發出質疑的聲音。1999年美國在西雅圖舉辦世界貿易組織（World Trade Organization, WTO）會議，會場外爆發大規模的抗議遊行，讓世人首次意識到，這個成立於1995年的組織，標榜自由貿易、並以提供穩定的國際貿易環境為宗旨，事實上卻在世界各地造成強權宰制和貧富不均的問題。2000年以來許多中南美洲國家，例如薩爾瓦多、瓜地馬拉、委內瑞拉、玻利維亞、智利等，因為該國政府在新自由主義經濟的口號下淪為跨國企業的買辦，而引發許多重大的內政危

---

* 本文原刊登於《文化研究》22期（2016年3月），頁147-176。初刊登時感謝兩位匿名審查者的意見，使本論文的論述得以更加簡潔明瞭。

機,例如勞力剝削、原住民和農民土地流失、貧富差距驟增等。針對這些嚴重的基本生存問題,身為原住民、勞工、工會分子、游擊隊員等身分的左翼勢力,開始組織並取得政權。2010 年到 2011 年間,由北非突尼西亞一名青年穆罕默德・布瓦吉吉(Mohamed Bouazizi)的自焚開始,引發一連串北非和中東人民反抗運動的「茉莉花革命」(Jasmine Revolution),這場革命抗議的不只是獨裁政府的政治腐敗與言論控制,最直接的引爆點是因經濟萎靡和糧食價格上揚所造成的生活困苦。亞洲方面,韓國農民李京海(이경해)2003 年為抗議世貿摧毀南韓農民生計,[1] 在墨西哥坎昆(Cancun)議場外自殺身亡。臺灣在 2003 年到 2004 年間,楊儒門以放置爆裂物,要求政府重視因加入世貿組織而開放稻米進口的問題;2010 年和 2013 年朱馮敏和張森文,分別為抗議苗栗縣政府為擴建科學園區,強制徵收農地和土地而自殺身亡;2014 年臺灣政府強行通過兩岸服貿協議,引發了太陽花學運,此協議關係到的不只是國家主權和產業生存等問題,如何確保島內農業的生存也是核心問題之一。

這股反全球化戰火遍地點燃的根本原因,在於全球化發展嚴重威脅到人最基本的生存權利。尤其在全球化自由貿易的號召下,原本用來保護國內產業發展的各種機制,例如關稅、國有事業等措施,相繼被取消。跨國公司的勢力長驅直入,第三世界國家許多相對弱勢的產業因而被迫瓦解,其中以農業的崩壞最為人詬病。全球化導致許多第三世界國家農業幾乎全面破產,衍生了迫在眉睫的糧食問題。糧食問題之所以成為反抗或革命的引爆點,是因為它不能以單一產業問題視之,農業關係到的是人最基本的生存權;然這不僅是

---

[1] 李京海由於南韓政府取消澳洲牛肉的限制,導致牛肉價格下跌,他用賣牛的錢償還貸款,竭力想保住土地,但最後還是失去了。李京海的女兒表示父親自殺不是為了成為英雄,而是「以死來表明韓國農民的困境——這是他從親身經驗體會到的。」(Patel 2009: 64-66)

人而已,現今地球的暖化問題,也威脅到其他生命體的生存,而從事農業生產所保存的自然環境,是緩和全球生態問題關鍵的解決方式。因而農業不像其他的產業,不能只從經濟層面來評論其重要性,而必須納入人、其他生物或地球的生存權利來進行整體考量。簡言之,農業關係著人與其他各種生命體可否存活,它直指生存權、人權、生命與生態的核心命題。因此,多數人可能沒意識到、也可能違反「一般常識」的是:實際上,農業才是全球化貿易談判的主戰場,其重要性,遠遠超過貿易量高或產值高的工商業。

在世紀轉換之際,臺灣加入世貿的動作導致了「白米炸彈客」事件。大約在同時期,農地開放自由買賣的政策又加速「滅農」的惡況。本論文討論的主要對象吳音寧的《江湖在哪裡?——臺灣農業觀察》(2007a),就是因應此變動所創作的報導文學作品。此書針對全球化與臺灣農業錯綜複雜的關係,從左翼的批判立場,檢討戰後至今的臺灣農業政策。作品中點出的糧食與生命續存之間的關係,在近年來頻傳的食安風暴中,越發顯得重要。此作品特殊的文字美學手法,將原本令人望之卻步的龐大史料與艱澀難近的複雜農業政策,轉變成讓關懷臺灣農業問題的一般讀者能快速進入關鍵問題的文學作品,內容易於理解卻不失論述的厚度,對一般大眾的影響力不容忽視。[2] 當然,討論全球化問題的中外專著,或討論臺灣各方面農業問題的專業論文和書籍不勝枚舉。但吳音寧的這部作品,以文學作為社會介入的手段,其文字美學特徵,清楚地標示出它與其他從社會學角度討論農業問題時,論述方式、對象和目的性的不同。

---

[2] 筆者在教授全球化的授課經驗中,發現此書在不同年齡層的學生身上都引發很大的震撼。無論學生是否曾有務農經驗或農村生活經驗,此作品不但有助於他們在「論述」上快速理解全球化下的臺灣農業問題,更觸發他們關懷農業問題的強烈「情感」動能。筆者認為這是吳音寧這部農業報導文學作品的特殊之處。

作為一位文學批評的學者，筆者希望透過文字美學的探討，找出這部報導文學作品如何以兼具感性與理性批判的文學敘述方式，刻畫國內外政治生態演變中，島內更迭的政權與國際強權共同構成的結構性問題，點出全球化之下臺灣農業的根本問題。第一部分將以吳音寧報導方式的繼承與開展為中心，討論作者的創作背景、左翼文學的創作理念、與影音創作手法的開展。第二部分將討論作品如何藉由影像拍攝及剪接的文字美學，呈現人、事、物多層次的交叉對話，藉此提煉從土地出發的感性要素，並突顯「糧食即生命」的主題。第三部分探討以文字模擬聲音來再現歷史現場的影音美學，透過撰寫證詞、旁白、配音、音效等手法，辯證出「農地為農業根本」的核心概念，揭露全球化口號下臺灣農業政策的荒謬性。結論則提示這部反思全球化下農業問題的報導文學作品，如何以文字的影音美學激發情感和行動的力量，試圖引發讀者思考一種符合人和土地共生共存模式的可能。

二、吳音寧報導文學的背景、繼承和開展

吳音寧（1972-）生於臺灣農業重要之地的彰化縣，是長期關懷臺灣鄉土文化和農業議題的詩人吳晟之女。雖然家學淵源，但她深知文字本身不可忽視的階級性，對走上文學創作，曾有過懷疑與抗拒（吳音寧 2006：91；孫窮理 2008）[3]。但 2001 年的墨西哥契帕斯省（Chiapas）之旅，轉變了她的想法。她看到「查巴達民族解放軍」（EZLN，英譯 Zapatista National Liberation Army）在叢林中，為了反抗墨西哥和美國政府聯手的自由貿易政策，持續展開游擊戰。

---

[3] 吳音寧在她的一篇更正錯誤的短文〈我寫錯了──延續《咖啡豆與稻子》〉中寫道：「文字的本質，具有指鹿為馬、說天是地的潛在虛妄性，更擁有顛倒是非、歪扭、消滅事實的殺傷力，而這套體系、工具、權力，就握在寫字的人手中」（2006：91）。

當時吳音寧詢問如何提供協助,這支以美洲印第安原住民為主要組成分子的游擊隊回答:「把我們的事情寫出來,讓更多的人知道」(孫窮理 2008)。這趟旅程對吳音寧的影響很大,2003 年她動筆寫下《蒙面叢林——探訪墨西哥查巴達民族解放軍》(2003)作為其當時承諾的實踐。[4] 父親吳晟也認為此趟旅行經驗使吳音寧「變得比較有實踐性,以前是流於空談,沒有行動;回來之後,行動就多了」(梁玉芳、楊錦郁 2005)。轉變後的吳音寧,將行動力具體實踐在社會運動。2004 年她加入聲援楊儒門的行列,從 2004 年底楊入獄,到 2007 年 6 月他特赦出獄,這兩年又七個月,她與獄中的楊儒門持續通信,楊寫給吳的這些信件,於楊特赦出獄後集結成《白米不是炸彈》(2007)一書出版。在行動力、社運與創作間,吳音寧感受到歷史現象的伏流、衝突、無法言說、相互辯證、內在連繫及根本矛盾等(孫窮理 2008),而聲援楊儒門的運動,則最後促使她「一頭栽入臺灣農業的探索與書寫」(2007a:454),冀望在綿密的歷史資料中尋找到答案。2007 年她完成二十五萬字的長篇報導文學,詳述戰後 1950 年代到 21 世紀初國內外政治、經濟環境的影響,如何牽動臺灣農業的發展,包括國際上有美蘇冷戰、美國經濟控制、冷戰後的新自由主義等的變動,國內則有國民政府威權統治、解嚴、國民黨和民進黨政權交替等的變動,這部作品寫出了在國內外權力掌控者的壓迫、宰制、利益交換與權力分配下,臺灣農業逐步從「以農立國」走向「計畫性滅農」的過程。

---

[4] 《蒙面叢林》的設計很特別,全書分為兩部分,前後都是封面,主標題一樣但副標題則不同。從右往左翻頁且直行印刷的是吳音寧的創作,是她訪問查巴達民族解放軍的報導作品,封面標題為「蒙面叢林——探訪墨西哥查巴達民族解放軍」。從左往右翻頁且橫行印刷的是墨西哥查巴達民族解放軍副總司令馬訶士(事實上無正總司令,馬訶士即游擊隊領袖)的文學創作,散見於查巴達的相關網站,吳音寧翻譯,封面標題為「蒙面叢林——深山來的信」(Marcos 2003)。兩部分有各自的起始頁碼,本文中若有引自此書的地方,分別以作者吳音寧、馬訶士區分引文確切出處。

促使吳書寫《江湖在哪裡？》的楊儒門事件，起因於 2002 年臺灣加入世貿組織後，面臨農產品開放進口的壓力。[5] 2003 到 2004 年間，楊在臺北放置寫有反對進口稻米字條的爆裂物十七次，要求政府正視稻米開放進口對農民生計與臺灣農業造成的嚴重後果。楊激烈的訴求手段，媒體以「白米炸彈客」或「稻米炸彈客」稱之。2004 年 11 月楊主動到案後，民主行動聯盟、勞動人權協會與聲援楊儒門聯盟等社運團體（林生祥 2013），以及上百位學者組成「關懷楊儒門案學界聯盟」，都投入聲援行動（楊祖珺、林深靖 2005）。同年 12 月吳音寧在《臺灣日報》刊登〈致稻米炸彈客〉一詩（吳音寧 2005），[6] 她在此詩最後小節寫道：

> 來到金錢競逐的白日
> 理論在口水中
> 造千萬艘張牙舞爪的紙船
> 但有人昨夜冒險出航
> 從菜市場暗巷、臭水溝
> 一條引線，一顆土製炸彈——喔不
> 僅只是一聲難以忍抑的怒吼
> 就要爆發
> 就要不斷的爆發

---

[5] 1980 年代為了爭取工業產品輸美配額，臺灣同意美方要求，減少農產品出口數量，並開始實施「稻米生產與稻田轉作六年計畫」，鼓勵休耕和轉作，但轉作誘因不足，農民傾向休耕。為加入 WTO，2000 年起實施「水旱田利用調整後續計畫」，除了鼓勵休耕，也減少保價收購的數量，2004 年休耕面積首度超過兩期水稻耕作面積。事實上，臺灣的農業技術與農民的專業素養值得肯定，但產地價格卻是日本和韓國的數倍，原因之一是臺灣農地價格竟是歐洲和日本的數倍，政府嘗試許多農地改革策略，但是地皮炒作集團趁機而入，結果仍是弊大於利。2002 年臺灣以已開發國家的身分加入 WTO，沒有任何緩衝期，臺灣政府還被迫承諾不補貼農產品出口，相較於歐盟和美國不但補貼農民高達其農產品總產值的 40.44%，還可再大量補貼農業出口。在全球化架構下，臺灣農產品面臨的根本是不公平的競爭（彭明輝 2011：214-30）。

[6] 此詩之後亦收錄於吳音寧的詩集《危崖有花》（2008a）。

而我們的兄弟姊妹聽得見嗎
聽見生命掙扎著
如水泥地底的稻穀
發出輕微的
破裂聲（2008a：180-81）

這個段落以「金錢競逐的白日」作為起始句，正好呼應了游擊隊首領馬訶士在他的作品中，透過老唐尼諾的故事，企圖揭露的全球化勢力運作模式及所造成的壓迫：

你必須明白，邪惡已經不再沿著暗夜的皺褶行走，也不再躲藏在洞穴裡。大規模的邪惡在白天行動，未受懲罰地，住在權力的皇宮裡，擁有工廠、銀行以及巨大的訓練中心。（馬訶士 2003：136）

傳統上，白天通常被賦予正面的形象，而黑夜常被比擬為邪惡的化身。這個善／白與惡／黑的對比，在新自由主義口號編織成的虛幻且美麗的謊言世界裡，全面被翻轉過來。邪惡的勢力，例如：銀行、工廠／跨國公司、皇宮／政府等，這些象徵控制全球的金融體系、壓榨模式及權力運作中心，張牙舞爪、耀舞揚威地在白天橫行無阻，而且不用擔心會受到任何懲罰。誠如老康尼諾所言，他們常「以代表者的身分出現」，「而且說話很斯文」（馬訶士 2003：136），不像邪惡該有的模樣，也不同於傳統中邪惡常躲藏於黑暗中的認知。

相反地，黑夜卻成了希望萌芽之處，像是蒙面的、叢林的、游擊隊式的、菜市場暗巷、水泥地底等幽暗之處，甚至是封閉的地方，隱藏在黑暗中或地底的一條引線、一顆土製炸彈、一聲怒吼，反而訴說著一股奮力求生的意識，那是在白天的邪惡操控下，被迫潛入黑夜的農民、工人、窮人、稻穀與飢餓的第三世界國家，對生命的掙扎。詩中白米炸彈引爆後的破裂聲，是水泥地破裂、稻穀萌芽的

時刻。這個萌芽時刻,象徵一絲希望,一種如同查巴達民族解放軍的軍事游擊行動,在白天巨大的邪惡力量壟罩下,發出輕微的,但卻不容忽視的反抗聲音。在〈致稻米炸彈客〉詩的最後,稻穀、糧食、農民、農業、生命、希望等種種具體和抽象的事物,串連出《江湖在哪裡?》的核心命題:「糧食就是生命!而江湖啊,水的流域」(吳音寧 2007a:455),點出水稻灌溉和種植文化為臺灣農業的根本,企圖引發對沉痾的農業問題,沉痛的反省,從而思考我們每個人如何在日常生活中,「持續奮戰的對抗這整個社會錯誤的發展方向」(吳音寧 2005)。

關於吳音寧從《蒙面叢林》到《江湖在哪裡?》的報導文學創作,除了作者本身在雜誌和網路上書寫創作的歷程和心境之外,目前研究資料很少。首先,陳映真在《蒙面叢林》的〈序〉中討論吳的創作,他先為報導文學下一個明確的基本定義:「報告文學是文學書寫。她肯定姓『文(學)』,不姓『新』(聞)」(2003:5)。在這個定義上,他指出創作者應利用人物形象及心理的描摹、背景和情節的安排、精確流利的語言等,各種文學創作的手法,在理性的層次上,力求創作出文學撼動人心的感性特質(2003:6)。陳映真的看法,點出吳音寧文字運用的特質。《江湖在哪裡?》能迅速進入非農業背景的讀者心中,原因就是活用這些文學語言。陳駁斥報導有所謂的絕對客觀或理性,指出媒體資訊產業早就受到資本、權力、利益、帝國、政治立場左右,希求報導的絕對客觀,只不過是個迷思。因此意識形態是否存在、或過於明顯等的質疑,不但不再是問題,反而是展現作者本身的論述立場,是反抗受資本和權力壟斷的主流媒體時「必要」的創作意識。陳對報導文學的看法,標

示他左翼批判立場的主張。[7] 批判性和文學性兩者兼具，是他對吳音寧作品的肯定。傅月庵的觀點與陳映真相似，認為吳的創作繼承1930年代以來臺灣左翼文學傳統，與自己的土地站在一起，以實踐替代論辯，又納入小說、散文、傳記、歷史等的撰寫手法，呈現與現實及歷史接軌的磅礡氣勢（2007：110-11）。林書帆從書寫作為一種社會實踐的意義出發，提出吳的農業發展史隱含環境書寫的特質，文辭優美且意象鮮明，十分側重改革的行動力（2014：133-45）。

誠如上述論者所言，吳音寧從《蒙面叢林》到《江湖在哪裡？》，承繼臺灣報導文學一貫以來的左翼文學特質：關懷在地和弱勢，抵抗政治、經濟和文化強權的宰制。前者報導在美國主導的新帝國主義的壓迫下，處在墨西哥叢林中，戴著面罩，不與國內外政客及資本家妥協的游擊隊形象。後者報導站立在水田中，帶著斗笠，儘管人謀不臧且自然環境惡劣，仍持續耕種的農民身影。這兩份報導，都堅持社會參與和田野調查的具體實踐，也呈現文獻資料的基本整合及報導者的批判立場，是兼具實踐力和思想深度的作品；《蒙面叢林》可說是已預演了《江湖在哪裡？》中嚴謹的文字敘述方式。就如同陳映真所讚揚的：「在描寫環境、人物、情境、對話時，文字流利、精準而生動，在情節、結構的布局和安排上，漫漶成章，幾無破綻」（陳映真2003：9）。看似跳動、恣意、渙漫的敘述方向，事實上卻以老練的文字，精準且生動地架構出作品的深度、開闊和完整性，是吳音寧報導文學作品很大的特色。

左翼文學的紹繼，文學性與真實性的平衡和融合，幾乎是所有論者對吳音寧報導文學的看法。作為一個報導文學作品，資料的真

---

[7] 這並非是說臺灣報導文學僅有左翼的創作模式，即使是報導文學盛行的1970和1980年代，除了針砭社會問題、環境破壞等的批判性報導之外，也涵蓋許多關於流失的歷史文化和傳統技藝等，各種不同面向的創作模式。但作為社會批判的左翼特質，一直是臺灣報導文學的核心理念，這點也是本論文所認同的。

實性是必備的基礎,但只有此基礎,只能算是新聞,若要被視為報導文學,其文學的美學特質勢必要受到檢驗。之前的論者從情節安排、人物形象、修辭學、文字的流暢等大方向的概念來看吳的作品,都很肯定她的文字美學。本論文希望更進一步檢視《江湖在哪裡?》的文字美學,具體究竟為何?此書運用何種手法,將如此複雜的臺灣農業歷史脈絡,轉換成明確、易懂、卻不失深度和廣度的作品?在此筆者主張吳音寧《江湖在哪裡?》的創作手法,是融合影音美學的表現方式,以靜態文字表現動態的影像和聲音,將龐大的資料轉成內容深廣且有聲有色的畫面,使讀者(觀者)可快速掌握整體複雜的論述,展現具強烈影音變化色彩的文字寫作模式。

　　1990 年代後,由於攝影設備取得容易、攝影技術的改進、攝影訓練課程的普及、電腦影音軟體的簡易化、網路使用的快速化等因素(李道明 2013:8),使得影音的拍攝、剪輯、後製、錄製、傳播等過程,更加平價化、數位化、大眾化和個人化,傳統倚賴文字的報導模式,逐漸轉而為影音報導的多元呈現。過去報導文學關切的許多議題,現今都可以轉由影像模式,向社會大眾作更簡易、明瞭、即時性的報導,尤其是紀錄片的製作,在許多方面與報導文學一樣:同樣重視事實和資訊傳達,具強烈社會理想或政治性,希望能促成社會改革。[8] 通常影音為主的紀錄片,比起文字為主的報導文學,能以更生動、直接的報導方式揭露社會議題。對一般大眾而言,影音的呈現比起文字接受度較高。從傳播訊息的方便性來考量的話,虛擬世界網路如 YouTube 分享平台的出現,較之實體的紙本所受的限制較少,資訊傳播時顯得更為便利,影響範圍可能較為廣泛且迅

---

[8] 李道明引用巴山(Barsam)的分類方式,說明紀錄片是有意見要表達的非虛構影片,關心的是事實與意見,不只是娛樂或教學而已。製作紀錄片的人希望能說服、影響或改變觀眾的看法。這樣以著重事實與傳達意見為主軸的紀錄片定義,與報導文學的定義十分相似(2013:112)。

速。因此,報導文學所迫切面臨的問題,不再只有之前新聞學和文學、政治目的和美學表現、主觀和客觀意識形態等,糾纏不斷的問題。如何區隔、甚至是如何超越紀錄片影音報導的特性與限制,突顯以文字作為媒介來啟發深層反思的優勢,才是現今臺灣報導文學更需要突破的美學挑戰。

《江湖在哪裡?》正是這樣一部融合影音報導,成功地展現文字美學的典範。如同此書封底的說明文字所言:

> 藉由白米炸彈事件,側寫農村青年楊儒門,並記錄戰後五十年來臺灣農業的發展與困境。書中所呈現的不只是一頁臺灣農業史,更是這塊土地曾有的豐美記憶與耕者的斑斑血淚……吳音寧以二十五萬真摯的文字提醒我們,那曾經、一直、繼續發生在這塊土地上的農民的苦況,以及資本主義對待土地的方式。

這一部歷史長遠、議題厚重的臺灣農業史的產生,起因於楊儒門案,但整部作品並沒有限制在此案的討論,而是以此案為起點,帶出楊儒門、吳音寧和林淑芬三人的農村成長故事。透過三人的生命經驗,穿插歷史紀錄,以精確扼要卻不簡化、生動具體卻不拖泥帶水的敘述,詳盡說明臺灣社會每個年代農業發展的複雜狀況。敘事的時間軸線延展五十多年,敘事的廣度則涵蓋國際區域(第一和第三世界)的差別、國際金融關係(WTO、NAFTA、IMF等)以及國家政治(政客、官員、代議制)、經濟(以農養工、圈地發展)、文化(教育、日常生活、農村文化、媒體傳播)等嚴肅的議題。此部報導文學敘事的時間長度、議題廣度、深度、細膩度和多樣性,超過任何一部紀錄片可能涵蓋的範圍。簡言之,《江湖在哪裡?》展現了報導文學和紀錄片的不同特質,突顯前者較後者在美學表現上的優越性:文字的報導模式,打破影音受限於播放長度的拘束,或須有具體時間和空間的影像呈現的要求。當藉由文字來敘述的時候,時間可拉

得很長,並能夠慢慢地、詳細地解說所有事件的前因後果;敘述空間彷彿可在平面上無限延展,可容納十分龐大且差異性大的資料,在手法上又可模擬影音方式,呈現生動、互動、感人的情緒渲染力。此書以三人的成長故事、臺灣歷史長度、國內外農業相關的各種議題,融合交會出一部臺灣農業的血淚史。楊儒門案猶如最先投入水中的那顆石頭,連綿不斷地往四面八方激盪出質疑的漣漪,超越影音報導的限制,讓讀者深刻地「看到」臺灣農業的困境,「聽到」農民的心聲,從而認識到資本主義對待人與土地的蠻橫方式,並深切地感受到農民和土地的痛。

三、糧食即生命:從土地出發的影像手法與感性文字

《江湖在哪裡?》是一部成功融合影音呈現的報導文學,重要角色如下:(一)「個人性」主角:楊儒門、吳音寧、及吳的好友兼立委的林淑芬三人。(二)「集合性或團體性」的演員:臺灣農民、臺灣政府(以行政官員、立委、農會為主)、美國(以 WTO、NAFTA、IMF 為主)。(三)兩個旁白:一個是全知全能第三人稱敘述者,試圖站在客觀的立場,負責提供歷史來龍去脈的資訊。另一個是反全球化立場清楚、具強烈主觀意識的敘述者,負責與主角、演員及歷史敘述者進行對話,常以質問或反諷口吻出現。

故事敘述主軸採倒敘法,從白米炸彈事件發生的現今時間(即〈冬夜現身〉及〈拉扯的形容〉兩章)開始,前半部回溯 1950、1960、1970、1980 年代,後半部則討論黑金政治、農地買賣、貧富差距等問題糾結在一起的 1990 年代,及 21 世紀初的臺灣農業狀況。全書由個人性主角、團體性演員及旁白交錯出現,展現文字的動態感和表演性,再搭配歷史背景的說明與事件發生時的敘述;表演和敘述兩者間的對話,構成此部長篇報導文學作品知性與感性的厚度。

第一章〈冬夜現身〉,像是電影影像的序幕,運用由暗漸明的光線,預告故事的開始。一開始的漆黑畫面,是隨自然作息、熄燈休息的農村夜晚;而不休眠的都市,在黑夜中燈光閃爍。然後,畫面以「淡入」(fade in)的手法,[9] 光線從黑色逐漸轉為正常的明亮,此時,主角現身。此幕最重要的影像元素是光線,即擬人化的月光(書中又以月娘或月亮稱之)。月光作為此書的開場,在影像敘述、故事結構、文化象徵上具有重要意義:(一)作為影像敘述的起始,月光的打光效果,使得觀眾(讀者)得以看到黑夜中的各種事物,隨著光線的移動,逐漸進入整體敘述的脈絡。(二)作為故事結構的起點,身為「前觀」(特種部隊的前哨兵種,也是楊儒門的自稱)或前哨兵的月光,進入島嶼中部,預示主角楊儒門之後的出場。而楊(月光)作為先遣的偵察者,觀察到全球化下的農業慘況,也是吳音寧書寫此書的動機。(三)在文化象徵的意義上,月亮陰晴圓缺的規律,指示千萬年以來農業的運作常態。農人的耕作跟著陰曆(月亮),而非國曆。因而唯有月光,瞭解農民和農業:

> 月光知道農人從礫石荒地、泥巴小徑到柏油路面,一路彎腰付出多少汗水、勞力、心思,以及作物價格跌到令人心酸時,仍堅持下去的愛與意志,知道農人一直在學習、在適應,研發新的種作技術,改良新的品種,絞盡土直的腦筋,尋找在多變市場活下去的機會。(2007a:10)

因為「月光和農人有默契」(2007a:10),所以月亮成為全體農民、農業傳統與農村文化的代表,見證了在全球化影響下,臺灣農村不斷調整,試圖在命定的破敗中,找尋可能存活的條件。月光擬人化的動作,模擬影像拍攝時的打光手法,使文字的敘述形成光線移動

---

[9] 「淡入」指光線由暗漸漸轉明的變化,常用於一部影片開始之際,預告觀眾故事的開始。

的動態效果。隨者代表農村文化的月亮，及其光線照射在農村的行進路線，全球化下的農業發展問題陸續浮現。

　　首先，月光不小心撞上一根鐵柱，它發現到鐵柱上鮮黃色 M 字燈箱的麥當勞招牌。月光撞上的麥當勞招牌，在臺灣捲入全球化的過程中具有重要的指標性。1984 年作為臺灣第一個獲准營業的外國食品公司，準確掌握 1980 年代經濟起飛後，都市化、休閒生活化與核心家庭化的社會轉變，進入了臺灣民眾的生活；而擁抱麥當勞，則成為年輕人新生活的表現。[10] 在邁入 2000 年後，愈來愈多人注意到在象徵「現代生活標準化」金色雙拱的招牌背後（Watson 2000：44），食品走向「福特主義」的模式，生活也「麥當勞化」（McDonaldization），將人們的幸福感，帶入了似幻似虛的官能刺激，在歡樂時光的享受中，喪失明確的歷史定位與時光流逝的感覺（Ritzer 2001：27-28）。於是，在「麥當勞叔叔，小丑模樣的臉，笑開紅色的大嘴，伸出手」的姿勢中（吳音寧 2007a：7），進口的咖啡、可樂、牛肉、薯條等，逐漸取代稻米和蔬菜為主的在地飲食型態。代表臺灣農業的月光撞上 M 字招牌的動作，暗示麥當勞作為前鋒，挾著乾淨、便利、享樂、良好管理等的現代化符碼，已大大改變了島嶼的生活型態。隨著月光的移動，讀者看到以美國為主的跨國企業的餐飲店，像各類速食店或星巴客咖啡等，密集徧布於臺灣島嶼各地。面對這樣的情形，臺灣農業，似乎就像月光，也只能嘆了一口氣後，離去。

　　似乎是「自然」轉變的臺灣飲食型態，隨著黑暗中的月光移動至農地時，困惑和疑問也隨之浮現：為何放棄身旁的食物，轉變成

---

[10] 詹姆士・瓦森（James L. Watson）認為麥當勞在東亞國家盛行的狀況，與此區域現代化的腳步是一致的，例如：經濟起飛、已婚職業婦女出現、都市生活的需求性、新興富裕的中產階級消費活動的參與（2000：27）。

這樣耗費運輸成本的型態？為何放棄與在地的歷史、文化、情感、土地串連，而去選擇進口食物的這種「非自然」狀態？當月光從速食店移到農村，光線和視覺感受，出現極大的落差。相對於麥當勞的窗明几淨、人來人往，農村呈現一片暗淡失色、落寞孤寂的景象。利用視覺感受的落差，激發出觀者／讀者心中的疑問：「為何單位面積蔗糖產量世界第一的島嶼，不過數十年，糖業就從極盛衰敗到今日幾乎不產糖」（2007a：8）？不只是蔗糖而已，月光問的是：位於熱帶與亞熱帶的富庶島嶼，作物一年可兩到三熟，一直以來也是糧食輸出之地，在 1950 和 1960 年代糧食自給率都超過百分之百，農產品出口值曾占出口總值九成左右，並能以農養工，為何到 2000 年後糧食自給率卻只剩三成，淪為糧食進口國呢？[11] 當視線隨著月光來到台糖公司，原本以製糖為主的農產公司「在已消失的蔗田『遺址』上，蓋起加油站」（2007a：9），閃在路旁遙望加油站（石油即驅動工業的能源）的月光，頻頻被象徵工業文明的汽車撞倒，或被車頭燈毫不留情地驅離。此景利用車燈和月光不同光線間的消長，顯示農業不斷被犧牲、被打擊、被迫消失的狀況。透過月光光線的移動，拉出從過去到現在、從農業社會轉為工業社會的歷史落差。

---

[11] 彭明輝根據農委會的統計指出：「1950 年代，農產品出口幾乎佔出口總值 88% 以上，1952 年高達 95.5%。由於戰後積極進口工業與公共基礎設施所需設備，1950 與 1960 年代的對外貿易都是鉅額赤字，但農業卻都保持順差。可以說，戰後的台灣建設主要是靠輸出農產品來換取的」（2011：212）。劉志偉也指出：「臺灣於 1960 年代中期之前糧食自給率均超過 100%，但其後糧食自給率卻開始急速下滑」（2009：107-08）。根據國家政策研究基金會科技經濟組顧問吳同權的國政研究報告，臺灣從 1946 年到 1968 年的農業政策是以農業培養工業。例如：(1)「透過農業賦稅、隨賦收購稻米及肥料換穀等手段，將農業剩餘移轉至其他經濟部門，有助於工業及整體經濟之發展」(2)。「農業生產技術的改進，提高了農業生產力，農業勞力得以大量移至工商業部門。」1969 年到 1991 年工商業成為主導經濟發展的部門，農業反而有待其他部門的支持。政府因而實施減免農業賦稅、改善農產運銷與加工、生產資材補助、農地改革、推動稻田轉作及倡設農業生產專區、加強農村公共投資等。但因各種因素，效果不彰（吳同權 2005）。

在落差引發的疑問中，主觀意識強烈的旁白，開始以聲音進入到光線和視覺為主的畫面。

旁白以憤怒的口吻，針對剛才靜默卻落差極大的畫面，一針見血地直指問題核心：「沒有糧食，就像沒有空氣和水，人根本活不下去」（2007a：11）。旁白強烈地質問：

> 糧食就是生命！那為什麼孤懸於海的島，若稱得上是國，這個島國，竟然寧願將生命──自己的生命──交給進口商去決定？
> 糧商在乎土地嗎？在乎作物嗎？在乎有人餓了，天天餓著，卻買不起進口的食物嗎？政府官員呢？資本家、企業家呢？島中之人是否都不憂心、不氣憤、不在意，有一天島嶼再也沒農民、沒有農業、沒有農村文化，沒有土地藉由作物長出的心跳？
> 難道，真的都沒有人抗議？（2007a：11）

當讀者「聽到」炮聲隆隆的質問，同時也「看到」了：

> 前哨兵月光感到脖子有種被掐住、或其實是胃被捏痛了的威脅感，警覺的揮動手臂，但空中烏雲已團結成一塊塊，形成全球化、不分國界的侵略態勢，包圍住月娘緊張的笑臉。月光奮力踢動伸及地面的腳，試圖突圍，但烏雲如此厚重、難纏、死皮賴臉。怎麼辦？怎麼辦？（2007a：11）

假使「糧食就是生命」，旁白力竭聲嘶、氣憤、且不解地質問：為何島國人民把自己的生命交給不在乎自己生命的進口商、政客、資本家，而且還能對這些漠視自己生命的人不在意？讀者聽到質問的同時，也看到月光被不分國界的全球化黑雲，團團掐住、捏痛、包圍住，正奮力揮動手臂和踢動腳，試圖掙脫的激烈動作。「聲音」和「動作」發揮各自的影音效果，兩者的相互作用，形成事情因果關係的說明：糧食就是生命，沒有農民、農地、農業，就沒有糧食，沒有糧食就沒有生命，島國人民卻不在乎自己的生命，不在乎全球

化烏雲包圍著月娘,臺灣農業正在侵略下垂死掙扎。清楚簡單的邏輯,尖銳地逼迫觀者／讀者正視自己生存權益,正遭受嚴重威脅的現實狀況。

　　掙扎的最後,只剩一小片月光逃落到地面。不再能飛的月光,一步步走過種植不同作物的農地,也摸了摸小學裡那隻石造大象溜滑梯腹部鑿刻的「正義」二字。「正義」二字的意義在此書非常重要,因為「正義」反面的「不公不義」,正是此書對全球化體制的批判。僅存的一小片月光,觸碰到正義二字,心中有所觸動,卻想不出「正義為何」的樣子。月光不解的神情,貼切地描繪出目前臺灣農業遭受的處境。走在農村中被重創的一小片月光,在序幕的最後,「轉身,沒入夜色中」(2007a:12)。「沒入夜色」彷彿是運用鏡頭的「失焦」,讓月光的身影在畫面上完全模糊,而後「溶接」(dissolve)[12]到下一個完全不同的鏡頭。接續下一幕開始的「是夜,『晚上七點十八分』」的時間點(2007a:13),開啟主角楊儒門「冬夜現身」的場景。楊的現身,目的在於對第一幕劇提出的農業為何凋敝的疑問,開始進行整體的分析和解答。

　　第二章〈拉扯的形容〉從楊儒門的現身,跳到媒體荒謬演出的場景。此幕以節奏快速的剪接方式,尤其是鏡頭與鏡頭快速的跳接,呈現各家媒體的錯誤、矛盾、誇張、混亂、吵雜的狀況,映襯出它們報導的「事實」顯得格外不可信。例如:楊東才錯寫為楊儒才,兩棲偵察營被誇大成海軍「爆破」大隊,楊儒門變成「既『寡言』又『健談』,既『熱情』又『冷血』」的「『恐怖分子』與『農民英雄』的組合體」(2007a:11, 33)。媒體荒謬至極的演出,突顯現今社

---

[12] 因為鏡頭間脆弱的邏輯關係,「溶接」能在不同的時間和地點之間搭造一座橋,使轉場流暢(Katz 2002:424)。由於要從月光的畫面,轉到白米炸彈客引發的媒體鬧劇,兩個場景差距極大,「沒入夜色」有串連場景、使敘事流暢的效果。

會觀眾以「消費觀點」來理解新聞；因為消費式的新聞走向，使資本掌控的新聞媒體，以更羶色腥的新聞，吸引更多的觀眾，提高收視率（林照真 2009：164-68、175-76）。收視率的提高，可獲取更多廣告商的青睞，追求利潤的極大化，閱聽者得到欲望滿足的同時，媒體、商家和廣告業也取得各自的利益。甚至連政府都可經由置入性行銷的管道，建構假象的真實，操縱輿論的走向，將「新聞」轉為「宣傳」，形成有利官方的影響力（臧國仁 1999：182-83）。

《江湖在哪裡？》透過楊儒門出場的鬧劇，點出全球化問題被忽視的原因之一，正是新聞媒體喪失原本監督政府和報導社會問題的功能。當新聞媒體資本化，新聞報導也逐漸變質為平庸化、兩極化、分裂化的製造業及食品加工業。新聞的「生產者」和「消費者」，似乎沉溺於資本主義堆砌而成的金錢與色香味豐富的資訊感官世界中，在「媒體→利益團體→賺錢→議題→炒作→灑狗血→收視率→廣告」打轉的漩渦中（吳音寧 2007a：33）獲得欲望的滿足。〈拉扯的形容〉章節中，受金錢和欲望操控的新聞媒體，喪失的正是新聞存在的目的——報導真相。新聞媒體荒腔走板的演出，使得楊儒門案試圖揭露的全球化及臺灣農業問題，遺失在整場鬧劇中。利用快速剪接方式呈現的新聞媒體鬧劇，突顯真相喪失的問題，更反映出希求事實真相的迫切，這正是為何吳音寧想要撰寫《江湖在哪裡？》的原因——報導真相。換言之，吳以文字為工具，嚴守資料和調查之真實性的原則，創作報導文學作品《江湖在哪裡？》；此書超越了已受資本主義宰制的新聞學和新聞媒體的限制，追本溯源地探求問題的根源，報導出臺灣農業的真相，有其不可取代的獨特性與重要意義。

因此在「拉扯的形容」最後，彷彿是回應「真相為何？」的問題，吳音寧以楊儒門寄給她的詩〈我正在尋找〉總結整場媒體鬧劇：

我正在尋找
　　尋找泥土的記憶、幼時的童年
　　甘蔗、稻田、葡萄園
　　盡情浪費生命美好的時光
　　……
　　我正在尋找
　　尋找真理的足跡、尋找勇氣的泉源
　　黑暗籠罩大地
　　在泛紅的夜空中
　　流竄、橫行
　　……
　　我正在尋找
　　尋找上帝開啟的一扇窗
　　一扇農民的未來
　　孩童的希望
　　如果你知道在哪
　　請告訴我（2007a：34-36）[13]

這首詩放在《白米不是炸彈》的首篇，成為楊儒門理念最佳的代表，也成為吳音寧追求真相的動機。詩中的主人公「我」尋找土地在自己生命中的情感，表現出「我」與土地孕育的動植物互動時的熟悉感與親暱感，傳達出土地、生命、情感不可分的意義。可是這樣的情感連結，已被資本主義及其導致的貧窮、貪婪和階級問題所吞噬，「我」只能在黑暗中尋找真理和勇氣。楊儒門所要找的真理，其實就是吳音寧透過此部報導文學所要揭開的全球化真相。此詩的最後小節，回到與土地情感連結最深的農民，以及象徵未來的孩童。透過農民和孩童兩者的結合，暗示那扇未來的希望之窗，必須回到土

---

[13] 此詩為最能表述楊儒門理念之詩，亦收入《白米不是炸彈》（頁 12-15）。此詩也成為卓立導演的《白米炸彈客》電影中的核心理念。

地（農業）才能尋找得到。由於問題和希望的關鍵都在農業，書中接下來的第三、四、五、六章，就以倒敘的方式，分別從 1950、1960、1970、1980 年代開始一一爬梳二戰後的臺灣農業史，釐清楊儒門案背後龐大的歷史真相。

出生於 1970 年代前後期的吳音寧和楊儒門，分別在 1980 年代登場。若以全書的節奏來看，位於中間章節的 1980 年代最為重要，個人性主角、團體性主角、旁白等，在此匯集、交錯出現且彼此互動，將全書的戲劇效果推向最高點。在此章節，吳善用遠景、中景、特寫等不同場景，不時的交叉剪接（cross cutting），仿影音的文字敘述模式，使讀者在閱讀的過程，在腦海中轉化成生動、具體、多變化的影音呈現，使原本厚重、嚴肅、艱深、沉重、批判性、理論性強的史料報導，不會產生沉悶、單調、乏味的感覺。因此，這部作品比起專業性強的學術報告或深入的專案報導，更能觸動一般讀者的情感及理性思辨，展現報導文學以文字為主、高度的藝術獨特性。

〈江湖在哪裡？（八〇年代）〉章節中，第一幕的「平原」，設定在楊儒門出生、吳音寧上小學的歷史時間點後。文字的敘事，如同鏡頭的拍攝，開始以「大遠景」逐步描寫吳的家鄉：村莊的位置、吳就讀的圳寮國小、校園的狀況、學校周遭，包括學校面向的是村庄路，入口砌有圓形花台，兩側走道種有挺立的木麻黃，教室後方緊鄰水稻田，稻田延伸至庄尾的紅磚矮房，以及在操場上排隊升旗的學生等景象，一一進入讀者眼中。之後，隨著上下課鐘聲音效的切入，場景切換至「遠景」，讀者開始看到教室內師生的上課、吃午餐、午休等狀況，包括學校如何教導許多「日後才知曉根本不是那回事，也大抵忘光的『知識』」，以及「村庄小學，不准說村庄人的話語；不教導村庄小孩，身邊正在發生的事情」（2007a：185-

86）。這時候，敘述突然插入一個「旁跳鏡頭」（cutaway）[14]，一個與現在不相關的 2000 年經驗，描述作者到印尼、柬埔寨等地的鄉間，看到家裡種稻或捕魚為生，只見過泥地菜市場的孩童，卻正在學習：瑪麗和強森討論要買 March 還是 Toyota 汽車，或要去 Shopping Mall 還是連鎖大賣場等問題。這個旁跳鏡頭，有強調和串連概念的功用。一來強化之前敘述中的臺灣農村裡，學校所教與實際生活之間的巨大落差；二來將 1980 年與 2000 年、臺灣農村與其他第三世界國家的鄉間狀況，跨時間和跨空間地接連在一起。這種巨大的落差及跨時空的相似問題，反映出各地的農村，正被某種不知名的力量所蒙蔽與操縱。這種操控的力量，不是短暫的，也不是地區性的，而是持續不斷地、跨越國界限制的強大控制力。因此，敘事的鏡頭接著拉到「中景」（村庄男孩挖蚯蚓和釣青蛙）、「大特寫」（小蝸牛伸縮著觸角的細微動作），以及「特寫」（我蹲著，伸出「命運」的大手抓起小蝸牛，裝入鉛筆盒中，蓋起來），一個個鏡頭由遠而近，最後由旁白推衍出農業的問題：農村彷彿那隻小蝸牛，沒意識到自己的命運早已被「發展」的大手所決定了。書中遠近鏡頭的運用，表面上是恬靜優美的田園詩畫面，暗地裡卻反襯出農村受全球化「發展」大手操弄、真相被蒙蔽的殘酷現實。

敘事接著從「平原」的場景，切到下一幕林淑芬出場的「山腳」場景。鏡頭隨著「平原」最後的鏡頭，拍攝在教室裡玩蝸牛的吳音寧的近距離視角，逐漸拉遠。「從水稻田邊的教室窗口，望向稻浪似『海』……延伸向落雨前，近似在眼前的八卦山脈」（2007a：188）。鏡頭從「特寫」一路拉到遠眺的「大遠景」，接著再拉至呈

---

[14] 旁跳鏡頭：「和現在正在進行的故事無直接或立即相關性的鏡頭，可能是另一個事件、物件或場景等，而達到更為有效地強調戲劇重點、或超越表面紀實功能的敘事效果」（井迎兆 2006：13）。

現社區生活的「遠景」：山麓大埔村內的富山國小，及在此國小就讀的林淑芬與她在村中的生活。用小童工林淑芬，呈現當時家家戶戶的農家，成為工業加工廠的農村景況。也透過林家的荔枝農務，對比物價上揚的現在，指出荔枝盛產時，價位卻仍像她幼時一樣是七斤一百塊。林成長的一幕幕，顯示農業問題不但未曾改善、反而更加惡化的情形。於是，「山腳」的最後鏡頭——雨水落下，灑落在不同農作物上，落下的雨，好像是在為農業而哭般地，此幕就在「滴滴答答」的雨水聲中結束（2007a：190）。雨水的音效聲在此作為連接下一幕「海邊」楊儒門的出場：幼年的楊在雨天玩耍的場景。從「平原」、「山腳」到「海邊」的場景，純真無知的童年，對比成年之後的覺醒。看似平靜卻被操縱的農村，對比來勢洶洶的全球化勢力。場景的順序，逐步導引出問題的核心：農村困境，未曾改善。原因為何？這個困境解釋了幼年時思考「江湖在哪裡？」的楊儒門，為何在成年後「踏入江湖」，成為白米炸彈客的因果關係。這個因果關係，目的在告訴讀者：「事情從來不是無緣無故；記憶從一小角落，牽涉到全球強凌弱的現代化發展」（2007a：192）。

接下來幾幕由旁白主導，述說全球倚強凌弱的現代化發展，也就是資本主義如何對待農業的歷史過程。「山、海、屯」講述三人各自在山、海、屯的環境成長，如同「相連的土地、氣候、作物的根」（2007a：193），最後交會在一起。三人的交會，回應楊儒門詩中所提的：土地串連起人與人、人與環境的情感作用。「灰姑娘與頭家」呈現農家勞力轉往工廠。「廣告與示範村」看到國際關係影響下，產銷不健全與政府的粉飾太平。「轉作與麥當勞」顯示美國主導的「非自由」貿易，決定了島嶼的農業政策。「跑路的代誌」映照出金錢流動的迅速，及農村經濟的困境。「槍響與流行歌」預告農鄉

黑道的崛起。「《人間》與河流」回顧報導文學的努力,試圖喚起人們對島嶼環境的注意,並要人們正視國內及跨國公司嚴重污染環境的問題。「時代沿途掃蕩者」力求喚醒人們對山、海、屯的記憶、文化、情感與傳統。最後一幕則是「五二〇農民事件」,農民結合社運進行大規模的反抗。

最後的「八〇年代」章節,以「五二〇農民事件」[15]作為終結。最後的這一幕中,農民抗議運動與楊儒門騎腳踏車摔車的兩件事,不斷交叉出現。前者以農民和政府(團體性主角)為主,後者以楊儒門(個人主角)為主,這兩個場景,以持續且快速的節奏,交叉剪接出現。一方面表現「五二〇農民事件」的緊張感與高度衝突性;另一方面,也透過兩個場景的平行出現,將童年的楊與抗議事件兩個時間結合在一起,預告之後楊為爭取農民權益而反抗政府之事。當楊儒門牽出腳踏車騎上河堤時,各方人士正要搭車前去抗議。當他觀察地形,準備放手一搏,實踐其「盲劍客」的夢想時,「江湖中人」正全台奔波串聯集結在臺北遊行。當他的小鐵馬加速,卻在顛簸一下後,整個人騰空飛起之時,遊行人潮也遇上鎮暴警察、盾牌和公權力的水柱,形成強力衝突。當啪的一聲,他整個人重重地摔入河裡,濺起了一大片水花,那片水花,正是農民在五二〇的歷史之河裡,所濺起的帶有血腥味的水花。最後,當他帶著傷痕推車回家時,農民與農業也在五二〇的犧牲中走入全球化的浪潮。這整體畫面的流動,不斷交錯著個人(吳、林、楊)、團體(農民、政府、美國)、旁白的敘事主角,展示歷史的因果邏輯:主導戰後國際經

---

[15] 由於長期忽視農民利益的農業政策、農業天然災害的肆虐、及農會、水利會等組織功能的失調,當解嚴的隔年1988年,政府決定擴大海外農產品進口臺灣的數量與種類,引發農民恐慌,並北上抗議,遊行當天爆發民眾和軍警嚴重的衝突,稱之為「五二〇農民事件」或「五二〇農民運動」。此次農民運動付出慘痛的代價,但之後農民保險、肥料降價、稻價提高,以及農地釋出等政策也相繼實施(高萌2012)。

濟結構的美國，加上臺灣政府的全力配合，形成共犯結構，重創了臺灣農業。

四、聲音的荒謬性與多元性：全球化的省思

重視真實性，是報導文學的核心價值，但它不像紀錄片可以直接拍攝當下發生的情形，之後再進行影音的剪接與概念的整理。報導文學以文字為工具的創作方式，即使作者親身參與事件，還是必須完全仰賴事後的反芻式記載。這樣「重述」事件的動作本身，或多或少已融合書寫者自己的想法。因此，如何表達報導文學創作者的個人理念，又不流於過於偏頗的個人陳述，並能展現此文類「報導真相」的核心價值，便須賴更客觀的事實證據的提出。上一小節討論《江湖在哪裡？》模仿影音拍攝，增加閱讀時視覺和聽覺的變化，使報導的過程，不因題材的嚴肅和沉重，而顯得過於沉悶或難以理解，進而呈現出報導時的具體、生動、多變的動態感。除動態感之外，此書也借用紀錄片許多的創作元素，提供更多元、多角度的資料，來重建歷史，例如：「重演（reenacted）的事件、資料影片或照片、訪問片段、旁白、音效與音樂，必要時甚至使用插圖或動畫等」（李道明 2013：146）。這些元素，強化報導文學敘事分析、推衍及論證的邏輯原理，使讀者得以從中學習和理解到「問題的真相」，看清整個臺灣農業史中「不能說的祕密」。

上一小節主要以模仿影像拍攝手法，展示從戰後初期到 1987 年解嚴初期，在國內戒嚴體制和國際冷戰結構下，臺灣農業政策「不能說的祕密」，並以「八〇年代」章節作為全書前半部論述總結的高潮。全書後半部則從 1990 年代到 2000 年前後的世紀轉換之際，再到此書發行的 2007 年以前，以聲音的荒謬性與多元性，突顯其觀點與主流／官方論述的不同，揭露臺灣農業政策另一個嚴重

問題——農地自由買賣——的真相。聲音的運用和農地問題，正是本小節所要討論的重點。

　　《江湖在哪裡？》全書中聲音的操作是非常重要的，因為聲音本身就是抒發意見和表達立場，除了傳達出報導文學創作者有別於官方或主流論述的理念，更是模仿影音模式來呈現報導對象的「證詞」；而聲音所呈現的正反面「證詞」，對建立《江湖在哪裡？》整體報導的客觀性與可信度十分重要。全書的聲音來源十分多元，包括：古典、現代、原住民詩人的同情或抗議之聲；日治時期小說與鄉土文學作品中角色的話語；1970年代報導文學作品的訪問；專家學者的研究報告；音樂的歌詞；黑白兩道的發言；農民的陳述和宣言；楊儒門與死囝仔的對話；政府和反抗者的誓言等。就聲音的類型而言，涵蓋詩、小說、研究報告、人物陳述、媒體播放、政令宣示、行動宣言、流行歌曲等。多方面的取材，顯示論述時視野的廣度與周延度，更反映農業問題影響層面之複雜。就發聲者而言，包括農民、古代和現代詩人、小說家、歌手、原住民、學術專家、政府官員、民意代表、黑道、國內外外交人員、社運人士等。這些發聲者的立場，彼此間應合或衝突，時而顯現觀點的多元性，時而突顯事件的荒謬性。聲音的舉證、推衍及論證的過程，使文字呈現不再是沉悶或單調的平面敘事，而是正反交詰、動態、論證式的模式，在過程中逐漸釐清問題的真相。

　　各種聲音中最為重要的，是主導全書的聲音——旁白。書中的旁白有兩種敘述聲音，一個是全知全能的第三者，作為全書整體敘述的框架（例如：歷史背景、事件的時間與地點、人物和機構組織的介紹、議題簡介等）與敘事串連（例如：抽象概念的解釋、不同時空或事件之間的接續等）。這個旁白負責交代全書時空背景的基本結構，介紹相關的人、事、物，使讀者在有條不紊的脈絡下，掌

握敘述的焦點及行進方向。例如：從日治時期、到戰後國民政府、到 2000 年政黨輪替的歷史階段演變，各年代的國內政策與國際政治局勢間的互動等。這樣的旁白基本上在提供具體客觀的資料，以便讀者快速進入全書的論述架構。序章〈冬夜現身〉介紹楊儒門出場時，這麼寫著：

> 二〇〇四年，國際稻米年，年度主題是「稻米就是生命」。在這一年裡，臺灣還沒有從年初總統選舉的極度拉扯中回神，馬上又投入立法委員的選舉，關於稻米、糧食及農業的討論，微乎其微。倒是每隔一段時間，就有一個黏貼紙條的爆裂物，霹哩啪啦的出現，固執的一整年一直說著：「不要進口稻米」。（2007a：16）

此段敘述點明時間（2004 年）、地點（臺灣）、事件（總統選舉、立委選舉、白米炸彈事件）、主題（糧食／稻米就是生命）與問題（政客漠視糧食問題、爆裂物出現），簡單扼要地提供閱讀時必要的知識背景，使讀者能快速進入論述的時空脈絡，並掌握核心命題。敘述中雖隱約可見作者關懷農業的初衷，但語言表現上較為客觀。

相較於提供基本資訊的旁白，此書中還有另一個旁白的聲音，尤其在全書的後半部不斷出現，帶著強烈的情緒，以疑問、質問、諷刺或反對的口吻居多，時常在括號中出現，展現作者主觀的看法。這樣的旁白，在論點闡述的過程中，開創某種動態「對話」的空間，使論述不會變成過於單方向的見解，也避免變成一種向人說教的感覺，或淪為作者個人意見之解釋。旁白打開的對話空間，除了展現語言在表現時的生動活潑，更重要的是透過對話的形式，呈現對全球化問題必要的反省。

在「政府有一本作文簿」章節中，描述 1995 年農委會的《農業政策白皮書》：

經貿自由化乃世局所趨（弱者恆弱、強者更強，乃自由化所趨），我國為世界第十三大貿易國（沒辦法加入聯合國），雖非國際經貿組織成員，但亦無法自外於國際經貿規範（弱國的處境）。為增進國家整體利益（只好再度犧牲反正已經為數不多的農民），政府正積極爭取加入關稅暨貿易總協定……長期來看（到二〇〇七年），總體資源之配置將會更有效率（更具「效率」的、降低農業生產毛額之比例），農業生產結構也會更趨合理（更趨「合理」的、維持國產農作二十餘年的低價，同時更趨「合理」的、促進進口水果如哈密瓜一顆一千多塊仍有人買）……未來（如同過去所一貫宣示的）政府將加強各項產銷公共投資，以改善農業經營環境，並將健全農村社會福利制度（不過你也知道的，政府財政總是有困難），照顧農漁民生活（也許直到滅農）。（2007a：310-11）

此段農業政策的引文中，利用括弧和不同字型，插入許多強烈批判的詞語，對比正文，表現出對農業政策表裡不一、並不真正面對和解決問題的極度嘲諷，例如：「重要貿易國」對比「非聯合國成員」、農業資源及結構的「合理化」對比本土農業「不合理」的低價、「照顧農民」對比「滅農」等。政策引文與括弧評語一正一反的對話，構成此章節「政府有一本作文簿」中，「政府不過是在寫作文而已」的批判。政府作文簿與臺灣農業現實狀況的雲泥之差，述說著臺灣農業在貿易自由化的進程中，不斷被犧牲的現實，以及面對這樣情況，長期以來，農委會制訂的各種農漁民政策、農地政策、資源管理政策、國際合作政策等，竟只成為應合全球化的附庸規定。臺灣的農業政策，就像在追趕世界流行文化似地，在「追求『現代化』」與「跟上『先進』國家腳步」名目下，瘋狂地追逐著「全球化」風潮。

從日治時代到21世紀，臺灣島嶼似乎擺脫不了對「現代化不足」的深度焦慮。一種對「落於人後」的內在恐懼，在以歐美為主的西方文化（殖民時期是日本文化）交互影響下，激發社會內部對「現

代化」莫名的渴求。在資本主義主導的「現代化」魔咒發酵下，重工商輕農漁、重科技輕傳統、重企業輕小農、重資本輕務實、重化工農藥輕生態環境、重出口作物輕在地糧食等問題，成為「想當然爾」的「正確發展」方向。其負面效應，得以被無限制的默許或容忍，任何對此發展方向的檢視、懷疑和反抗，極易被指為阻礙國家進步或社會現代化的障礙。但是在面對全球化的結構性暴力，旁白聲音就如同逆耳的忠言，不斷提醒你我、讀者、社會大眾「停下來，思考一下」，不要盲目地被全球化美夢拖著走。旁白以反諷和質問的對話方式，透過揭露國家政策和農村現實之間的巨大落差，逼迫讀者開始反思全球化的問題：「島中之人，在有限生命中的每個抉擇處，如何選、如何說、如何做？如何不出賣農民與自己」（2007a: 421）？

　　印度知名生態女性主義運動者席娃（Vandana Shiva），對跨國企業掌控的全球化農業的虛幻榮景，提出她的觀察心得。席娃批評自由貿易推動的農業產銷模式，瓦解在地糧食系統，創造依賴進口糧食的結構，自然資源集中於農企手中，使糧價上升，失業、飢餓、疾病、入侵物種、糧食不足問題加劇。她認為對農業出口區設立成果的期待，仍需回歸農業改革、農村建設和資金投入的整體規畫，否則無濟於事（2009：20-28）。席娃戳破政客和跨國農企，透過國際組織和媒體打造的全球榮景之美夢，掀開意識形態至上之政令與結構的黑幕，攤開農村、農民、多數民眾、生態環境，在全球化農業衝擊下，全盤皆輸的現實。席娃的批判可簡單歸納成一點──全球化瓦解在地糧食系統，這也正是冷嘲熱諷的旁白聲音對農委會《農業政策白皮書》的批判。於是針對這個關鍵問題，席娃採取的解決之道就是建立、保留和穩固印度在地糧食系統；同樣地，如何確保臺灣在地糧食系統，也成為貫穿《江湖在哪裡？》全書的核心命題。

此書後半部主要針對徹底瓦解臺灣在地糧食系統的關鍵問題——開放農地自由買賣,[16] 再現世紀交替之際,黑金、老農派立委和農會體系權力三者共構的農業政策決策過程。重演這整個歷史的過程中,各種聲音的模擬、重複及發聲,不僅再現作為證詞的歷史事件,更透過不同聲音的交詰辯證,使爭議性和問題點浮現而出,使平面的歷史回顧成為一種立體且即時的角色演出。若此書前半部的高潮總結於「八〇年代」,後半部則是〈世紀末農地大清倉〉章節,老農派立委與農委會一來一往的發言,搭配著農民面對農地問題的陳述,決策最後終究踩過民意,開放農地買賣,決策過程以聲音展現荒謬性,達到戲劇的高潮。整個過程中,聲音的表現方式很多元,有講述、罵髒話、叫囂或吶喊、閒聊、或宣誓等,搭配正經、粗魯、揶揄、諷刺、平淡等不同口氣,表達憤怒、無奈、無助、猜疑、憂慮、難過、慶幸、喜悅、緊張等不同的情緒。不同語言模式,賦予不同立場的立委、行政官員和農民等角色各自所屬的鮮明特質,在加入聲音後,人物形象更頓時顯得生動起來,成為形塑各種人物不同個性和「動態形象」的重要元素。以聲音再現歷史現場,使各種證詞陳列於讀者眼前,從證詞的辯論中展示此書要傳達的控訴、批評和理念。

　　書中的聲音操作就像是影音媒體創作的配音和配樂。配音有助於故事背景的說明,並活化故事中的人物;配樂的作用則是引導和激化閱聽者的情緒。此書在陳述農業的根本——農地——問題時,

---

[16] 根據黃振德比較民國 62、69、72、89 年農業發展條例修訂過程,清楚顯示民國 89 年(2000 年)的修訂變動十分巨大,尤其以大幅放寬農地移轉限制,影響最為嚴重,「自然人可自由承受農地,農業法人可有條件承受耕地。移轉給自然人可不增土地增值稅及免徵田賦及遺產稅、贈與稅等稅賦」,且「大幅放寬耕地分耕之限制」(2001:220)。現今常見的農田長出豪華氣派的農舍的亂象,及土地炒作的問題,甚至演變成嚴重廢耕,或達到吳音寧批評的滅農結果,惡果的追本溯源都直指 2000 年農發條例的修訂。

關鍵字詞音色的重複,如同配樂時某段固定的旋律不斷反覆吟唱,使讀者的情緒在閱讀的過程中持續累積,到達真相揭露的那一刻爆炸。例如:在舉證黑金如何控制農村時,「家鄉啊!」一詞反覆出現,傳達出眷戀、深情,卻又十分沉痛、失落的複雜心情。在敘述立法院中開放農地自由買賣的攻防戰時,反覆出現的「老農派立委!」一詞,涵蓋了憤怒、難以忍受、失望、痛苦、哭訴等強烈的情緒張力。不時傳出的擬聲詞「恰恰」節奏,搭配「老農派立委!」一詞,不只應合政策攻防戰的緊湊情節,更模擬出觀看此歷史現場時,膽顫心驚的讀者內在的心跳。直到此恰恰曲的最終,守住農地的防線,「當下被『民意』的腳踩過去,乒乒乓乓的踩過去了」(2007a:337)。將文字轉成聲音,以聲音反覆堆疊出配樂的效果,形成情緒的累積和激化,使文字轉化成包容多種複雜情感的力道,導引出讀者閱讀時潛藏於內在的情感能量。

「時間」(temporality)是《江湖在哪裡?》能呈現開放農地自由買賣問題的關鍵要素,因為唯有透過將時間拉長,才能清楚顯現目前階段看不到、後座力卻強勁的結構性暴力。羅伯・尼克森(Rob Nixon)在其「窮人的環境論述」(the environmentalism of the poor)中,提出以「時間」為軸心的「慢暴力」(slow violence)概念:

> 慢暴力,我指的是一種逐漸發生、無法辨識的暴力;一種延遲性的暴力,跨越不同的時間和空間;一種耗損性的暴力,典型上完全不被視為暴力。習慣上,暴力被認定為一個事件或行為,具時間的立即性,及空間上的爆炸性且引人注目,因而爆發出即時性的視覺感受。我相信我們必須面對一種不同的暴力,這種暴力不再是引人注目或即時性的,而是質和量上都是逐漸增加的,它的毀壞性效果橫跨時間的幅度盡形展現。(2001:2)

尼克森的「慢暴力」概念,很重要地點出吳音寧念茲在茲的農業根

本——農地問題。全球化施加在農業上的慢暴力,因為是結構性、制度性的問題,很難鎖定暴力的具體施行者,也由於影響的範圍廣大且時間很長,暴力的起因、變化和結果之間的因果關係亦變得極難辨識。舉例說明的話,日治時期某日警對某農民的施暴事件,反抗者很快可找出施暴者是哪一個警察或可直指殖民政府。但現在的慢暴力,則很難鎖定施暴者(某人、某事或某單位),而且常常沒有目睹事件發生的確切人證,導致反抗很難找到適當的著力點,只能無奈地看著慢暴力逼迫至眼前。「農地草率轉為非農用之後無法再回轉」的「不可回復性」(2007a:335),就是例證。沒有農地的農民,不是農民;沒有農地和農民,就沒有農業;沒有農業,就沒有糧食;沒有糧食,人無法生存。但等人們意識到事情(失去農地)的嚴重性時,已經來不及了,因為農地已無法回復。這就是慢暴力運作的結果。農地無法回復的話,生存必受嚴重威脅,伴隨而來的就是人權問題和生命議題。

五、結論:覺醒的行動力

《江湖在哪裡?》中,「江湖」二字本身的多重意象,貫穿整部作品。全書最後也以「糧食就是生命!而江湖啊,水的流域」(2007a:455),結束此部長篇報導文學。江湖即水的流域,水灌溉稻米,稻米乃糧食,糧食即生命,因此江湖即生命的流域,江湖發生的事,也就是你我生命的流域——農業——發生的事。全書就是在敘述「江湖發生了什麼事?」從楊儒門幼時的江湖夢談起,說明死囡仔的死亡,如何促使楊真的踏入江湖,導致白米炸彈事件的發生。楊的白米炸彈,炸開了以「經濟發展」為口號的「全球化」黑幕,揭露長期蒙蔽臺灣社會的現實真相。這個真相顯示戰後美國主導的國際組織,與第三世界國家的高層買辦單位,如何連手打造

黑白兩道已分不清的全球江湖，以及在這黑白道不分的江湖中，農民和土地承受了何等重大的傷害，也試圖喚醒在溫度逐漸上升的江湖水中烹煮卻尚無警覺的大眾，自身生命所受到的威脅。或許那些尚無知覺的大眾，才是吳音寧想藉由此部作品喚醒的人。

就像她引用馬訶士的話「我們就是你，我們都是查巴達」，來說明她書寫查巴達的動機：「因為我想去理解，如同我希望任何一位外地來的記者，理解我生長的村莊那般，以同理心，去理解」（2008b：95）。墨西哥叢林中的查巴達，不再是遠方陌生的他人或異地，而是吳音寧成長的故鄉和鄉親，其實也就是臺灣農村及農業縣市的縮影。更可能是21世紀初，在都市更新、經濟發展、土地重劃等口號，喊得漫天價響的臺灣某個角落，或者是因土地（或房屋）被徵收、買賣或強拆，隨時有可能成為「可丟棄公民」的你我。也可能是因為糧食的貿易商品化、糧食自給率不足與貧富差距破百，而可能成下一位「死囡仔」的臺灣孩童。這些可能性，就是「我們就是你，我們都是查巴達」的命題所在。在「除迎合全球化外，別無他法」的主流論述下，《江湖在哪裡？》從人存活最基本的「糧食即生命」的觀點出發，強調必須為「食物主權」奮鬥，為「要回糧食系統從我們身上剝奪的東西：做人的尊嚴」，你我必須反抗「糧食系統中掌權者對無權者的剝削」（Patel 2009：372-73）。吳音寧藉由報導文學的創作方式，試圖點醒沉醉在「全球化」共榮圈美夢中的人們，重新思考人與土地的關係。

吳音寧延續臺灣報導文學的左翼批判精神，透過影音的美學表現，展現文學作品的社會價值。書中不僅可見紀錄片表現手法的挪用，更突破紀錄片創作的時空限制。此書融合影音的敘事模式，突破文字較為平面、抽象的性質，以敘述時間長度、議題廣度、深度、細膩度和多樣性，使其敘述呈現具象的動態觀看模式，並且包融廣

大的議題論述空間。

　　文字模仿影像拍攝及剪接手法的運用，有助於闡明如此長時間且複雜的經濟、政治和社會議題，同時又保持文學細膩感人的文字特質。故事以倒敘與影像剪接的方式構成論述，層層揭發臺灣農業的歷史沉疴，推衍出本書「糧食即生命」的主軸。動態的影像文字表現，轉化嚴肅且沉重的報導可能產生的沉悶、單調、難懂的負面效應，展現報導文學以文字為媒介的高度藝術性。

　　聲音的運用，在這本模仿影音表現的報導文學作品有重要的目的。其一是作為歷史事件的證詞，正反且多元的證詞，不僅以動態論證取代平面敘事來釐清問題，也以不同的聲音賦予角色各自鮮明的形象。其二是旁白的聲音刻意暴露出官方說法的荒謬，反襯出另一種屬於民間的、具異議性的、反抗壓迫的論述，揭露被主流媒體所蒙蔽、所忽視的真相。其三是以重複字詞的聲音，形成引發、累積和激化情感的音效作用。這些聲音手法的運用，最後導引出破壞農業的根本——農地——的慢暴力問題。

　　影像和聲音構成的影音文字美學，具有強大的情感渲染力，成為此書激發讀者未來行動的催化劑。醒覺與行動，一直是左翼傳統的報導文學創作的核心精神與目的，《江湖在哪裡？》也是如此。此書後記中吳音寧說：

> 希望你閱讀過後，能有力氣。太多的問題，但我們總是要做點事，縱使是很小很小的事。因為相連的土地、氣候、作物的根，每個人和每株稻、每棵樹、每隻動物都一樣，需要水、空氣和養分，才能夠體會生命中所有美好與不美好的事。（2007a：455）

後記中的這番話，表現出作者的理念及內心最深層的期盼，希望閱讀此書的讀者，在知道所有問題的來龍去脈後，「總是要做點事，縱使

是很小很小的事」。[17] 傅月庵說明若理念「不能與自己的土地站在一起,以實踐替代論辯,則所謂的『左』,事實上是毫無意義的」(2007:111)。傅月庵點出吳音寧傳承自臺灣左翼傳統那種對在地的人與土地深刻的關懷,正因為關懷,產生那股迫切想改變的行動力。而透過閱讀,激發那股轉變的行動力能量,正是報導文學最獨特也最感人的特質。這種覺醒的行動力正是 Jeremy Brecher 等人所提倡的一股「從下而上的全球化」(globalization from below)草根力量,以此力量翻轉原先「由上而下的全球化」(globalization from above)宰制權力(2002)。Robin Hahnel 則以「小人國的勒德分子」(Lilliputian Luddites)的概念[18],說明「從下而上的全球化」的建立有賴每一個小人國的勒德分子持續反抗,才能搏倒和捆綁住全球化這個大巨人(2002)。無論是 Brecher、Hahnel 或吳音寧,其實都揭示了民主社會最重要的「公民參與」力量,唯有每一位公民開始關懷與行動,才有可能改變目前全球化的運作方式。而《江湖在哪裡?》的後記很重要地指出了不只是島嶼人們,只要是人,甚至是一棵植物和一隻動物,都需要水、空氣和養分「才能」存活。更確切地說,「只」需要水、空氣和養分,所有生命體「就能」存活。但非常荒謬地,全球化卻令許多生命體失去這些生存的根本。從最基本的生命續存的基礎——水、空氣和糧食(或養分)——作為起點,此書帶領著讀者以臺灣農業為切入點,重新思考如何扭轉資本主義主導的全球化對待人與土地的方式,以行動力,一點點、慢慢地改變,期待未來所有生命體都「能夠體會生命中所有美好與不美好」。

---

[17] 吳音寧接受《誠品好讀月報》鄭欣寧的採訪時,也說著相同的事:「我也很希望,即使看到這本書的只有一點點,卻能因此多關注農業一點點,甚至,為農業多盡一點點力量。真的,就算一點點也好」(2007:96)。

[18] 「勒德分子」(Luddite)指的 19 世紀搗毀紡織工廠的英國工人,因為他們認為機械生產威脅到他們工作。參見 *The Oxford Reference Dictionary*。

引用書目

井迎兆。《電影剪接美學：說的藝術》。臺北：三民，2006。
吳同權。〈台灣農業發展政策之演變〉，《國政研究報告》。2005 年 10 月 2 日。網路。2005 年 10 月 2 日。
吳音寧。《蒙面叢林——探訪墨西哥查巴達民族解放軍》。臺北：印刻，2003。
——。〈一些些微不足道的事實——關於林淑芬與楊儒門〉。《苦勞網》。2005 年 6 月 19 日。網路。2015 年 4 月 3 日。
——。〈我寫錯了——延續《咖啡豆與稻子》〉，《聯合文學》256（2006）：91。
——。《江湖在哪裡？——臺灣農業觀察》。臺北：印刻，2007a。
——。〈我無法停息心中的憤怒〉，鄒欣寧採訪，《誠品好讀月報》九月號（2007b）：94-96。
——。《危崖有花》。臺北：印刻，2008a。
——。〈以革命之名〉，《聯合文學》279（2008b）：93-95。
李道明。《紀錄片：歷史、美學、製作、倫理》。臺北：三民，2013。
林生祥。〈林生祥：我的媽媽與「白米炸彈客」〉。《天下雜誌獨立評論》。2013 年 2 月 1 日。網路。2015 年 4 月 3 日。
林書帆。〈書寫作為一種社會實踐的意義——論吳音寧的農村書寫〉，《東吳中文線上學術論文》28（2014）：133-54。
林照真。《收視率新聞學》。臺北：聯經，2009。
高　萌。〈1988 年：520 農民運動事件〉。《華夏經緯網》。2012 年 6 月 20 日。網路。2015 年 11 月 19 日。
孫窮理。〈伏流、衝突、無法言說　吳音寧、崔愫欣的創作與歸鄉〉。《苦勞網》。2008 年 12 月 15 日。網路。2015 年 4 月 3 日。
梁玉芳、楊錦郁。〈吳音寧跟過游擊隊　心態大轉彎〉，《聯合新聞網》。2005 年 12 月 13 日。網路。2015 年 4 月 3 日。
陳映真。〈序〉，收錄於《蒙面叢林——探訪墨西哥查巴達民族解放軍》。臺北：印刻，2003。4-10。
傅月庵。〈關於江湖種種　讀吳音寧《江湖在哪裡？》〉，《文訊》264（2007）：110-11。

彭明輝。《糧食危機關鍵報告：台灣觀察》。臺北：商周，2011。
黃振德。〈農業發展條例形成過程之探討〉，《經社法制論叢》28（2001）：195-223。
楊祖珺、林深靖。〈楊儒門案　第四次辯論庭〉。《知識與社會廣場》。2005年4月18日。網路。2015年4月3日。
楊儒門。《白米不是炸彈》。臺北：印刻，2007。
臧國仁。《新聞媒體與消息來源──媒介框架與真實建構之論述》。臺北：三民，1999。
劉志偉。〈國際農糧體制與臺灣的糧食依賴：戰後臺灣養豬業的歷史考察〉，《臺灣史研究》16.2（2009）：105-60。
Katz, Steven D.（卡茲）著，井迎兆譯。《電影分鏡概論：從意念到影像》（*Shot by Shot: Visualizing from Concept to Screen*）。臺北：五南圖書，2002。
Marcos, Subcommandante（馬訶士）著，吳音寧譯。《蒙面叢林》（無原文）。臺北：印刻，2003。
Patel, Raj（帕特爾）著，葉家興等譯。《糧食戰爭》（*Stuffed and Starved: Markets, Power and the Hidden Battle for the World Food System*）。臺北：高寶，2009。
Ritzer, George（里茲）著，林祐聖、葉欣怡譯。《社會的麥當勞化》（*The McDonaldization of Society: An Investigation into the Changing Character of Contemporary Social Life*）。臺北：弘智文化，2001。
Shiva, Vandana（席娃）著，陳思穎譯。《大地，非石油：氣候危機時代下的環境正義》（*Soil Not Oil: Environmental Justice in an Age of Climate Change*）。臺北：綠色陣線協會，2009。
Watson, James L.（瓦森）著，蕭羨一譯。〈導論：跨國主義與本地化〉，收錄於《麥當勞成功傳奇》（*Golden Arches East: McDonald's in East Asia*），James L. Watson 主編。臺北：經典傳訊，2000。9-48
Brecher, Jeremy, Tim Costello, and Brendan Smith. *Globalization from Below: the Power of Solidarity*. Massachusetts: South End P. 2002.
Hahnel, Robin. *Panic Rules! Everything You Need to Know about the Global Economy*. Massachusetts: South End P. 2002.

Pearsall, Judy, and Bill Trumble, eds. "Luddite." *The Oxford English Reference Dictionary*. Oxford: Oxford UP, 1995. 854.

Nixon, Rob. *Slow Violence and the Environmentalism of the Poor*. Cambridge, Massachusetts: Harvard UP, 2001.

作者介紹

（按文章順序）

莎拉・華德（Sarah D. Wald）

　　布朗大學美國研究博士，奧勒岡大學環境研究與英文學系副教授。教學與研究領域包含：種族與環境、移民與公民、食物研究、環境正義與大眾文化中的自然。她的第一本專書《加州的自然：黑色風暴事件以降的種族、公民權、農務議題》（*The Nature of California: Race, Citizenship, and Farming since the Dust Bowl*）（2009）關注 1930 年代以降至 21 世紀初的美國文化再現農務及農工的方式，以及其中蘊含的自然與非自然觀點如何成為美國種族概念的底層結構。目前正進行在公有土地上進行多元戶外活動和環境正義的研究，預計出版專書《多元戶外活動運動的環境正義敘事》（*Environmental Justice Storytelling in the Outdoor Diversity Movement*）。

周序樺

　　美國南加州大學比較文學博士、美國紐約州立大學英美文學碩士，現任中央研究院歐美研究所副研究員，曾任中研院歐美所助研究員、中山大學外國語文學系副教授、助理教授以及環境與文學學會秘書長等職務；主要研究領域為美國環境文學與環境論述，近年學術志趣包含美國有機農業文學與文化、後殖民環境論述、亞裔美國環境書寫等。除了積極投入研究，論文主要發表於 *Concentric*、*MELUS*、*Comparative Literature Studies*、《英美文學評論》等國內外學術期刊與專書。目前正撰寫英文專書 *Reworlding*

Transpacific Agriculture and Environmentalism（書名暫定），本書主要探討美國二十世紀初起至今五個有機農業文學與文化重要的浪潮與方向，思考有機農業如何在反工業主義的過程中，結合生態學、土地倫理、嬉皮反文化運動、正念信仰、城市規劃、少數族裔抗爭等，成為氣候變遷與人類世之下的一種淑世倫理與方法。2019年，與歐美所二十餘位同仁成立「種種看公民有機農場」。

陳淑卿

美國羅格斯大學英美文學博士，國立中興大學外文系名譽教授，曾任該系系主任、中興大學文學院院長、中興大學人文社會科學研究中心主任、中華民國英美文學學會理事長。主要研究與教學領域：亞美文學、新英語文學、後殖民文學、亞美跨太平洋書寫、亞美文學與農業書寫等。著有專書 *Asian American Literature in an Age of Asian Transnationalism*（2005），期刊論文出版於 *Concentric*、《中外文學》、《歐美研究》、《英美文學評論》、《淡江評論》等。專書論文收錄於《亞/美之間：亞美文學在台灣》（書林，2013）、《他者與亞美文學》（中研院歐美所，2015）、《北美鐵路華工：歷史、文學與視覺再現》（書林，2017）、《定位二十一世紀台灣電影》（*Locating Taiwan Cinema in the Twenty-First Century*, 2020）等書。目前正撰寫《他者與人類世：星世紀弱勢文學研究》專書。

常丹楓

美國西北大學（Northwestern University, IL）文學碩士和俄亥俄州邁阿密大學文學博士（Miami University, OH），曾任新北市致理

科技大學應用英文系助理教授。主要研究領域為亞美文學、族裔文學、女性研究、華語文學與文化議題、生態環境理論等研究範疇。著作曾見刊於 *College Literature: A Journal of Critical Literary Studies*（John Hopkins UP）、*Tamkang Review*、《英美文學評論》。

張瓊惠

美國奧勒岡大學比較文學博士，現任國立臺灣師範大學文學院副院長、英語系教授、期刊 *Concentric: Literary & Cultural Studies*（A&HCI）主編，曾任該系系主任。主要研究領域為自傳文學與理論、移民文學、亞裔美國文學等。出版中英論文於各學術期刊及專書，研究湯亭亭、林玉玲、黃哲倫、趙健秀、米爾頓・丸山、莫妮卡・曾根、李昌來及哈金等作家。譯有林玉玲的自傳《月白的臉：一位亞裔美國人的家園回憶錄》。

張嘉如

美國羅格斯大學比較文學博士，紐約市立大學布魯克林學院（Brooklyn College - CUNY）現代語言文學系教授，曾任該系系主任。學術領域為環境人文研究（environmental humanities），包括生態文學電影批評、動物批評、多物種研究和生態佛教研究等。2013 年出版《全球環境想像與生態批評》（江蘇大學出版社），本書獲得江蘇省新聞局 2013 年好書獎。過去五、六年間，她一共編輯了四本論文集：《動物之心》（與朱惠足合編，國立中興大學出版社，2020）、*Chinese Environmental Humanities: Environing at the Margins*（Palgrave, 2019）、*Special Issue on "Animal Writing" in the Journal of Taiwan Literature Translation Series*（National Taiwan University, 2018）和 *Ecocriticism in Taiwan: Identity, Environment, and the Arts*（與 Scott Slovic 合編，Lexington, 2016）。此外，她出版十數篇中英文學術文章，散見於美國和中國的中西生態批評學術專刊及環境人文的英文論文集。目前她是 *ISLE: Interdisciplinary Studies in Literature and Environment*（《文學與環境跨學科研究》期刊）和萊星頓出版社的生態批評與實踐系列的編輯委員。2015 年於舊金山大學（University of San Francisco）環太平洋地區亞洲研究中心擔任 Kiriyama Professor 的職位。

蔡晏霖

陽明交通大學人文社會學系暨族群與文化碩士班副教授，加州大學聖塔克魯茲校區人類學（性別研究）博士。學術專長為文化人類學、多物種民族誌、印尼研究、食農研究。學術文章見於 *Cultural Anthropology, Current Anthropology, Indonesia, Inside Indonesia, Router: A journal of cultural studies*、《中外文學》等期刊，與趙恩潔共同主編之《辶反田野：人類學異托邦故事集》入選台北書展大獎非小說獎。

高嘉勵

美國印第安那大學比較文學博士，現任國立中興大學台灣文學與跨國文化研究所副教授。曾獲中興大學產學績優教師（2020.8-2021.7）和優聘教師（2018.8-2020.7）。主要研究領域包括比較文學、戰前台灣與日本文學、後殖民文學、加勒比海文學等。著作有專書《書寫熱帶島嶼：帝國、旅行與想像》（2016）、合編專書《縱橫東南亞：跨域流動與文化鏈結》（2021）、出版期刊論文〈黑木謳子詩集中台灣自然書寫的斷裂與現代重組〉（2022）、〈在地妖怪的生成法：對日治歷史的想像、重建與反思〉（2022）等。

索引

1

《104年度農林漁牧業普查》（*Agricultural General Survey, 2015*）218
《105年性別統計年報》（*Yearbook of Gender Statistics, Ministry of Finance, 2016*）219

4

442步兵團 116

P

PM2.5　163, 166, 169, 183

一劃

一世（Issei）31, 35-36, 109

二劃

二世（Nisei）29, 31, 109
人類世（the Anthropocene）7, 11, 13, 16, 18, 65, 100, 151-152, 154, 161, 166, 172-173, 176, 182, 184, 189, 191, 193-196, 214-215, 217, 261
人類世工作小組（the Anthropocene Working Group, AWG）195-196.
人類特例主義（human exceptionalism）18, 67, 182

三劃

土拉客實驗農家園 190, 218
小川樂 116-117
《歐巴桑》（*Obasan*）116, 129
小型家庭農場 21, 38, 40
山下凱倫（Yamashita, Karen Tei）6
山本久惠（Yamamoto, Hisaye）x, xiv, 5, 11, 21, 29-30, 32-34, 40-43
《十七音節》（"Seventeen Syllables"）11, 22, 31-37, 40-43
〈米子的地震〉（"Yoneko's Earthquake"）11, 22, 31-33, 35-37, 40
〈土地割讓法案〉（The Dowe Act of 1887）125

四劃

互通互聯（interconnection）15, 148, 153-154, 156
五朔節（May Day）23
井迎兆（Jing, Ying-zhao）243, 257-258
天主教工人運動（Catholic Worker Movement）22-25, 28, 37, 41-42
天主教和平主義（Catholic pacifism）23
天主教社會基進主義（Catholic social radicalism）24
模範少數族裔（model minority）58, 107, 128
巴特（Barthes, Roland）55-56, 61, 133, 157
《神話學》（*Mythologies*）55, 61, 133, 157
巴特勒（Butler, Judith）15, 65, 89-91, 101, 131, 146-148, 153, 156-157
《危脆的生命》（*Precarious Life*）131, 146, 156-157
《戰爭的框架》（*Frames of War*）89, 101, 146, 157
戈爾德法柏（Goldfarb, Will）56, 61
日美公民聯盟（The Japanese American Citizens League, JACL）115
水仙花（Eaton, Edith. aka. Sui Sin Far）6

索引 265

《天主教工人報》(The Catholic Worker) 22-25, 27-29, 31-32, 37, 41-43

五劃

卡朵佐與薩柏拉曼妮恩(Cardozo & Subramanian) 72, 101
卡茹絲(Carruth, Allison) 68, 71, 101
去地域化(deterritorialization) 64, 88, 93
去國族化論述(denationalization) 114-115
古斯曼(Guthman, Julie) 38, 42, 48, 59, 61
古德曼(Goodman, David) 51, 53, 60-61
〈替代食物網絡的地點與空間〉("Place and Space in Alternative Food Networks") 51, 61
史奈德(Snyder, Gary) 182, 188
尼克森(Nixon, Rob) 174, 252, 259
左翼文學(Left-wing Literature) 17, 226, 231
布奔(Bubandt, Nils) 176, 188, 194, 221-222
布洛桑(Bulosan, Carlos) 5, 42
布勞格(Borlaug, Norman) 68
布爾(Buell, Lawrence) 3-4, 9, 19, 76-77, 101, 139, 174
《環境批評的未來》(The Future of Environmental Criticism) 3, 19
《環境想像》(The Environmental Imagination) 9
《書寫瀕危世界》(Writing for an Endangered World) 10, 101
平反運動(redress movement) 114-115, 127
母女關係敘述(mother-daughter relationship narrative) 100
永續食物運動(the sustainable food movement) 11, 21-22
甘迺迪(Kennedy, Scott Hamilton) 39

生命政治(biopolitics) x, xiv, 14-15, 131-138, 142-144, 152-156
生物小說(biofiction) 72, 101
生態(ecology) x, xi, xiv, 1-4, 6-11, 13-18, 21, 46, 51, 53, 65-72, 76, 80, 91-96, 98-100, 105-107, 117, 132, 134-136, 138, 141, 151-156, 163-167, 171-174, 176-178, 180-184, 190, 193-196, 206, 209-211, 214-217, 225-226, 250, 261-263
生態女性主義(ecofeminism) 3-4, 171, 250
生態文學批評理論(ecocriticism) 2-3, 6, 19, 42, 102, 105, 129, 187, 262
生態含混(ecoambiguity) 164, 172-174, 177-178, 180-181, 188
生態批評(ecocriticism) 2-9, 13, 16, 18, 105, 107, 163-164, 166-167, 177-178, 181-182, 262-263
白米炸彈、稻米炸彈(rice bombs) 225, 228, 230, 233-234, 239, 241, 244, 248, 253, 257
田園烏托邦(pastoral utopianism) 79-81
皮卡提(Piketty, Thomas) 205, 221
《二十一世紀資本論》(Capital in the Twenty-First Century) 221
皮耶(Piehl, Mel) 24-25, 42
〈外僑土地法案〉(Alien Land Laws) 26, 35, 58, 116, 125
《加州日報》(Kashu Mainichi; California Daily News) 26-27
《台灣戰後經濟發展的源起》(The Origins of Taiwan's Postwar Economic Growth) 220

六劃

交織取向(intersectional approach) 21
伊懋可(Elvin, Mark) 183, 187
《象之隱退》(The Retreat of the Elephants) 187

伍德堯（Eng, David）127, 129
〈跨國領養與酷兒離散〉
（"Transnational Adoption and Queer Diasporas"）127, 129
全食物（Whole Foods）38
全國有色人種協進會（the National Association for the Advancement of Colored People, NAACP）23
全球化（globalization）8, 12, 17-18, 63-64, 67-69, 71-73, 75-76, 83, 99, 105-106, 169-170, 175, 180, 194-195, 219, 223-226, 228-229, 234-236, 238-239, 240-241, 243-246, 248-250, 253-254, 256, 258
全球界線層型剖面和點位（Global Standard stratotype section and point, GSSP）196
全球想像共同體（planetary imagined communities）106
全新世（the Holocene）195
共生（symbiosis）7, 12-13, 15, 17-18, 63-67, 69-75, 80-82, 84, 91-96, 98-100, 156, 189, 193, 206, 210, 215-217, 226
共同生成（becoming with）67, 69, 92
共棲的倫理（the ethics of cohabitation）90
再地域化（reterritorialization）64, 88, 94
印第安事務辦事處（Office of Indian Affairs, OIA）121
印第安事務局（Bureau of Indian Affairs, BIA）116, 121
危脆（precarious）13, 64-65, 84-85, 89-96, 99-101, 134, 143, 146-149, 151, 153-155
危脆性（precarity）64-65, 84, 89-91, 93, 101, 148, 153, 158
危脆情境（precariousness）13, 89-90, 95
吐勒河遷徙營（Tule Lake）109, 121
回歸土地運動（Back-to-the-Land Movement）22, 24

地景（landscape）1, 3, 5, 17, 51, 65, 67, 72, 153, 189-194, 196, 206, 214-217, 221-222
多於人世界（more-than-human world）17, 214
多於人的聚合體（more-than-human assemblage）193
多物種人類學（multispecies anthropology）65, 91
安清（Tsing, Anna）65-68, 91-92, 94, 102, 176, 188-189, 193-196, 221-222
《世界盡頭的蘑菇》（The Mushroom at the End of the World）66, 102
有機耕作（organic farming）42 , 60
朵蘭（Dolan, Kathryn Cornell）70, 85, 101
死亡政治（thanatopolitics）131, 135, 137, 143-145, 147, 154
汙染 46, 77-78, 131-132, 135, 139-141, 154, 156
考爾曼（Coleman, Henry）85
自然文化（natureculture）9, 17, 101, 215
自然主義（naturalism）105
艾森豪（Eisenhower, Milton）112
西布魯克（Seabrook）29, 43

七劃

伯班克（Burbank, Luther）73
伯德（Byrd, Jodie）118-119, 129
《美國帝國的原住民轉驛站》（The Transit of Empire）118, 129
何欣潔（Ho, Hsin-Chieh）189, 197-198, 218
克拉克（Clark, Timothy）163, 187
〈環境批評的解構轉向〉（"The Deconstructive Turn in Environmental Criticism"）163, 187
克羅（Crow, Charles L.）26-28, 30-31, 35, 41

利瑪竇（Ricci, Matteo） 179
吳音寧（Wu, Yin-ning） x, xiv ,17, 223, 225-228, 230-236, 240-243, 251, 253-259
《江湖在哪裡？》（*Where is jiāng hú?*） 17, 225, 228, 230-234, 240, 246-247, 250, 252-257
《蒙面叢林》（*Masked Guerrilla in the Jungle*） 227, 230-231, 258
坎培爾（Campbell, Thomas D.） 25-26, 41, 112
尾關（Ozeki, Ruth） x, xiv, 6, 12-13, 63-65, 71, 73-74, 76, 78, 81-84, 88-89, 93-102, 117, 130
《天生萬物》（*All Over Creation*） 12-13, 63, 71, 73, 79, 94, 99, 100-102, 117, 130
希茉－岡娜雷茲（Begoña Simal-Gonáléz） 6, 19
《生態批評與亞美文學》（*Ecocriticism and Asian American Literature*） 6, 19
李秀娟（Lee, Hsiu-chuan） 63, 71, 84-85, 87, 97, 101, 108, 115, 127, 129
李昌來（Lee, Chang-rae） x, xiv, 14, 131, 136, 141, 150-152, 154-155, 157-159, 262
《滿潮》（*On Such a Full Sea*） 14, 131-132, 134-136, 140-156
李道明（Li, Dao-ming） 232, 246, 257
《紀錄片：歷史、美學、製作、倫理》（*Documentaries: History, Aesthetics, Production, and Ethics*） 257
李歐旎與史書美（Lionnet, Françoise and Shih, Shu-mei） 127, 129
杜波依斯（Du Bois, W. E. B.） 175
杜威特（DeWitt, John） 109-110
角畑（Kadohata, Cynthia） xiv, 14, 120, 122-123, 126, 130
《野草花》（*Weedflower*） 13-14, 105, 120, 122, 126
貝里（Berry, Wendell） 21, 38-39

八劃

亞當森（Adamson, Joni） 1, 19
亞裔美國文學（Asian American literature） xiii, xv, 1-2, 6, 19, 21, 43, 57, 62-63, 134-135, 155-156, 158, 261-262
周吉姆（Choi, Jim） 47
咖啡駝孢銹菌（*Hemileia vastatrix*） 192
孟山都（Monsanto） 74
帕特爾（Patel, Raj） 224, 254, 258
《糧食戰爭》（*Stuffed and Starved*） 258
帕斯頓（Poston） 27, 121-122
底層（subaltern） 77, 128, 260
忠誠問卷（loyalty questionnaire） 109
怪奇（uncanny）140-141, 144, 155
怪親緣（odd kin） 16, 193, 211, 216-217, 222
拉圖爾（Latour, Bruno） 9, 179-180, 185, 217, 221
《我們從未現代過》（*We Have Never Been Modern*） 9, 186
《潘朵拉的希望》（*Pandora's Hope*） 179
明尼多卡遷徙營（Minidoka） 113
林姆瑞珂（Limerick, Patricia） 2
〈迷途與重設方向〉（"Disorientation and Reorientation"） 2
林（Hayashi, Masaru） 110-111, 129
《民主的敵人》（*Democratizing the Enemy*） 110, 129
林（Hayashi, Robert） 2, 19, 112-114, 129
《水的縈祟》（*Haunted by Waters*） 2, 19, 129
〈超越華爾騰湖〉（"Beyond Walden Pond"） 2, 3, 19

治理（governmentality） 14-15, 32, 132, 133-134, 136-137, 144, 147, 155-156, 208, 213, 218
波倫（Pollan, Michael） 21, 38-40, 42, 47, 50-52, 62, 86-87, 102
《花園》（The Garden） 39
《第二天性》（Second Nature） 86, 102
《雜食者的困境》（The Omnivore's Dilemma） 38, 51, 62
空氣（air） 15-16, 76, 137-138, 141, 156, 161-162, 164, 166, 168, 171-172, 175, 177-184, 238, 255-256
金惠經（Kim, Elaine） 33, 42
阿岡本（Agamben, Giorgio） 138, 157
阿帕杜賴（Appadurai, Arjun） 53, 61
阿特金森（Atkinson, Jennifer） 55, 61
《花園：大自然、幻想與日常實踐》（Gardenland: Nature, Fantasy, And Everyday Practice） 56
《帕斯頓紀事報》（Poston Chronicle） 27
《宜蘭縣水利發展史》 219

九劃

叛國小子（no-no boy） 109
哈洛威（Haraway, Donna） 10, 65, 67, 79, 102, 195, 217, 221
哈特與聶格里（Hardt, Michael, and Antonio, Negri） 79, 102
哈維（Harvey, David） 9
《正義、自然和差異的地理》（Justice, Nature, and the Geography of Difference） 9
威爾森（Wilson, E. O.） 170
後種族（postrace） 142
拼接人類世（patchy Anthropocene） x, 16, 189, 194-195, 217, 222

查巴達（Zapatista） 226-227, 230, 254, 257
毒物意識（toxic consciousness） 16, 161-162, 164, 168, 172-174
毒物論述（toxic discourse） 3, 13, 64, 71-72, 76-77, 139, 177-178
洪瓊雲（Hong, Grace Kyungwon） 35-36, 42
牲人（homo sacer） 14-15, 131, 137-138, 142, 146, 154
科大衛（Faure, David） 213, 219-220
《皇帝和祖宗》（Emperor and Ancestor） 220
科學主義（scientism） 164-165, 168, 171, 174, 180-181, 183-185
科羅拉多河遷徙中心（Colorado River Relocation Center） 27
約翰惠特尼基金會（The John Hay Whitney Foundation） 28
美國國際開發署（USAID） 68
胡台麗（Hu, Tai-Li） 200, 203, 219
若揚（Rouyan, Anahita） 79-81, 102
若瑟馬鈴薯（Russet Burbank Potatoes, 1874） 73, 75
降臨節（Advent） 30
風險政治（risk politics） 143
食物情色（food pornography, food porn） x, 12, 45-47, 53-58, 60-62
食物運動（food movement） x, 7, 11-12, 17, 21-22, 38, 45-48, 51, 53-54, 56-60
《洛杉磯論壇報》（Los Angeles Tribute） 27-28

十劃

唐麗園（Thornber, Karen L.） 164, 174, 181, 188
《生態含混》（Ecoambiguity） 164, 188

夏曉鵑（Hsia, Hsiao-Chuan）204, 219
《流離尋岸》（Searching for a Heaven）219
席娃（Shiva, Vandana）250, 258
庫拉瑟（Cullather, Nick）198, 220
庫珀（Cooper, Melinda）204, 220
弱勢（minority）viii, 7, 13, 38, 65, 76, 85, 89, 94-96, 127, 140, 155, 202, 205, 224, 231, 261
徐世榮（Hsu, Shih-jung）197, 201, 219
徐忠雄（Wong, Shawn）6
根莖狀敘述（rhizomatic narrative）13, 72
氣（qi）165, 168, 177-179, 182, 183, 185
泰勒（Taylor, Jesse Oak）167, 188
《我們的人造天空》（The Sky of Our Manufacture）167, 188
海瑟（Heise, Ursula K.）9-10, 19, 79, 102, 106, 129
《羅德里奇環境人文指南》（The Routledge Companion to the Environmental Humanities）9, 19
神人（homo deus）14, 131, 136-137, 142
紐堡（Newburgh）29
脆弱性（vulnerability）39-40, 90, 92
逃逸路線（lines of flights）85, 88
馬修（Mathews, Andrew）194, 222
馬訶士（Marcos, Subcommandante）227, 229, 254, 258
馬鈴薯晚疫黴菌（potato late blight）73
高田（Higashida, Cheryl）36, 42
席爾科（Silko, Leslie Marmon）117-118, 130
《盛典》（Ceremony）117, 130

十一劃

國際地層學委員會（the International Commission on Stratigraphy, ICS）195

基督教無政府主義者（Christian anarchist）22
崔西克（Trask, Haunani-Kay）106, 130
《旅途之心》（The Heart of the Journey）119
接觸區（contact zone）13, 17, 64, 67-68, 80
梅傑（Major, William）70, 80, 86, 102
梅爾維爾（Melville, Herman）2
《白鯨記》（Moby Dick）2
梭羅（Thoreau, Henry David）2, 85-87, 102
《湖濱散記》（Walden）2, 86, 102
異株授粉（open-pollination）82, 93, 97
移民 2-6, 8, 10, 13-15, 26, 31, 33, 35-36, 39, 58-60, 81, 87, 89, 92, 106-111, 114, 116-117, 119-127, 131-132, 134, 136, 138, 140-141, 154-156, 197, 204, 210, 216, 260, 262
移墾殖民主義（settler colonialism）129
莫林（Morin, Peter）11, 23-25, 28-29, 30-34, 36-40
野性生長（feral proliferations）197
陳映真（Chen, Ying-zhen）230-231, 257
麥卡錫主義（McCarthyism）23
麥休（McHugh, Susan）72, 74, 84, 102
〈麥卡倫－沃特法案〉（The McCarran-Walter Act）35
〈排華法案〉（The Chinese Exclusion Act of 1882）4, 111

十二劃

傅月庵（Fu, Yue-an）231, 256-257
傅柯（Foucault, Michel）14, 132-134, 137, 142-143, 145, 153, 155, 157-158, 170
傑佛遜（Jefferson, Thomas）5, 22, 39, 69, 70, 75, 85, 101, 113, 122, 198
《維吉尼亞州紀事》（Notes on the State of Virginia）69, 113

傑佛遜式農本論（Jeffersonian agrarianism）70
勝利花園（victory garden）107, 124
博伊爾高地（Boyle Heights）28
博蘭尼（Polanyi, Karl）191, 222
　《鉅變》（The Great Transformation）222
報導文學（reportage）xiv, 17, 223, 225-227, 230-234, 240-242, 245-247, 253-256
嵌塊（patches）16, 194
彭明輝（Perng, Ming-hwei）228, 237, 258
　《糧食危機關鍵報告》（Key Reports on Food Crisis）258
斯丹格絲（Stengers, Isabelle）221
智人（Homo sapiens）14, 138, 142, 146, 154
湯婷婷（Kingston, Maxine Hong）6
湯普森（Thompson, Paul B.）47, 62, 70-71, 75, 102
無權獲得公民身分的外僑（aliens ineligible for citizenship）35
華德（Wald, Sarah D.）v, x, xiv, 4-5, 11-12, 19, 21, 38, 42, 70, 260
虛構商品（fictive commodity）191
費茲西蒙（Fitzsimmons, Lorna）5-6, 19, 21
　《亞美文學與環境》（Asian American Literature and the Environment）與 Youngsuk Chae、Bella Adams 合編 1, 5, 19, 21
費斯基奧（Fiskio, Janet）11, 38-39, 42
超越人類（more-than-human）17, 94, 176-177, 183, 193, 215, 220, 222
鄂蘭（Arendt, Hannah）145, 157
雅克慎（Jacobson, Michael）55, 57
黃秀玲（Wong, Sau-ling Cynthia）xiii, xv, 12, 32, 43, 56-58, 62, 115, 130
　《閱讀亞美文學：從必要性到奢華的過程》（Reading Asian American Literature: From Necessity to Extravagance）xi, xiii, xv, 43, 57, 62
黃涵榆（Huang, Cory Han-yu）145, 153, 157
　《閱讀生命政治》（Biopolitics in Contexts）153, 157
黃瀚嶢（Huang, Han-Yau）195, 219
　《沒口之河》（The Lost River）219
　《凱撒大帝》（The Tragedy of Julius Caesar）151

十三劃

奧特娜（Ortner, Sherry）, 9
　〈女性之於男性正如自然之於文化嗎？〉（"Is Female to Male as Nature is to Culture?"）9
奧圖卡（Outka, Paul）6, 19
新種族主義（new racism）14, 142, 145, 155
楊儒門（Yang, Ru-men）224, 227-228, 233-235, 239-242, 244-245, 247-248, 253, 257-258
碎片美學（aesthetics of fragmentation）39
裝飾性烹飪法（ornamental cookery）56
資本主義世（Capitalocene）182, 221
跨國公司（Transnational Corporations）223-224, 229, 245
農本主義（agrarianism）5, 11-13, 17, 22, 24, 31, 37-40, 70-71, 75, 80
農本論（agrarianism）38, 42, 64-65, 70-71, 75, 102
農田文化（field culture）85
農園文化（garden culture）13, 65, 85
農業工業化（the industrialization of agriculture）21, 80
農業書寫（agrarian writing）x, 12-13, 37, 63-65, 71, 84, 261
農業烏托邦主義（agricultural utopianism）38

雷正琪（Ladejinsky, Wolf） 198-199, 201, 203, 221-222
馴化（domestication） 64-67, 69, 72, 75-76, 153, 155, 222
《農業勞動力運用現況研究》（Analysis of Agricultural Labor Force Utilization） 219

十四劃

廖彥豪（Liao, Yen-Hao） 189, 197, 219
廖家艾（Chen, Joyce） 58
慢暴力（slow violence） 164, 174, 252-253, 255, 257, 259
瑪利諾修女會（the Maryknoll Sisters） 28
甄文達（Yan, Martin） 58
福岡正信（Fukuoka, Masanobu） 58
福壽螺（Pomacea canaliculata） 189, 193, 206-207, 209-210, 216, 220
種族化（racialization） 11-12, 17, 21, 26-27, 31-32, 34-37, 40, 48, 107, 111, 130
稱據美國（claiming America） 108, 123, 127
綠色革命（Green Revolution） 24-25, 42, 68, 193, 200, 203-204, 216, 221
綠色革命之父（The Father of Green Revolution） 68
維拉蒙特斯（Viramontes, Helena Maria） 39
　《在耶穌腳下》（Under the Feet of Jesus） 39
裸命（bare life） 138, 157
說故事（storytelling） 47, 50, 149-150, 212

十五劃

劉大偉（Palumbo Liu, David） x, 8
　《亞／美：種族前沿的歷史跨越》（Asian/American Historical Crossings of a Racial Frontier） 8

劉志偉（Liu, Chih-Wei） 213, 219, 237, 258
增本（Masumoto, David Mas） x, xiv, 5, 12, 45-62
　《五感裡的四季》（Four Seasons in Five Senses） 45
　《完美水蜜桃》（The Perfect Peach） 45-50, 52, 57-58, 62
　《桃樹輓歌》（Epitaph for a Peach） 45
　《最後一位農場主人的生命智慧》（Wisdom of the Last Farmer） 45
　《傳家之寶》（Heirlooms） 45
　《優勝美地的感覺》（A Sense of Yosemite） 50
　《豐收之子》（Harvest Son） 45
　《變動中的季節》（Changing Seasons） 45-47, 50, 55, 60, 62
增本（Masumoto, Nikiko） 45, 48-49, 52, 60, 62
德勒茲（Deleuze, Gilles） 1, 64, 88, 93, 101
　〈何謂少數文學〉（"What is a Minor Literature"） 88, 101
摩爾（Moore, Jason） 196, 221
　《生命網中的資本主義》（Capitalism in the Web of Life） 221
敵托邦（dystopia） xiv, 14, 79, 132, 134-135, 147, 149-150, 154-155, 157
模組性簡化（modular simplifications） 195
歐尼爾（O'Neill, Molly） 55, 62
瘟疫（plague） 14-15, 18, 77, 90, 131, 134-137, 139, 144-147, 152, 154, 155
蔡明昊（Tsai, Ming） 58
蔡晏霖（Tsai, Yen-ling） v, x-xi, 16, 189-190, 201, 208, 214, 218, 220, 222, 263
　《百年甘苦》（A Hundred Years of Sweetness and Hardship）與林樂昕合著 218
蔬果園敘事（garden narrative） 84

鄰避（NIMBY: not-in-my-backyard）173
魯納（Svarverud, Rune）178, 188
〈現代中國裡關於「空氣」的術語之戰〉（"The terminological battle for 'air' in modern China"）188
黎慧儀（Lye, Colleen）110, 129
《美國的亞洲想像》（*America's Asia*）110, 129

十六劃

墾殖園（plantation）64-68, 73, 221
墾殖園世（plantationocene）67, 102, 220-222
戰爭新娘（War Bride）x, 12-13, 63-65, 84-85, 87, 89, 93, 99-100
戰時遷徙總局（War Relocation Authority, WRA）108, 112
整體性美學（aesthetics of wholeness）39
繆爾（Muir, John）2
《我在內華達山的第一個夏天》（*My First Summer in the Sierra*）2
親生（biophilia）16, 165, 170-171, 174

十七劃

戴（Day, Dorothy）22, 23-25, 28-31, 37, 41-42
戴（Day, Iyko）119-120, 129
殭化（*zoe*-ification）15, 138-139, 142, 146, 151
環境正義（environmental justice）3-4, 6-8, 17-18, 76-78, 83, 99, 163, 184, 258, 260
環境批評（environmental criticism）2-3, 9-11, 19, 62, 107, 155, 163, 187
邁爾思（Myers, Dillon）112-113

十八劃

瞿宛文（Chu, Wan-Wen）197, 199-200, 219-220

雙向運動（double movement）191
雙重意識（double consciousness）16, 175
離散（diaspora）10, 14-15, 97, 106, 115-116, 127, 129, 134-135, 142, 148, 154, 157-158

十九劃

羅芙芸（Rogaski, Ruth）178-179, 181, 188
〈空氣／氣的關係和中國霧霾危機〉（"Air/*Qi* Connections and China's Smog Crisis"）179, 188
羅斯（Rose, Nikolas）134, 143, 159
藤兼（Fujikane, Candace）106, 129
邊陲的農本主義（an agrarianism of the margins）11, 37-38
霧霾（smog）x, xiv, 9, 15-18, 161-177, 179-188
霧霾人生（smog life）x, 15-16, 161-165, 168, 174-175, 177, 180-181, 184-185
霧霾現代性（smog modernity）15, 162-163, 167-168, 170, 173-175, 177, 180, 182-184

二十一劃

纏捲（entanglement）12, 63-65, 72, 84, 94-96, 98, 100
纏捲敘述（narrative of entanglement）64, 72, 84
顧德（Gaud, William）68
《蘭陽平原的傳統聚落》（*Traditional Communities in Lanyang Plain*）219

二十二劃

霾太極（mai tai-chi）165, 174-175, 186

二十三劃

變得危脆（precariatised）147